普通高等院校工程实践系列教材

工 程 训 练

（第二版）

主　　编　刘元义　田立超

副主编　刘江臣　牛国栋　姜运生
　　　　王洪博　李家鹏

参　　编　刘明哲　李文森　王好臣
　　　　付莉华

主　　审　朱瑞富

科学出版社

北　京

内 容 简 介

本书是根据教育部"普通高校工程训练中心建设基本要求"以及开展通识教育的需要，结合工程训练课程教学改革和校内实践基地建设，以全面提高学生的动手能力和创新能力为目的而组织编写的。

全书以基本概念为基础，结合操作实例，深入浅出。针对工程训练中心现状和今后发展要求，在训练内容上，结合教学和生产特点，在传统机械制造内容的基础上，充实了数控加工、激光加工、柔性加工、机器人焊接、三维扫描、3D 打印等现代制造新技术、新工艺以及车铣复合中心、加工中心、雕铣机、三坐标测量机等先进制造与测量设备的相关内容，同时增加了陶艺、塑料成型及机电产品装配等内容，并配有《工程训练练习册》（第二版）。

本书利用二维码信息技术，将重点、难点知识关联操作视频和讲解视频等数字化资源，便于学生理解和使用。

本书主要作为普通高等学校和高职技术院校各专业的工程训练实践教材，同时也可以供机械制造行业技术培训或相关从业人员参考。

图书在版编目（CIP）数据

工程训练 / 刘元义，田立超主编. —2 版. —北京：科学出版社，2021.2
普通高等院校工程实践系列教材
ISBN 978-7-03-068031-0

Ⅰ. ①工… Ⅱ. ①刘… ②田… Ⅲ. ①机械制造工艺－高等学校－教材 Ⅳ. ①TH16

中国版本图书馆 CIP 数据核字（2021）第 021239 号

责任编辑：邓 静 张丽花 / 责任校对：邹慧卿
责任印制：赵 博 / 封面设计：迷底书装

科学出版社出版
北京东黄城根北街 16 号
邮政编码：100717
http://www.sciencep.com

中煤（北京）印务有限公司印刷
科学出版社发行 各地新华书店经销
＊

2016 年 1 月第 一 版　　开本：787×1092　1/16
2021 年 2 月第 二 版　　印张：15 3/4
2025 年 1 月第八次印刷　字数：380 000
定价：49.80 元
（如有印装质量问题，我社负责调换）

前　　言

本教材是根据教育部"普通高校工程训练中心建设基本要求"以及开展通识教育的需要，以"学习机械制造基础知识、增强工程实践能力、提高创新意识、培养学生的综合素质"为宗旨，并结合编者多年来从事理论和实践教学的宝贵经验编写而成的。

工程训练是学生学习机械加工生产过程的概念和机械加工基本工艺方法、培养工程意识和工程素质、提高工程实践能力的必修课程，是学生学习机械加工系列课程必不可少的先修课程，也是获得机械制造方法等知识的基础课程。工程训练对学生学习后续专业课程以及今后从事相关实际工作都具有深远的意义。

在编写本教材的过程中，作者本着加强基础、优化传统内容、加深现代制造技术内容的原则，精选了大量实用的案例。本书具有体系新颖、内容精练、图文并茂、紧密结合现代工程实际等特点。本书以培养学生具有分析问题和解决问题的能力为教学目标，帮助学生在进行工程训练时，正确掌握材料的主要加工方法，了解毛坯和零件的加工工艺过程，获得初步的操作技能，巩固实习中所接触到的知识。本书注重引导学生在掌握知识技能的同时，从感性认知到理性理解，力求理论联系实际、学以致用。

本书由山东理工大学工程训练中心组织编写，全书共20章。参加编写的有刘元义(第2～8、16、18章)、田立超(第1章)、刘江臣(第12、15、20章)、牛国栋(第10、11、14章)、姜运生(第9章)、王洪博(第13章)、李家鹏(第17章)、刘明哲(第19章)。本书由刘元义、田立超担任主编，刘江臣、牛国栋、姜运生、王洪博、李家鹏担任副主编，山东大学朱瑞富教授主审。在每章的编写、视频录制和修改过程中，李文森、王好臣、付莉华、刘锋、李生、国芹、朱修宇、韩博、陈晔、于欣叶、田晨、都凤斌、孙荣镇、孙凯、张文兴、徐光龙、翟丽丽、佟建州、张全茹、解传亮、滕玉立、李瑶、崔伟、郭亚哲等对本书提供了大力支持，参与了视频录制、课件制作和文字修改等工作，并提出了许多宝贵的意见。

在本书编写过程中还得到了山东省高校工程训练/金工教学研究会的大力支持，在此表示衷心感谢。

由于编者水平所限，书中难免有不足之处，恳请读者批评指正。

编　者
2020 年 12 月

目 录

第1章 概　　述

1.1　工程训练的目的

工程训练是高等院校各专业培养方案中重要的实践性教学环节，是学生获得工程实践知识、培养工程意识和操作技能的主要教育形式，也是学生接触实际生产、获得生产技术及管理知识、进行工程师基本素质训练的必要途径。

工程训练的主要目的如下：

(1)建立起对机械制造生产基本过程的感性认识，学习机械制造的基础工艺知识，了解机械制造的主要生产设备。在实习中，学生要学习机械制造的各种主要加工方法及其所用设备的基本结构、工作原理和操作方法，并正确使用各类工具、夹具和量具，熟悉各种加工方法、工艺技术和图纸文件，了解加工工艺过程、工程术语和各工种的安全知识，使学生对工程问题从感性认识上升到理性认识。这些实践知识将为学生以后学习有关专业的技术基础课、专业课、毕业设计及毕业后从事实际工作打下良好的基础。

(2)培养实践动手能力，进行工程师的基本训练。工程训练是在生产过程中学习知识和技能，是学生与生产直接接触的初级实践教学活动。在实习中，学生通过直接参加生产实践，操作各种设备，使用各种工具、夹具和量具，独立完成简单零件的加工制造与装配全过程，以培养对简单零件具有初步选择加工方法和分析工艺生产过程的能力，并具有操作主要生产设备加工作业的技能，初步奠定工程师应具有的基础知识和基本技能。

(3)全面开展素质教育，树立实践观点、劳动观点和团队协作观点，培养质量意识、环境意识、管理意识、创新意识和安全生产意识等许多在课堂上无法直接体会的工程意识。工程训练一般在学校训练中心的现场进行，实习现场不同于教室，它是教学、生产、科研三结合的场地，教学内容丰富，实习环境多变，接触面广。这样一个特定的教学环境正是对学生进行思想作风教育的好场所。通过训练，培养大学生的劳动观念和团队协作的工作作风，使学生遵守劳动纪律、爱惜国家财产；帮助学生树立经济观点和培养质量意识，培养学生理论联系实际和一丝不苟的科学作风；初步培养学生在生产实践中开展调查、观察问题以及运用所学知识分析和解决工程实际问题的能力，这都是全面开展素质教育不可缺少的重要组成部分，也是工程训练为提高人才综合素质、培养高质量人才需要完成的一项重要任务。

1.2　工程训练的要求

对高等院校学生进行工程训练总的要求是深入实践、接触实际、强化动手、注重训练。根据这一总体要求，提出以下具体要求。

(1)全面了解机械零件的加工生产过程及基础的工程知识和常用的工程术语。

(2)了解产品生产过程中所使用的主要设备的基本结构、工作原理、适用范围和操作方法，熟悉各种加工方法、工艺技术、图纸文件和安全技术，并正确使用各类工具、夹具和量具。

(3)独立操作各种设备，完成简单零件的加工制造。

(4)了解新技术、新工艺的发展与应用状况，以及机电一体化、CAD/CAE /CAM 等现代加工制造技术、测量和装配技术等在生产实际中的应用。

(5)了解生产企业在计划组织、技术管理、质量保证体系和全面质量管理等方面的工作及生产安全防护方面的措施。

(6)注重对实习教材的预习和复习；注意在实习中的观察、模仿、询问、讨论，形成正确的行为习惯和操作方式；及时完成实习报告；严格遵守厂规厂纪和安全操作规程，高度重视人身和设备安全。

1.3 工程训练的安全规则

在工程训练中，如果实习人员不遵守工艺操作规程或者缺乏足够的安全知识，就容易发生机械伤害、触电、烫伤等工伤事故。因此，为保证实习人员的安全和健康，必须进行安全实习知识的教育，使所有参加实习的人员都树立起"安全第一"的观念，熟悉并严格遵守有关的安全技术规章制度。

实习的最基本条件是保证人和设备在实习中的安全。人是实习中的决定因素，设备是实习的手段，没有人和设备的安全，实习就无法进行。特别是人身的安全尤为重要，不能保证人身的安全，设备的作用无法发挥，实习也就不能顺利、安全地进行。

安全生产是我国在生产建设中一贯坚持的方针。国家对不断改善劳动条件、做好劳动保护工作、保证生产者的健康和安全历来十分重视，国家制定并颁布了《工厂安全卫生规程》等文件，为安全生产指明了方向。

实习中的安全技术有冷、热加工安全技术和电气安全技术等。

冷加工主要指车、铣、刨、磨和钻削等切削加工，其特点是使用的装夹工具、被切削的工件或刀具间不仅有相对运动，而且速度较高，如果设备防护不好，操作者不注意遵守操作规程，很容易造成各种机器运动部位对人体及衣物由于绞缠、卷入等引起的人身伤害。

热加工一般指铸造、锻造、焊接和热处理等工种，其特点是生产过程伴随着高温、有害气体、粉尘和噪声，这些都严重恶化了劳动条件。在热加工工伤事故中，烫伤、灼伤、喷溅和砸碰伤害约占事故的 70%，应引起高度重视。

电是各种机床传动、电器控制以及加热、高频热处理和焊接等方面的重要能源，实习时必须严格遵守电气安全守则，避免触电事故。

避免安全事故的基本要点如下：

(1)绝对服从实习指导教师的指挥，树立安全意识和自我保护意识，确保充足的体力和精力。

(2)严格遵守着装方面的要求，按要求穿戴好规定的工作服及防护用品。

(3)注意"先学停车再学开车"，工作前应先检查设备状况，无故障后再操作启动。

(4)严禁用手或嘴清除切屑，必须用钩子或刷子等物品清理。

(5)重物及吊车下不得站人。

(6)下班或中途停电时，必须关闭所有设备的电气开关。

(7)必须每天清扫实习场地，保持设备整洁、通道畅通。

(8)认真学习各项目工种的安全守则，严格遵守安全操作规程。

1.4　工程训练的内容

任何机器或设备，都是由相应的零件装配组成的。只有制造出合乎技术要求的零件，才能装配出合格的机器设备。一般情况下，要将原材料经铸造、锻造、冲压、焊接等方法制成毛坯，然后由毛坯经切削加工成为零件。有的零件还需在毛坯制造和加工过程中穿插不同的热处理工艺。因此，一般的机械生产过程可简要归纳如下：

毛坯制造→热处理→粗加工→热处理→半精加工→热处理→精加工→装配和调试。

工程训练是对产品的生产过程进行实践性教学的重要环节。工程训练的具体内容包括以下两个方面：

(1)基础知识方面。通过实习了解产品加工的基础知识，如铸造、锻造、焊接、热处理、车削、铣削、钳工、数控加工、电火花加工及塑料成型等各工种的生产过程及基本原理。了解加工中心、机器人焊接、激光加工、FMS、逆向工程、三坐标测量等先进设备的工作原理和技术方法。

(2)基本技能方面。对各种加工方法要达到能初步独立动手操作的能力。如铸造加工的砂箱造型及浇注，锻压加工的自由锻造，焊接方法的焊条电弧焊、气焊和氩弧焊，车床、铣床的操作，钳工的锯、锉，热处理中的硬度测试、金相分析，数控机床、特种加工的基本编程及操作等。

1.5　工程训练学生实习守则

(1)工程训练是实践教学环节中的重要组成部分，是培养学生实践创新能力的重要手段，为此必须端正思想态度，认真完成实习训练任务。

(2)实习前必须服从教学管理科的安排与布置，认真做好实习前的各项准备工作，如准备好实习教材、实习练习册、工作服等。

(3)必须严格遵守考勤制度，不要迟到、早退，有事必须请假，未经许可不得擅自离开。

(4)进入训练场地后，必须服从指导教师的安排，未经许可不得擅自开动机器设备。

(5)必须虚心学习、注意听讲、认真观摩，操作前必须充分了解训练设备、工具的性能及其操作使用方法。

(6)必须严格遵守各训练项目的安全操作规程，不准违规操作。

(7)在实习期间，必须按规定穿着工作服和使用劳保用品以保证安全。

(8)应在指定地点进行训练，不得串岗及做其他与实习无关的事情。

(9)要爱护机器设备、工具、量具等一切公共财物，并注意节约。

(10)要认真按时完成实习作业，不准相互抄袭。

(11)要按规定独立或分组完成实习考核工件的加工。

(12)每天实习结束前，各工种必须清理所用设备和工具、量具，清扫场地，保持实习场地清洁卫生，由指导教师验收合格后方可离开。

(13)要尊敬教师，如有意见可向有关部门反映。

第2章　金属材料及热处理

2.1　金属材料基础知识

金属材料来源丰富且具有优良的使用性能和加工性能，是机械工程中应用最普遍的材料。金属材料常用于制造机械设备、工具、量具、模具，也常应用于各种工程结构中，如车辆、船舶、桥梁、锅炉等。

2.1.1　金属材料的性能

金属材料的性能分为使用性能和工艺性能。

使用性能指材料在使用过程中反映出来的特性，它决定了材料的应用范围、可靠性和使用寿命。使用性能又分为物理性能、化学性能和力学性能。

工艺性能指材料在制造过程中反映出来的各种特性，是决定材料是否易于加工或如何加工的重要因素。工艺性能又分为可铸性、可锻性、可焊性、可切削性和热处理性能等。金属材料的各种性能见表 2-1。

表 2-1　金属材料的性能

性能名称			性能内容
使用性能	物理性能		包括密度、熔点、导电性、导热性及磁性等
	化学性能		金属材料抵抗各种介质侵蚀的能力，如抗腐蚀性等
	力学性能	强度	在外力作用下材料抵抗变形和破坏的能力，分为屈服强度 R_{eL}、抗拉强度 R_m、抗压强度 R_{mc}、抗弯强度 σ_{bb}、抗剪强度 τ_b 和弹性极限 σ_e，单位均为 MPa
		硬度	衡量材料软硬程度的指标。较常用的硬度测定方法有布氏硬度(HBW)、洛氏硬度(HR)和维氏硬度(HV)等
		塑性	在外力作用下材料产生永久变形而不发生破坏的能力。常用指标是断后伸长率 A、$A_{11.3}$ 和断面收缩率 Z，A 和 Z 越大，材料塑性越好
		冲击韧度	材料抵抗冲击力的能力。常把各种材料受到冲击破坏时消耗能量的数值作为冲击韧度的指标，用 a_k (J/cm²) 表示。冲击韧度值主要取决于塑性和硬度，温度对冲击韧度值也有显著影响
		疲劳强度	材料在多次交变载荷作用下而不致引起断裂的最大应力
工艺性能			包括热处理工艺性能、铸造性能、锻造性能、焊接性能及切削加工性能等

金属材料常用的硬度测定方法有布氏硬度和洛氏硬度等，其测量方法与特点如下所述。

1. 布氏硬度

布氏硬度试验是用直径为 D 的淬火钢球或硬质合金球作为压头，在规定载荷的作用下压入被测试金属表面，保持一定时间后卸载，测量金属表面形成的压痕直径 d，以压痕单位面积所承受的平均压力作为被测金属的布氏硬度值，其计算公式为

$$布氏硬度 = \frac{试验力}{压痕表面积} = \frac{F/g}{\pi Dh} = 0.102 \times \frac{2F}{\pi D(D - \sqrt{D^2 - d^2})}$$

式中，F 为试验力，kg；D 为球径，mm；d 为压痕直径，mm；g 为重力加速度，一般取为 9.8m/s²；h 为压痕高度，mm。

布氏硬度符号为 HBW。试验所用压头为硬质合金球，适用于布氏硬度值为 450～650 的金属材料，如淬火钢等。布氏硬度的表示方法为硬度数值+布氏硬度符号，如 229HBW。有时也可加压头球体直径/试验力/试验力保持时间(10～15s 不标注)，如 120HBW10/1000/30，表示用直径为 10mm 的淬火钢球在 1000kgf(9.807kN)试验力作用下，保持 30s 测得的布氏硬度值为 120。

布氏硬度测量准确、稳定、简便，但压痕较大，故不宜测试成品件、薄片金属或比压头硬度更高的材料。

2. 洛氏硬度

当布氏硬度大于 450 或者试样过小时，采用洛氏硬度测定。洛氏硬度试验是用一锥顶角为 120° 的金刚石圆锥体或直径为 1.59mm 和 3.18mm 的淬火钢球为压头，以规定的载荷压入被测试金属材料表面，根据压痕深度可直接在洛氏硬度计的指示盘上读出硬度值。洛氏硬度试验采用 3 种试验力，3 种压头，共有 9 种组合，对应于洛氏硬度的 9 个标尺。这 9 个标尺的应用涵盖了几乎所有常用的金属材料。常用的标尺为 A、B、C 三种，应用最广的是 HRC。

(1) HRA。采用 60kgf 载荷和钻石锥压入器求得的硬度，用于硬度极高的材料(如硬质合金等)。

(2) HRB。采用 100kgf 载荷和直径 1.59mm 淬火钢球求得的硬度，用于硬度较低的材料(如退火钢、铸铁等)。

(3) HRC。采用 150kgf 载荷和钻石锥压入器求得的硬度，用于硬度很高的材料(如淬火钢等)。

洛氏硬度测试操作迅速、简单且压痕较小，故适于测定成品和薄片金属的硬度。由于硬度测试范围较大，准确度较差，故需在零件的不同部位测量数点，取其平均值作为被测材料的洛氏硬度值。

2.1.2　钢铁材料

钢铁材料实质上是以铁为基体的铁碳合金，按碳的质量分数分为钢和铸铁两类。钢按照化学成分分为碳素钢和合金钢。为了提高和改善钢的性能，在碳素钢中特意加入一种或多种合金元素，便形成了合金钢。

1. 碳素钢

碳素钢是指碳的质量分数小于 2.11%并含有少量硅、锰、硫、磷等杂质组成的铁碳合金，简称碳素钢。碳素钢按碳的质量分数分为低碳钢(碳的质量分数≤0.25%)、中碳钢(碳的质量分数为 0.25%～0.6%)、高碳钢(碳的质量分数>0.6%)；按钢的质量(杂质硫、磷的质量分数)分为普通碳素钢、优质碳素钢、高级优质碳素钢；按用途分为碳素结构钢和碳素工具钢。

(1) 碳素结构钢。碳素结构钢牌号的表示方法由代表屈服强度的字母(Q)、屈服强度数值、质量等级符号(A、B、C、D)及脱氧方法符号(F、b、Z、TZ)等 4 个部分按顺序组成，如 Q235AF 表示屈服强度为 235MPa、质量等级为 A 级的沸腾钢。

(2) 优质碳素结构钢。优质碳素结构钢的牌号用两位数字表示，即表示钢中平均碳的质量分数的万分比，如 45 号钢表示碳的质量分数为 0.45%的优质碳素结构钢。若钢中含锰较高，则在钢号后面附以锰的元素符号，如 45Mn。

(3)碳素工具钢。碳素工具钢的牌号由"T+数字"组成，其中字母"T"表示碳素工具钢，其后面的数字表示碳的质量分数的千分之几，如 T8 表示碳的质量分数为 0.8%的碳素工具钢。硫、磷的质量分数各小于 0.03%的高级优质碳素工具钢，在数字后面加"A"表示，如 T7A。

常用碳素钢的牌号及用途见表 2-2。

表 2-2　常用碳素钢的牌号及用途

种类	牌号	性能	用途
碳素结构钢	Q195，Q215A，Q215B	塑性好、强度一般	板料、型材等、制造钢结构、普通螺钉、螺母、铆钉等
	Q235A,Q235B,Q235C,Q235D	强度较高	拉杆、心轴、链条、焊接件等
	Q255A,Q255B,Q275	强度更高	工具、主轴、制动件、轧辊等
优质碳素结构钢	08	含碳量低、塑性好、强度低、可焊接好	垫片、冲压件和强度要求不高的焊接件等
	10,15,20,25	含碳量低、塑性好、可焊性好	薄钢板、各种容器、冲压件和焊接结构件、螺钉、螺母、垫圈等
	30,35,40,45,50	含碳量中等、强度较高，韧性、加工性好	经淬火、回火等处理后，用于制成轴类、齿轮、丝杠、连杆、套筒等
	55,60,70	含碳量较高、弹性较高	经淬火处理后，用于制造各种弹簧、轧辊和钢丝等
碳素工具钢	T7,T8	硬度中等、韧性较高	冲头、錾子等
	T9,T10, T11	硬度高、韧性中等	丝锥、钻头等
	T12，T13	硬度高、耐磨性增加、韧性差	量具、锉刀等

2. 合金钢

合金钢种类繁多，有多种分类方法。按所含合金元素的多少，分为低合金钢、中合金钢和高合金钢；按所含合金元素种类，可分为铬钢、铬镍钢、锰钢和硅锰钢等；按用途可分为合金结构钢、合金工具钢和特殊性能合金钢三大类。

(1)合金结构钢。其牌号由"数字＋化学元素＋数字"组成。前面数字表示碳的质量分数的万分之几，后面数字表示合金元素的质量分数的百分之几。若合金元素的质量分数小于 1.5%时，钢号中只标明合金元素而不标含量。合金结构钢可分为普通低合金结构钢、渗碳钢、调质钢、弹簧钢、滚动轴承钢等。

(2)合金工具钢。合金工具钢的牌号与合金结构钢相同，只是碳的质量分数的表示方法有所不同。若碳的质量分数在 1%以下，则钢号前用一位数字表示，如 9SiGr(平均碳的质量分数为 0.9%)；若碳的质量分数在 1.0%以上或接近 1%，则钢号前不用数字表示，如 W18Gr4V。合金工具钢可分为刃具钢、模具钢和量具钢。

(3)特殊性能合金钢。特殊性能合金钢有不锈钢、耐热钢和耐磨钢等。

常用合金钢的牌号、性能及用途见表 2-3。

表 2-3　常用合金钢的牌号、性能及用途

种类	牌号	性能及用途
普通低合金结构钢	9Mn2,10MnSiCu,l6Mn,15MnTi	强度较高,具有良好的塑性、焊接性和耐蚀性,用于建造车辆、桥梁、船舶、锅炉、高压容器、电视塔等
渗碳钢	20CrMnTi,20Mn2V, 20Mn2TiB	芯部的强度较高,用于制造重要的或承受重载荷的大型渗碳零件
调质钢	40Cr,40Mn2,30CrMo,40CrMnSi	具有良好的综合力学性能(高的强度和足够的韧性),用于制造一些复杂的重要机器零件
弹簧钢	65Mn,60Si2Mn,60Si2CrVA	淬透性较好,热处理后组织可得到强化,用于制造承受重载荷的弹簧
滚动轴承钢	GCr4,GCrl5,GCrl5SiMn	用于制造滚动轴承的滚珠、套圈

3. 铸铁

铸铁是碳的质量分数大于 2.11%（通常为 2.8%～3.5%）的铁碳合金,通常含有较多的硅、锰、硫、磷等元素。根据铸铁中碳的存在形态,可分为白口铸铁、灰口铸铁、可锻铸铁、球墨铸铁和蠕墨铸铁等。其中白口铸铁中的碳是以化合物的形式存在,断口呈白亮色,性能硬而脆,一般不直接使用;灰口铸铁通常是指具有片状石墨的铸铁,在机械制造中应用最为广泛;可锻铸铁中的碳以团絮状石墨的形式存在;球墨铸铁中碳以球状石墨的形式存在;蠕墨铸铁中碳是以蠕虫状石墨的形式存在。常用铸铁的牌号、应用及说明见表 2-4。

表 2-4　常用铸铁的牌号、应用及说明

名称	牌号	应用举例	说明
灰口铸铁	HT150	用于制造端盖、泵体、轴承座、阀壳、管子及管路附件、手轮;一般机床的底座、床身、滑座、工作台等	"HT"表示灰铸铁,后面的一组数字表示试样的最低抗拉强度。如 HT150 表示灰口铸铁的抗拉强度为 150MPa
	HT200	承受较大载荷和较重要的零件,如汽缸、齿轮、底座、飞轮、床身等	
球墨铸铁	QT400-18 QT450-10 QT500-7 QT800-2	广泛用于机械制造业中受磨损和受冲击的零件,如曲轴(常用 QT500-7)、齿轮(常用 QT450-10)、汽缸套、活塞环、摩擦片、中低压阀门、千斤顶座、轴承座等	"QT"是球墨铸铁的代号,它后面的数字表示最低抗拉强度和最低伸长率。如 QT400-18 即表示球墨铸铁的抗拉强度为 400MPa,伸长率为 18%
可锻铸铁	KTH300-06 KTH330-08 KTZ450-06	用于受冲击、振动等零件,如汽车零件、机床附件(如扳手)、各种管接头、低压阀门、农具等	"KTH"、"KTZ"分别是黑心和珠光体可锻铸铁的代号,它们后面的数字分别代表最低抗拉强度和最低伸长率
蠕墨铸铁	RuT+数字	主要用于制造大功率柴油机汽缸套、汽缸盖,机床床身、阀体,电动机外壳、机座等	"RuT"是蠕墨铸铁的代号,后面的数字表示最低抗拉强度

2.1.3　非铁金属材料及其合金

非铁金属材料又称有色金属材料。由于非铁金属材料的某些物理、化学性能比钢铁材料优良,在工业生产中也得到广泛应用。常用非铁金属材料及其合金的牌号、应用及说明见表 2-5。

表 2-5　常用非铁金属材料及其合金的牌号、应用及说明

名称	牌号	应用举例	说明
纯铜	T1	电线、导电螺钉、储藏器及各种管道等	纯铜分 T1～T4 四种,如 T1(一号铜)铜的质量分数为 99.95%,T4 中铜的质量分数为 99.50%
黄铜	H62	散热器、垫圈、弹簧、各种网、螺钉及其他零件等	"H"表示黄铜,后面的数字表示铜的质量分数,如 62 表示铜的质量分数为 60.5%～63.5%
纯铝	1070A 1060 1050A	电缆、电器零件、装饰件及日常生活用品等	铝的质量分数为 98%～99.7%
铸铝合金	ZL102	耐磨性中上等,用于制造载荷不大的薄壁零件等	"Z"表示铸,"L"表示铝,后面数字表示顺序号,如 ZLl02 表示 Al-Si 系 02 号合金

2.2　铁碳合金相图

铁碳合金相图是人类经过长期生产实践并大量科学实验后总结出来的,是表示平衡状态下,不同成分的铁碳合金在不同温度时具有的状态或组织的图形,是研究钢和生铁的基础,对于了解钢铁材料的性能、加工、应用等具有重要的指导意义。铁和碳可以形成一系列化合物,考虑到工业上的使用价值,目前应用的铁碳合金相图是 Fe-Fe$_3$C 部分(碳的质量分数 w_C <6.69%)。图 2-1 所示为简化的 Fe-Fe$_3$C 相图。

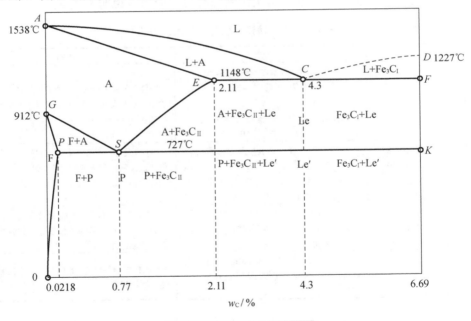

图 2-1　简化的 Fe-Fe$_3$C 相图

2.2.1　铁碳合金的基本组织

1. 铁素体

铁素体(F)是 α-Fe 中溶入一种或多种溶质元素构成的固溶体。其性能与纯铁相似,即强

度、硬度低，塑性、韧性好。正常侵蚀后在显微镜下呈白亮色，在钢中的形态多为不规则的多边形块，在接近共析成分的钢中，往往呈网状或断续网状。

2. 奥氏体

奥氏体(A)是 γ-Fe 中溶入碳或其他元素构成的固溶体。其强度和硬度比铁素体高，塑性、韧性也好。因此，钢材多数加热到奥氏体状态进行锻造。通常高温显微镜下(727℃以上)才能观察到奥氏体组织。其晶粒呈多边形，且晶界比铁素体平直。

3. 渗碳体

渗碳体(Fe_3C)是复杂斜方晶格的金属化合物，是钢和铸铁中常见的固相。其硬度高，塑性、韧性差，脆性大。渗碳体在钢和铸铁中可呈片状、球状和网状分布，主要起强化作用，它的形态、大小、数量和分布对钢和铸铁的性能有很大影响。

4. 珠光体

珠光体(P)是铁素体薄层(片)与碳化物(包括渗碳体)薄层(片)交替重叠组成的共析组织。其性能介于铁素体和渗碳体之间，强度较高，硬度适中，有一定的塑性。

5. 莱氏体

莱氏体(Le)是铸铁或高碳高合金钢中由奥氏体(或其转变的产物)与碳化物(包括渗碳体)组成的共晶组织。莱氏体冷却到 727℃以下时，其中的奥氏体转变成珠光体，莱氏体成为珠光体和渗碳体的复合物，称为低温莱氏体或变态莱氏体(Le')，其力学性能与渗碳体相近。组织特征为白亮的渗碳体为基体，上面分布着许多粒状、条状或不规则形状的黑色珠光体。

2.2.2　Fe-Fe₃C 相图的图形分析

图 2-1 中的纵坐标表示温度，横坐标表示碳(或渗碳体)的质量分数。横坐标的左端表示100%的铁；右端 w_C=6.69%(或 100%的 Fe_3C)。横坐标上的任一点均代表一种成分的铁碳合金。

1. Fe-Fe₃C 相图中的特性点

Fe-Fe₃C 相图中特性点的温度、成分及含义见表 2-6。

表 2-6　简化的 Fe-Fe₃C 相图特性点

特性点	温度/℃	w_C /%	含义
A	1538	0	纯铁的熔点
C	1148	4.3	共晶点
D	1227	6.69	渗碳体的熔点
E	1148	2.11	碳在 γ-Fe 中的最大溶解度
G	912	0	纯铁的同素异构转变点
P	727	0.0218	碳在 α-Fe 中的最大溶解度
S	727	0.77	共析点 A $\Leftrightarrow$ F + Fe_3C

2. Fe-Fe₃C 相图中的特性线

Fe-Fe₃C 相图中的特性线是不同成分合金具有的相同物理意义的相变点连接线，其名称及含义见表 2-7。

表 2-7　简化的 Fe-Fe₃C 相图特性线

特性线	名称	含义
ACD 线	液相线	在此线以上各成分的铁碳合金均处于液相,当缓冷至此线时开始结晶
$AECF$ 线	固相线	任一成分的铁碳合金缓冷至此线时全部结晶为固相;加热到此温度线时,固相开始融化
ECF 水平线	共晶线	$w_C >2.11\%$的铁碳合金缓冷至此线时,均发生共晶转变,生成莱氏体
PSK 水平线	共析线(A_1线)	$w_C >0.0218\%$的铁碳合金,缓冷至此线时,均发生共析转变,生成珠光体
GS 线	A_3 线	对于 $w_C <0.77\%$ 的铁碳合金,缓冷时,GS 线为从奥氏体中析出铁素体的开始线;缓慢加热时,GS 线为铁素体转变为奥氏体的终了线
ES 线	A_{cm} 线	碳在奥氏体中的溶解度曲线。$w_C >0.77\%$的铁碳合金,由高温缓冷时,ES 线为从奥氏体中析出二次渗碳体的开始温度线;缓慢加热时,ES 线为二次渗碳体溶入奥氏体的终了线

3. Fe-Fe₃C 相图中的相区

简化的 Fe-Fe₃C 相图中有 4 个单相区,即在液相线以上的液相区、位于 AESGA 范围的奥氏体区,GPQ 铁素体区和 DFK 渗碳体线。在单相区之间为过渡的二相区,如相组成 L+A、L+Fe₃C$_I$ 和 A+F 等。

4. 相图中的实际转变温度线

由于实际加热或冷却时存在着过冷或过热现象,因此将钢加热时的实际转变温度分别用 A_{C1}、A_{C3}、A_{ccm} 表示,如图 2-2 所示。

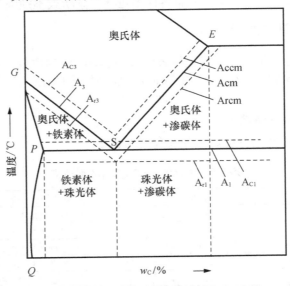

图 2-2　加热和冷却对临界转变温度的影响

2.2.3　Fe-Fe₃C 相图的应用

Fe-Fe₃C 相图在生产中主要应用于钢铁材料的选用和热加工工艺的制定两个方面。

1. 在钢铁材料选用方面的应用

Fe-Fe₃C 相图反映了钢铁材料的组织、性能随成分变化的规律,为材料选用提供了依据。工程结构用的型钢需要塑性、韧性好的材料,可选用 $w_C <0.25\%$ 的钢材。机械零件需要强度、

塑性及韧性都较好的钢材，可选用 w_C =0.25%～0.60%的钢材。各种工具要用硬度高和耐磨性好的材料，则应选 w_C 更高的钢材。

2. 在制定热加工工艺方面的应用

在铸造工艺方面，可根据 Fe-Fe₃C 相图确定合金的浇注温度，浇注温度一般在液相线以上 50～100℃。在铸造生产中，接近于共晶成分的铸铁得到了广泛的应用，因为它的凝固温度区间小，流动性好，分散缩孔较少，可以获得致密的铸件。

在锻造工艺方面，碳素钢室温平衡组织是两相混合物，塑性较低，变形困难。如果将钢加热到奥氏体状态，则强度低、塑性较好，有利于塑性成型。因此，锻造一般在单相奥氏体区进行。

在热处理工艺方面，金属热处理(如退火、正火及淬火等)时的加热温度，需根据相图确定。

在焊接工艺方面，根据相图可以了解各种铁碳合金的焊接性，焊接性主要与 w_C 有关，w_C 较低的铁碳合金(如低碳钢)焊接性好。因此，正确选择焊接材料，了解焊接时不同温度下组织的变化，采取相应的工艺措施等，都具有一定的意义。

2.3　钢的热处理

热处理 2

钢的热处理是将钢在固态下，通过加热、保温和冷却，以获得预期组织和性能的工艺。热处理与其他加工方法(如铸造、锻压、焊接和切削加工等)不同，它只改变金属材料的组织和性能，而不改变零件的形状和尺寸。

热处理的作用日趋重要，因为现代机器设备对金属材料的性能不断提出新的要求。热处理可提高零件的强度、硬度、韧性、弹性等，同时还可改善毛坯或原材料的切削加工性能，使之易于加工。可见，热处理是改善金属材料的工艺性能、保证产品质量、延长使用寿命、挖掘材料潜力不可缺少的工艺方法。据统计，热处理件在机床制造中占 60%～70%；在汽车、拖拉机制造中占 70%～80%；在刀具、模具和滚动轴承制造中，几乎全部零件都需要进行热处理。

热处理的工艺方法很多，大致可分为以下几类。

(1)普通热处理。退火、正火、淬火、回火等。

(2)表面热处理。表面淬火和化学热处理(如渗碳、氮化等)。

(3)特殊热处理。形变热处理、真空热处理、激光热处理和磁场热处理等。

各种热处理都可用温度、时间为坐标的热处理工艺曲线表示，如图 2-3 所示。

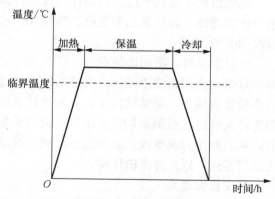

图 2-3　热处理工艺曲线示意图

2.3.1　钢的退火和正火

退火和正火是生产中应用中较为广泛的预备热处理工艺，安排在铸造、锻造之后，切削加工之前，用以消除前一工序带来的某些缺陷，为随后的工序作准备。例如，经铸造、锻造等热加工以后，工件中往往存在残余应力，硬度偏高或偏低，组织粗大，存在成分偏析等缺陷，造成工件的力学性能低劣，不利于切削加工成型，淬火时也容易造成变形和开裂。经过适当的退火或正火处理可使工件的内应力消除，调整硬度以改善切削加工性能，使组织细化，成分均匀，从而改善工件的力学性能并为随后的淬火作准备。对于一些受力不大、性能要求不高的机器零件，也可作最终热处理。

1. 退火

退火是将钢件加热、保温，然后随炉或埋入导热能力较差的介质(如灰)中使其缓慢冷却的热处理工艺。由于退火的具体目的不同，其具体工艺方法有多种，常用的有以下几种。

1) 完全退火

完全退火是将亚共析钢加热到 A_{C3} 以上 30～50℃，保温后缓慢冷却，以获得接近平衡状态组织。完全退火主要用于铸钢件和重要锻件。因为铸钢件铸态下晶粒粗大，塑性、韧性较差；锻件因锻造时变形不均匀，致使晶粒和组织不均，且存在内应力。完全退火还可降低硬度，改善切削加工性。退火后亚共析钢的显微组织如图2-4所示。

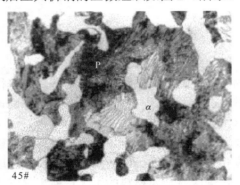

图2-4　退火后亚共析钢的显微组织

2) 球化退火

球化退火主要用于过共析钢件。过共析钢经过锻造以后，其珠光体晶粒粗大，且存在少量二次渗碳体，致使钢的硬度高、脆性大，进行切削加工时易磨损刀具，且淬火时容易产生裂纹和变形。

球化退火时，将钢加热到 A_{C1} 以上 20～30℃。此时，初始形成的奥氏体内及其晶界上尚有少量未完全溶解的渗碳体，在随后的冷却过程中，奥氏体经共析反应析出的渗碳体便以未溶渗碳体为核心，呈球状析出，分布在铁素体基体之上，这种组织称为球状珠光体。它是人们对淬火前过共析钢最期望的组织。因为车削片状珠光体时容易磨损刀具，而球化体的硬度低，从而减少刀具磨损。必须指出，对二次渗碳体呈严重网状的过共析钢，在球化退火前应先进行正火，以打碎渗碳体网。

3) 去应力退火

去应力退火是将钢加热到 500～650℃，保温后缓慢冷却。由于加热温度低于临界温度，因而钢未发生组织转变。去应力退火主要用于部分铸件、锻件及焊接件，有时也用于精密零件，使其通过原子扩散及塑性变形消除内应力，防止钢件产生变形。

2. 正火

正火是将钢加热到 A_{C3} 以上 30～50℃（亚共析钢）或 Accm 以上 30～50℃（过共析钢），保温后在空气中冷却的热处理工艺。

正火和完全退火的作用相似，也是将钢加热到奥氏体区，使钢进行重结晶，从而解决铸钢件、锻件的粗大晶粒和组织不均问题。但正火比退火的冷却速度稍快，形成了索氏体组织。索氏体比珠光体的强度、硬度稍高，但韧性并未下降。正火主要有以下几个作用。

（1）取代部分完全退火。正火是在炉外冷却，占用设备时间短，生产率高，故应尽量用正火取代退火（如低碳钢和含碳量较低的中碳钢）。由于含碳量较高的钢，正火后硬度过高，使切削加工性变差，且正火难以消除内应力，因此，中碳钢、高碳钢及复杂件仍以退火为宜。

（2）用于普通结构件的最终热处理。

（3）用于过共析钢，以减少或消除二次渗碳体呈网状析出。

图 2-5 为几种钢的退火和正火的加热温度范围示意图。

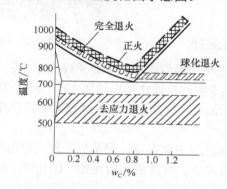

图 2-5　几种钢的退火和正火的加热温度范围

2.3.2　淬火和回火

淬火和回火是强化钢最常用的工艺。通过淬火、再配以不同温度的回火，可使钢获得所需的组织和相应的力学性能。

1. 淬火

淬火是将钢加热到 A_{C3} 或 A_{C1} 以上 30～50℃（图 2-6），保温后在淬火冷却介质中快速冷却，以获得马氏体组织的热处理工艺。淬火的目的是提高钢的强度、硬度和耐磨性，是钢件强化最经济有效的方法之一。

由于马氏体形成过程伴随着体积膨胀，造成淬火件产生了内应力，而马氏体组织通常脆性又较大，这些都使钢件淬火时容易产生裂纹或变形。为防止上述淬火缺陷的产生，除应选用适合的钢材和正确的结构外，在工艺上还应采取如下措施。

（1）严格控制淬火加热温度。对于亚共析钢，若淬火加热温度不足，因未能完全形成奥氏体，致使淬火后的组织中除马氏体外，还残存少量铁素体，使钢的硬度不足；若加热温度过高，因奥氏体晶粒长大，淬火后的马氏体组织也粗大，增加了钢的脆性，致使钢件裂纹和变形的倾向加大。对于过共析钢，若超过图 2-6 所示温度，不仅钢的硬度并未增加，而且裂纹、变形倾向加大。图 2-7 为 45 钢淬火后的正常组织。

（2）合理选择淬火冷却介质，使其冷却速度略大于临界冷却速度 v_k。淬火时钢的快速冷却是依靠淬火冷却介质来实现的。水和油是最常用的淬火冷却介质。水的冷却速度大，使钢件易于获得马氏体,主要用于碳素钢;油的冷却速度较水低,用它淬火,钢件的裂纹、变形倾向小。合金钢因淬透性较好,以在油中淬火为宜。

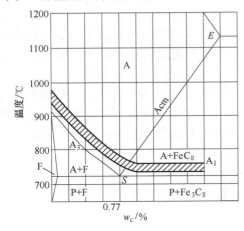

图 2-6 碳钢的淬火加热温度范围

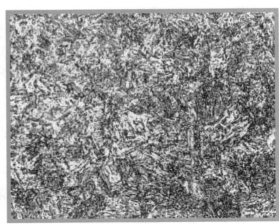

图 2-7 45 钢正常淬火组织

(3) 正确选择淬火方法。生产中最常用的是单介质淬火法,它是在一种淬火介质中连续冷却到室温。由于操作简单,便于实现机械化和自动化生产,故应用最广。对于容易产生裂纹、变形的钢件,有时采用先水后油双介质淬火法或分级淬火等其他淬火法。

2. 回火

将淬火的钢重新加热到 A_{C1} 以下某温度,保温后冷却到室温的热处理工艺,称为回火。回火的主要目的是消除淬火内应力,以降低钢的脆性,防止产生裂纹,同时也使钢获得所需的力学性能。

淬火所形成的马氏体是在快速冷却条件下被强制形成的不稳定组织,因而具有重新转变成稳定组织的自发趋势。回火时,由于被重新加热,原子活动能力加强,所以随着温度的升高,马氏体中过饱和碳将以碳化物的形式析出。总的趋势是回火温度越高、析出的碳化物越多,钢的强度、硬度下降,而塑性、韧性升高。

根据回火温度的不同(参见 GB/T 7232—2012),可将钢的回火分为如下 3 种。

(1) 低温回火(250℃以下)。其目的是降低淬火钢的内应力和脆性,但基本保持淬火所获得的高硬度(56～64HRC)和高耐磨性。淬火后低温回火用途最广,如各种刀具、模具、滚动轴承和耐磨件等。

(2) 中温回火(350～500℃)。其目的是使钢获得高弹性,保持较高硬度(35～50HRC)和一定的韧性。中温回火主要用于弹簧、发条、锻模等。

(3) 高温回火(500℃以上)。淬火并高温回火的复合热处理工艺称为调质处理。它广泛用于承受循环应力的中碳钢重要件,如连杆、曲轴、主轴、齿轮、重要螺钉等。调质后的硬度为 20～35HRC。这是由于调质处理后其渗碳体呈细粒状,与正火后的片状渗碳体组织相比,在载荷作用下不易产生应力集中,从而使钢的韧性显著提高,因此经调质处理的钢可获得强度及韧性都较好的综合力学性能。

2.3.3 钢的表面热处理

表面热处理是指仅对工件表面进行热处理,以改变其表面组织和性能,而其芯部基本上保持处理前的组织和性能。例如，在弯曲和扭转等交变载荷、冲击载荷的作用或强烈摩擦条件下工作的齿轮、凸轮轴、机床导轨等，都要进行表面热处理，以保证其使用性能要求。

表面热处理可分为表面淬火和化学热处理两大类。

1．表面淬火

表面淬火是通过快速加热，使钢的表层很快达到淬火温度，在热量来不及传到钢件芯部时就立即淬火，从而使表层获得马氏体组织，而芯部仍保持原始组织。表面淬火的目的是使钢件表层获得高硬度和高耐磨性，而芯部仍保持原有的良好韧性，常用于机床主轴、发动机曲轴、齿轮等。

表面淬火所采用的快速加热方法有多种，如电感应、火焰、电接触、激光等，目前应用最广泛的是电感应加热法。

感应淬火法就是在一个感应线圈中通以一定频率的交流电(有高频、中频、工频 3 种)，使感应线圈周围产生频率相同、方向相反的感应电流，这个电流称为涡流。由于集肤效应，涡流主要集中在钢件表层。由涡流所产生的电阻热使钢件表层被迅速加热到淬火温度，随即向钢件喷冷却液，将钢件表层淬硬。

2．化学热处理

化学热处理是将钢件置于适合的化学介质中加热和保温，使介质中的活性原子渗入钢件表层，以改变钢件表层的化学成分和组织，从而获得所需的力学性能或理化性能。化学热处理的种类很多，依照渗入元素的不同，有渗碳、渗氮、碳氮共渗等，以适应不同的场合，其中以渗碳应用最广。

1）渗碳

渗碳是将钢件置于渗碳介质中加热、保温，使分解出来的活性炭原子渗入钢的表层。渗碳采用的是密闭渗碳炉，向炉内通以气体渗碳剂(如煤油)，加热到 900～950℃，经较长时间的保温，使钢件表层增碳。井式气体渗碳过程由排气、渗碳、扩散、降温及保温 5 个阶段组成，如图 2-8 所示。

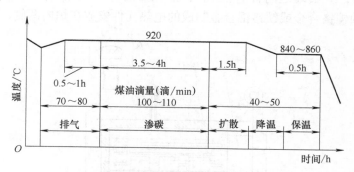

图 2-8　井式气体渗碳工艺曲线

渗碳件通常采用低碳钢或低碳合金钢，渗碳后渗层深一般为 0.5～2mm，表层含碳量 w_C 将增至 1%，经淬火和低温回火后，表层硬度达 56～64HRC，因而耐磨；而芯部仍是低碳钢，故保持其良好的塑性和韧性。渗碳主要用于既承受强烈摩擦，又承受冲击或循环应力的钢件，如汽车变速箱齿轮、活塞销、凸轮、自行车和缝纫机的零件等。

2）渗氮

渗氮又称氮化，是将钢件置于氮化炉内加热，并通入氨气，使氨气分解出活性氮原子渗入钢件表层，形成氮化物(如 AlN、CrN、MoN 等)，从而使钢件表层具有高硬度(相当 72HRC)、高耐磨性、高抗疲劳性和高耐腐蚀性。渗氮时加热温度仅为 550～570℃，钢件变形甚小。常用的渗氮工艺有等温渗氮法(又称一段渗氮法)、二段渗氮法和三段渗氮法。图 2-9 所示为 38CrMoAlA 钢的等温渗氮工艺。渗氮主要用于制造耐磨性和尺寸精度要求均高的零件，如排气阀、精密机床丝杠、齿轮等。

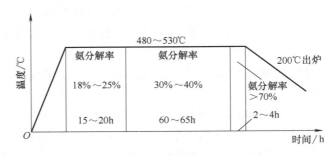

图 2-9　38CrMoAlA 钢等温渗氮工艺曲线

3. 热处理设备

1) 加热设备

(1) 箱式电阻炉。箱式电阻炉是利用电流通过金属或非金属时产生的热能，借助于辐射或对流而对工件加热，外形呈箱体状的一种加热设备。箱式电阻炉具有结构简单、体积小、操作简便、炉温分布均匀及温度控制准确等优点，是应用较为广泛的一种加热设备。箱式电阻炉分高温、中温和低温 3 种，其中中温箱式电阻炉应用最为广泛。

中温箱式电阻炉可用于碳素钢、合金钢件的退火、正火、调质、渗碳、淬火和回火等热处理工艺，使用温度为 650～950℃。中温箱式炉是倒开式，其结构是：炉膛由耐火砖砌成，向外依次是硅藻土砖和隔热材料；炉底要受工件重压和冲击，一般用耐热钢制成炉板，炉底板下有耐火砖墙支承，砖墙之间有电热元件；炉壳由钢板和角钢焊成。炉门由铸铁外壳、内砌耐火砖组成。由镍铬合金或铁铬铝合金制成的电热元件安放在炉内两侧，如图 2-10 所示。

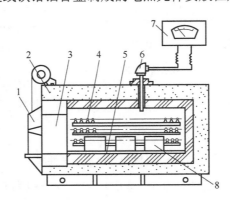

图 2-10　箱式电阻炉示意图

1—炉门；2—炉体；3—炉膛前部；4—电热元件；
5—耐热钢炉底板；6—测温热电偶；7—电子控温仪表；8—工件

高温箱式炉一般温度可达 1300℃，用于高合金钢的淬火加热。其结构与中温箱式炉相似，但对耐火材料有较高的要求，多用高铝砖。炉门、炉壁较厚，以增强保温性能，炉底板为碳化硅板。

(2) 井式电阻炉。井式电阻炉有中温炉、低温炉及气体渗碳炉 3 种。

中温井式电阻炉耐热性、保温性及炉体强度与箱式电阻炉无明显区别，用途为长形工件（轴类）的淬火、正火和退火。低温井式电阻炉结构与中温井式炉相似，使用温度在 650℃ 以下，用于回火或有色金属热处理。为使炉温均匀都带有风扇，结构如图 2-11 所示。

井式气体渗碳炉的结构与井式电阻炉相似，如图 2-12 所示。在进行气体渗碳时，为防止渗碳介质与加热元件接触，且保持炉内渗碳介质的成分和压力，所以在炉内放置一个耐热密封炉罐。炉盖上装有电扇，使介质均匀。炉罐内有装工件用耐热钢料筐，炉盖上有渗碳液滴注孔和废气排出孔。井式气体渗碳炉适用于渗碳、氮化、蒸汽处理、光亮退火及淬火等，最高使用温度为 950℃。

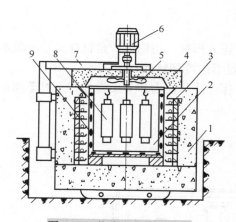

图 2-11 井式电阻炉示意图

1—炉体；2—炉膛；3—电热元件；4—炉盖；5—风扇；
6—电动机；7—炉盖升降机构；8—工件；9—装料筐

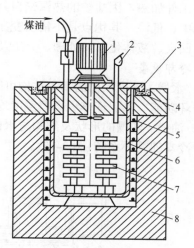

图 2-12 井式气体渗碳炉示意图

1—电动机；2—废气火焰；3—炉盖；4—砂封；
5—电阻丝；6—耐热罐；7—工件；8—炉体

(3) 盐浴炉。盐浴炉采用中性盐作为加热介质，具有加热速度快，热效率高，制造容易；工件在盐浴中加热，氧化脱碳少，温度范围宽，可从 150～1300℃ 范围内使用，也可以进行局部加热等优点。盐浴炉按其加热方式分为内热式和外热式两种。

内热式盐炉的实质也是电阻加热，在插入炉膛和埋入炉墙的电极上，通上低压大电流的交流电，使熔化盐的电阻发出热量达到要求的温度。插入式电极盐浴炉结构如图 2-13 所示。为节约电能和提高炉膛使用面积，将电极布置在炉膛底部，称为埋入式电极盐浴炉，其结构如图 2-14 所示。

由于固体盐是不导电的，电极式盐浴炉在冷却时必须将辅助电极置于炉膛内。电极盐浴炉也有其缺点：需要捞渣、脱氧，辅料消耗多；不适合大型工件加热；工件冷却后必须清洗，易飞溅或爆炸伤人。

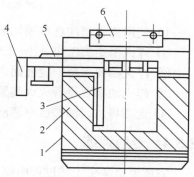

图 2-13 插入式电极盐浴炉一般结构

1—炉壳；2—炉衬；3—电极；
4—连接变压器的铜排；5—风管；6—炉盖

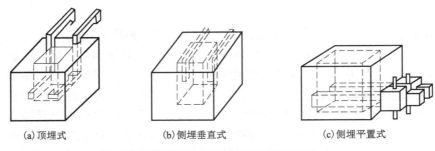

(a)顶埋式　　　　　(b)侧埋垂直式　　　　　(c)侧埋平置式

图 2-14　埋入式电极盐浴炉一般结构

外热式盐浴炉的原理是将用耐热钢制成的坩埚置于电炉中加热,使坩埚内的盐受热熔化,熔盐将工件加热,因盐炉的热源来自外部,故称外热式盐炉或坩埚式盐炉。外热式盐浴炉仅适用于中、低温,其优点是不需要变压器,开动方便。外热式盐浴炉用于碳钢及低合金钢的淬火、回火、液体化学热处理、分级及等温冷却等。

2)冷却设备

(1)水槽。淬火水槽的基本结构可制成长方形、正方形等,用钢板和角钢焊成。一般水槽都有循环功能,以保证淬火介质温度均匀,并保持足够的冷却特性。

(2)油槽。油槽的形状及结构与水槽相似,为了保证冷却能力和安全操作,一般车间都采用集中冷却的循环系统(图 2-15)。

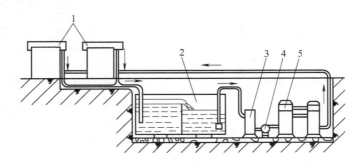

图 2-15　油循环冷却系统结构示意图

1—淬火油槽;2—集油槽;3—过滤器;4—油泵;5—冷却器

(3)使用淬火槽注意事项如下:

① 淬火槽距离工作炉 1~1.5m,淬火时要防止淬火介质溅入盐浴,以防引起爆炸伤人。

② 淬火槽要保持一定液面,盐水冷却时要检查介质浓度。

③ 淬火油槽要设置灭火装置,操作时注意安全。

④ 定期将水、油槽放空清渣。

2.3.4　专项训练

完成錾口锤头工艺过程中淬火+低温回火操作。

锤头(图 2-16(a))是日常生产、生活的常用工具,工件材料为 45 钢,要求高硬度、耐磨损、抗冲击,热处理后硬度为 42~47HRC。根据其力学性能要求,制定热处理方法为淬火后低温回火。加工工艺流程为备料→锻造→铣削或刨削→锉削→划线→锯削→锉削→钻孔→攻螺纹→热处理→抛光→表面处理→装配。热处理工艺曲线如图 2-16(b)所示。

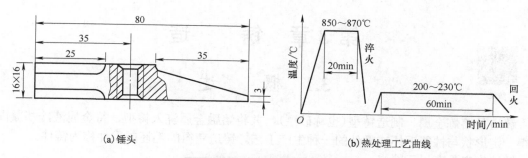

(a) 锤头　　　　　　　　　　　　　　　　(b) 热处理工艺曲线

图 2-16　锤头热处理工艺曲线

淬火的目的是提高硬度和耐磨性。为减少表面氧化、脱碳，加热时要在炉内放入少许木炭；冷却时，手持钳子夹持锤头入水并不断在水中摆动，以保证硬度均匀。低温回火的目的是减少淬火产生的内应力，增加韧性，降低脆性，达到硬度要求。

第 2 章　金属材料及热处理

铸造

第3章 铸 造

3.1 概 述

铸造是熔炼金属、制造铸型(也称砂型),并将熔融金属浇入铸型,待金属液冷却凝固后获得一定形状与性能毛坯或零件的一种生产工艺。铸造获得的毛坯或零件称为铸件。

铸造生产具有以下特点:

(1)铸造可以得到复杂形状(复杂内腔)的铸件,如各种箱体、床身、机架等。

(2)铸件尺寸从几毫米到几十米,重量从几克到数百吨(小至拉链扣,大至数百吨铜佛)。

(3)成本低廉,铸造使用的原材料来源广泛,可大量利用废旧金属材料和再生资源。

(4)铸件力学性能较差,铸件易产生气孔、砂眼、裂纹等铸造缺陷,废品率相对较高。

铸造生产方法分为砂型铸造和特种铸造两大类,其中砂型铸造应用最为普遍。

以型(芯)砂为材料制作铸型的铸造方法称为砂型铸造。砂型铸造适用于各种形状、大小及各种常用合金铸件的生产。其主要工序包括制造模样和型芯盒、制备造型材料、造型、制芯、合型、熔炼金属、浇注、落砂、清理与铸件检验等(图3-1)。

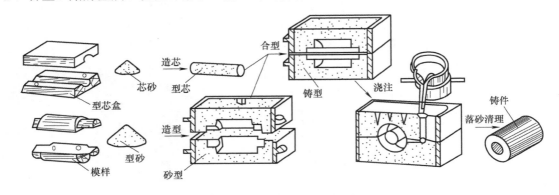

图 3-1 套筒的砂型铸造过程

铸件生产前需根据零件图绘制铸造工艺图。铸造工艺图是指导模样(芯盒)设计、生产准备、铸型制造和铸件检验的基本工艺文件,其中要确定铸型分型面、型芯的相关工艺参数(包括数量、形状、尺寸及固定方法)、加工余量、收缩率、浇注系统、起模斜度、冒口及冷铁的尺寸和布置等。

3.2 造 型 方 法

造型是指用型砂及模样等工艺装备制造铸型的过程。造型是砂型铸造最基本的工序,通常分为手工造型和机器造型两大类。造型方法选择是否合理,对铸件质量和成本影响很大。

3.2.1 造型工具及模样

1. 常用造型工具

常用手工造型工具如图3-2所示。

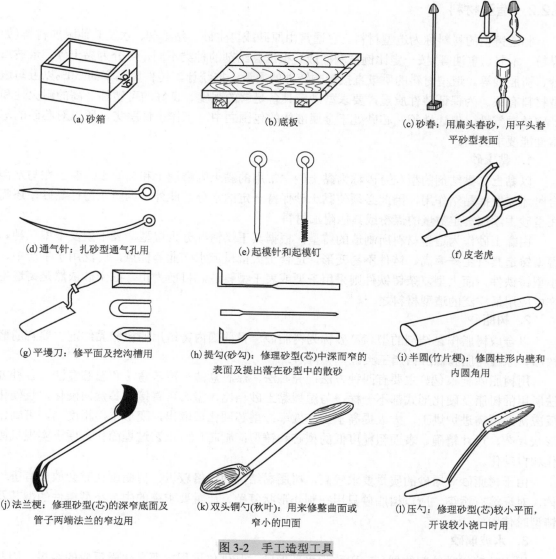

(a) 砂箱

(b) 底板

(c) 砂春：用扁头春砂，用平头春平砂型表面

(d) 通气针：扎砂型通气孔用

(e) 起模针和起模钉

(f) 皮老虎

(g) 平墁刀：修平面及挖沟槽用

(h) 提勾(砂勾)：修理砂型(芯)中深而窄的表面及提出落在砂型中的散砂

(i) 半圆(竹片梗)：修圆柱形内壁和内圆角用

(j) 法兰梗：修理砂型(芯)的深窄底面及管子两端法兰的窄边用

(k) 双头铜勺(秋叶)：用来修整曲面或窄小的凹面

(l) 压勺：修理砂型(芯)较小平面，开设较小浇口时用

图 3-2 手工造型工具

2. 模样与型芯盒

用来获得铸件外形的模具称为模样，用来获得铸件内腔或通孔的模具称为型芯盒。按制造模样和型芯盒所用的材料不同，可分为木模、金属模和塑料模三类。

实际生产中木模的应用最为广泛。由于木模形成铸型的型腔，故木模的结构一定要考虑铸造的特点。为便于取模，在垂直于分型面的木模壁上要做出斜度，称起模斜度；木模上壁与壁的连接处应采用圆角过渡；在零件的加工部位，要留出切削加工时切除的多余金属层，称加工余量；金属冷却后尺寸变小，木模的尺寸要比零件尺寸大一些，称收缩余量。可见木模与零件是有区别的，因此，木模一般不直接按照零件图来制造，但以零件图为基础，对零件进行铸造工艺设计，并绘制出铸造工艺图，按工艺图制造木模和型芯盒。

大型复杂件常由多个砂型及砂芯组成其几何形状，下芯时需用样板检验相互间位置尺寸是否正确。复杂的砂芯往往分块制造，有时要用下芯夹具装配好后一起下入型腔。

3.2.2　造型材料

制造铸型的材料称为造型材料。它通常由原砂或再生砂、黏结剂、水及其他附加材料(如煤粉、木屑、重油等)按一定比例混制而成。根据黏结剂的种类不同,可分为黏土砂、水玻璃砂、树脂砂等。造型材料的质量直接影响铸件的质量,据统计,铸件废品率约 50%以上与造型材料有关。为保证铸件质量,要求型砂应具备足够的强度、良好的可塑性、高的耐火性和一定的透气性、退让性等。芯砂处于金属液体的包围之中,工作条件恶劣,所以对芯砂的基本性能要求更高。

1. 黏土砂

以黏土作黏结剂的型(芯)砂称为黏土砂。常用的黏土为膨润土和高岭土。黏土在与水混合时才能发挥黏结作用,因此必须使黏土砂保持一定的水分。此外,为防止铸件黏砂,还需在型砂中添加一定数量的煤粉或其他附加材料。

由黏土砂作为造型材料所制造的铸型,根据其干燥情况分为湿型、表干型及干型三种。湿型铸造具有生产率高、铸件不易变形,适合于大批量流水作业等优点,广泛用于生产中、小型铸铁件,而大型复杂铸铁件则采用干型或表干型铸造。目前为止,黏土砂依然是铸造生产中应用最广泛的造型材料之一。

2. 树脂砂

以合成树脂作黏结剂的型(芯)砂称为树脂砂。目前国内铸造用的树脂黏结剂主要有酚醛树脂、尿醛树脂和糠醇树脂三类。

用树脂砂制芯(型)主要有四种方法:壳芯法、热芯盒法、冷芯盒法和温芯盒法。各种方法所用的树脂及硬化形式都不一样。与湿型黏土砂相比,型芯可直接在芯盒内硬化,且硬化反应快,不需进炉烘干,大大提高了生产效率;型芯硬化后取出,变形小,精度高,可制作形状复杂、尺寸精确、表面粗糙度低的型芯和铸型;制芯(型)工艺过程简化,便于实现机械化和自动化。

由于树脂砂对原砂的质量要求较高,树脂黏结剂的价格较贵,树脂硬化时会放出有害气体,对环境有污染,所以树脂砂只用在制作形状复杂、质量要求高的中、小型铸件的型芯及铸型时使用。

3. 水玻璃砂

用水玻璃作黏结剂的型(芯)砂称为水玻璃砂。其硬化过程主要是化学反应的结果,因此也称为化学硬化砂。

水玻璃砂与黏土砂相比,具有强度高、透气性好、流动性好、易于紧实、铸件缺陷少、内在质量高、造型(芯)周期短、耐火度高等特点,适合于生产大型铸铁件及所有铸钢件。水玻璃砂也存在一些缺点,如退让性差、旧砂回用较复杂等。目前国内用于生产的水玻璃砂有二氧化碳硬化水玻璃砂、硅酸二钙水玻璃砂、水玻璃石灰石砂等,其中以二氧化碳硬化水玻璃砂用得最多。

4. 型(芯)砂的配制

1) 型(芯)砂常用的配比

型(芯)砂组成物需按一定比例配制,以保证一定的性能。型(芯)砂有多种配比方案,下面举两例仅供参考。

小型铸铁件湿型砂的配比:新砂 10%～20%,旧砂 80%～90%,另加膨润土 2%～3%,

煤粉 2%～3%，水 4%～5%。

中小型铸铁件芯砂配比：新砂 40%，旧砂 60%，另加黏土 5%～7%，纸浆 2%～3%，水 7.5%～8.5%。

2）型（芯）砂的制备

型（芯）砂的混制工作是在混砂机中进行的，目前工厂常用的是碾轮式混砂机。混砂过程是：按比例将新砂、旧砂、黏土、煤粉等加入混砂机中，先进行干混 2～3min，混拌均匀后再加入水或液体黏结剂（水玻璃、桐油等），湿混约 10min，即可打开出砂口出砂。混制好的型砂应堆放 2～4h，使水分分布得更均匀，这一过程叫调匀。型砂在使用前还需进行松散处理，使砂块松开，空隙增加。

配好的型（芯）砂需经性能检验后方可使用。对于产量大的专业化铸造车间，常用型砂性能试验仪检验其强度、透气性和含水量。单件、小批量生产时，可用手捏检验法（图 3-3），用手抓一把型（芯）砂，捏成团后把手掌松开，如果砂团不松散也不粘手，手印清晰，掰断时断面不粉碎，则可认为型（芯）砂质量满足使用要求。

(a)型砂湿度适当时　　　(b)手放开后看到　　　(c)折断时断面没有碎裂
　　可用手捏成沙团　　　　　清晰的指纹　　　　　型砂且足够强度

图 3-3　手捏法检验型（芯）砂

3.2.3　手工造型

手工造型是全部用手工或手动工具完成的造型工序。手工造型的特点是操作方便灵活、适应性强，模样生产准备时间短；但生产率低，劳动强度大，铸件质量不易保证；只适用于单件、小批量生产。

手工造型方法按模型特征分主要有整模造型、分模造型、挖砂造型、假箱造型、成型底板造型、活块造型及刮板造型等。

1. 整模造型

整模造型采用整体模样，模样结构特征为：模样的一端是平面，并且是模样上的最大截面，模样的截面变化规律是由最大的截面一端向另一端逐渐缩小或不变。造型时模样全部在下砂型内，取模时能一次性将其从铸型中取出。整模造型过程如图 3-4 所示。

将上砂型和下砂型装配在一起组成完整的铸型即为合型。注意合型操作要领，禁止在下砂型的正上方翻转上砂型，以免散砂落入型腔而最终影响铸件质量。

整模造型的模样制造和造型操作都比较简单，铸型的分型面是平面，就是模样的最大端面处，合型时不会产生错箱缺陷。整模造型适于铸造形状简单的盘、盖类铸件，如齿轮坯、轴承压盖等。

2. 分模造型

分模造型采用分体模样，模样上的分开面叫分模面，制造模样时，通常将模样在最大截面处分开，使其能在不同的铸型或分型面上顺利取出。根据铸件结构的不同，分模造型可分为两箱分模造型、三箱分模造型等。分模造型适于铸造套类、管类、箱体等零件。

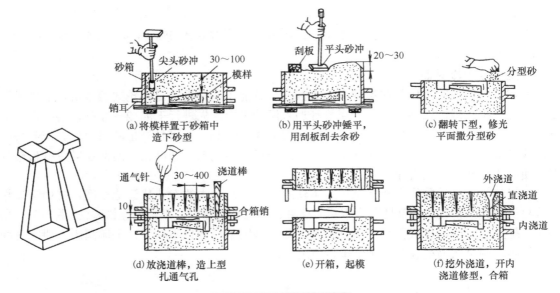

图 3-4 支架整模造型过程

1) 两箱分模造型

制造模样时，将模样沿最大截面处分开而形成上、下两个半模，两个半模之间一般用销钉、销孔定位，且分模面与分型面为同一截面。图 3-5 为三通铸件的两箱分模造型过程。

两箱分模造型因两个半模高度相对降低，起模、修型比较方便，但容易产生错型缺陷，适于铸造回转体铸件或中间截面大、两端截面小的铸件。

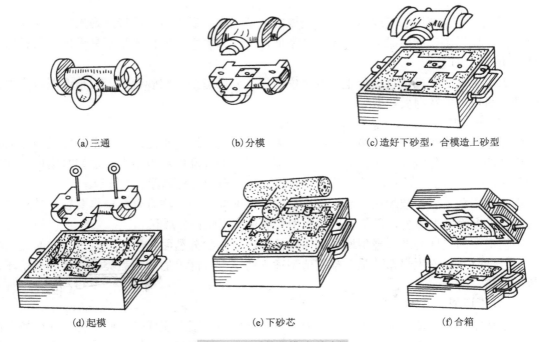

图 3-5 三通的分模造型过程

2）三箱分模造型

根据铸件结构，选择两个最大截面作为铸型分型面，要求中箱的高度与中箱中的模样高度一致，中箱的通用性较差。三箱分模造型过程复杂，生产率低，且容易产生错型缺陷，只适于单件、小批量的两端截面大、中间截面小的铸件生产。图 3-6 所示为带轮的三箱分模造型过程。为提高生产率，可将三箱造型改为两箱造型，如使用环形芯座，可将带轮的三箱造型改为两箱造型，如图 3-7 所示。

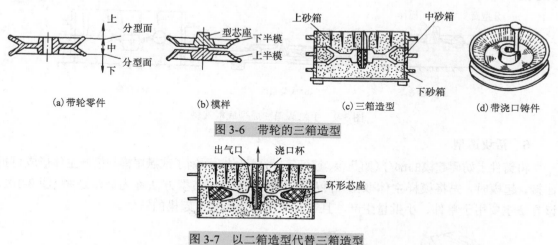

上
分型面
中
分型面
下
型芯座
下半模
上半模
上砂箱
中砂箱
下砂箱
(a) 带轮零件
(b) 模样
(c) 三箱造型
(d) 带浇口铸件

图 3-6 带轮的三箱造型

出气口
浇口杯
环形芯座

图 3-7 以二箱造型代替三箱造型

3. 挖砂造型

当铸件的外部轮廓为曲面(如手轮等)其最大截面不在端部，且模样又不宜分成两半时，应将模样做成整体放在一个砂箱内，造型时通过挖掉妨碍取出模样的那部分型砂，完成造型的方法称为挖砂造型(图 3-8)。

挖砂造型的分型面一般为斜面、曲面或阶梯面，在修挖分型面时一定要挖到模样的最大截面处，分型面的坡度应尽量小，修光分型面，以便于顺利进行开箱、起模及合型等操作。由于是手工挖砂，技术难度较大，生产效率低，只适于单件小批量生产，批量生产时，采用假箱或成型底板造型。

d
D
（a）手轮零件
（b）模样
（c）造下砂型
（d）翻转，挖出分型面
（e）造上砂型，起模，合型

图 3-8 手轮挖砂造型

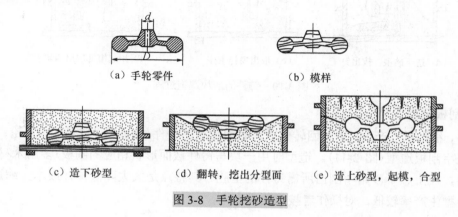

4. 假箱造型及成型底板造型

假箱造型是利用预先制备好的半个砂型，在其上承托模样后来制造下砂型，这样制造出的下砂型，这样制造出的下砂型，其分型面直接形成了，无需再挖砂，然后在下砂型的基础上制造上砂型。实际上，预制的半个砂型只起底板的作用，不用来组成铸型，故称其为假箱，如图 3-9(a)所示。也可用木料制作成型底板来代替假箱进行造型，这种造型方法称为成型底板造型，如图3-9(b)所示。

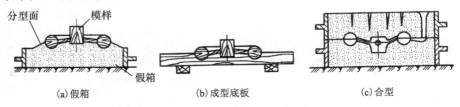

| (a)假箱 | (b)成型底板 | (c)合型 |

图 3-9　手轮假箱和成型底板造型

5. 活块造型

将铸件上妨碍起模的部分(如凸台、筋条等)做成活块，用销子或燕尾榫与模样主体形成可拆连接，起模时，先将模样主体取出，再从侧面取出活块的造型方法称为活块造型(图 3-10)。该方法主要用于单件、小批量生产，且带有突出部分而难以起模的铸件。

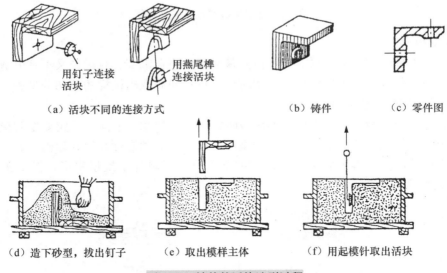

（a）活块不同的连接方式　　　　　　　　　　（b）铸件　　　　（c）零件图

（d）造下砂型，拔出钉子　　　　（e）取出模样主体　　　　（f）用起模针取出活块

图 3-10　铸件的活块造型过程

6. 刮板造型

单件、小批量生产大、中型回转体或等截面形状的铸件(如齿轮、皮带轮、飞轮、弯管等)时，可采用刮板造型(图 3-11)。造型时用一块与铸件截面形状相应的刮板(多用木材制成)来代替模样，在上、下砂箱中刮出所需铸件的型腔。其特点是大大降低模样成本，缩短生产周期，但造型生产率较低，对操作者技术要求高。

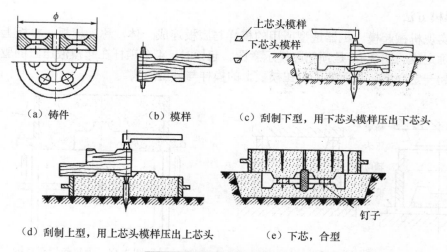

（a）铸件　　　　　（b）模样　　　　（c）刮制下型，用下芯头模样压出下芯头

（d）刮制上型，用上芯头模样压出上芯头　　　　（e）下芯，合型

图 3-11 铸件的刮板造型过程

3.2.4 机器造型

机器造型是指用机器完成全部或至少完成紧砂操作的造型工序。与手工造型相比，机器造型能够显著提高劳动生产率，铸型紧实度高而均匀，型腔轮廓清晰，铸件质量稳定，并能提高铸件的尺寸精度、表面质量，使加工余量减小，改善劳动条件，是大批量生产砂型的主要方法。但由于机器造型需造型机、模板及特制砂箱等专用机器设备，其费用高、生产准备时间长，故只适用中小铸件的成批或大量生产。

1. 机器造型紧实砂型的方法

机器造型紧实砂型的方法很多，最常用的是振压紧实法和压实法等。

振压紧实法如图 3-12 所示，砂箱放在带有模样的模板上，填满型砂后靠压缩空气的动力，使砂箱与模板一起振动震实型砂，再用压头压实型砂即可。

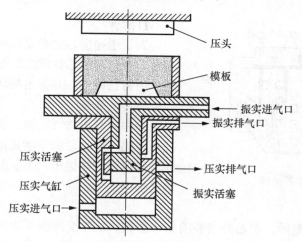

图 3-12 振压式造型机工作原理

压实法是直接在压力作用下使型砂得到紧实。如图 3-13 所示，固定在横梁上的压头将辅助框内的型砂从上面压入砂箱。

2. 起模方法

为了实现机械起模，机器造型所用的模样与底板连成一体，称为模板。模板上有定位销与砂箱精确定位。图 3-14 是顶箱起模示意图。起模时，4 个顶杆在起模液压缸的驱动下一起将砂箱顶起一定高度，从而使固定在模板上的模样与砂型脱离。

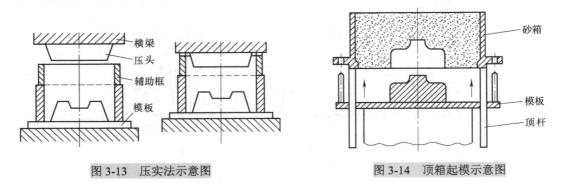

图 3-13　压实法示意图　　　　　　　　　图 3-14　顶箱起模示意图

3.3　型　芯　制　造

为获得铸件中内孔或局部外形，用型砂或其他材料制成、安放在型腔内部的铸型组件，称为型芯。

1. 型芯的用途及性能

型芯的主要用途是构成铸件空腔部分。型芯在浇注过程中受到金属液流冲刷和包围，工作条件恶劣，因此要求型芯具有比型砂更高的强度、透气性、耐火性和退让性，并便于清理。

2. 型芯结构

型芯由型芯体和芯头两部分构成，如图 3-15 所示。型芯体形成铸件的内腔；芯头起支撑、定位和排气作用。

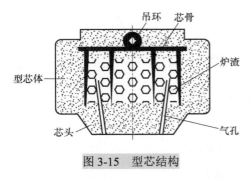

图 3-15　型芯结构

1) 芯骨

为了增强型芯的强度和刚度，在其内部应安放芯骨。小型芯的芯骨常用铁丝制成，大型芯的芯骨通常用铸铁铸成，并铸出吊环，以便型芯的吊装。

2) 排气孔道

芯中应开设排气孔道。小型芯的排气孔可用气孔针扎出；形状复杂不便扎出气孔的型芯，可采用埋设蜡线的方法做出；大型型芯中要放入焦炭或炉渣等加强通气。

3) 上涂料及烘干

为防止铸件产生黏砂，型芯外表要喷刷一层有一定厚度的耐火涂料。铸铁件一般用石墨涂料，而铸钢件则常用硅石粉涂料。型芯一般需要烘干以增加其透气性和强度。黏土砂芯烘干温度为 250～350℃，油砂芯烘干温度为 180～240℃。

3. 造芯方法

根据型芯的尺寸、形状、生产批量及技术要求的不同，造芯方法也不相同，通常有手工造芯和机器造芯两大类。手工造芯一般为单件、小批生产，分为整体式芯盒造芯、对开式芯盒造芯和可拆式芯盒造芯三种，如图 3-16 所示。成批大量的型芯可用机器制出，机器造芯生产率高，紧实均匀，型芯质量好。常用的机器造芯方法有壳芯式、射芯式、挤压式、热芯盒射砂式、振实式等多种。

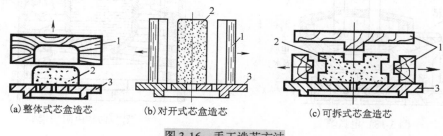

(a)整体式芯盒造芯　　　(b)对开式芯盒造芯　　　(c)可拆式芯盒造芯

图 3-16　手工造芯方法

1—芯盒；2—型芯；3—烘干板

3.4　熔炼与浇注

3.4.1　合金的熔炼

　　凡是能用于生产铸件的合金都称为铸造合金。常用的铸造合金有铸铁、铸钢和有色金属。合金熔炼的任务是用最经济的方法和手段获得温度和化学成分合格的金属液。铸铁的熔炼设备有冲天炉（图 3-17）、电弧炉（图 3-18）和感应电炉等，由于冲天炉具有操作简便、可连续熔炼、生产率高、成本低等特点，目前仍是熔炼铸铁的主要设备。铸钢的熔炼设备有平炉、转炉、电弧炉及感应电炉等，铸钢车间多采用三相电弧炉。有色金属如铜、铝、镁、锌及其合金等，它们大多熔点低，易吸气和氧化，使得铸件中容易产生非金属夹杂物和分散的小气孔，所以熔炼时金属料要与燃料隔离，一般采用坩埚炉（图 3-19）、煤气炉和油炉等作为熔炼设备。

　　冲天炉的炉料包括金属料、燃料和熔剂三部分。其中，金属料包括新生铁、回炉旧铸铁、废钢及铁合金（硅铁、锰铁和铬铁等）；燃料主要是焦炭，也可用煤粉；熔剂有石灰石（$CaCO_3$）和萤石（CaF_2）等。

　　冲天炉是利用对流原理熔炼的。熔炼时，热炉气自下而上运动，冷炉料自上而下运动。两股逆向流动的物、气之间进行着热量交换和冶金反应，使金属炉料在熔化区（在底焦顶部，温度约 1200℃）开始熔化。铁液在下落过程中又被高温炉气和炽热的焦炭进一步加热（称过

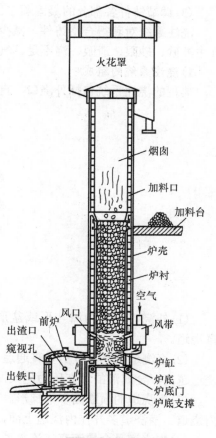

火花罩

烟囱

加料口

加料台

炉壳

炉衬

空气

前炉　风口

出渣口　　　　　　　风带

窥视孔

出铁口

炉缸

炉底

炉底门

炉底支撑

图 3-17　冲天炉

热)，温度高达 1600℃左右，并经过过桥进入前炉。此时，温度稍有下降，铁液出炉温度为
1360～1420℃。

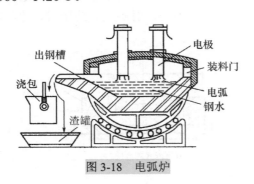

图 3-18　电弧炉

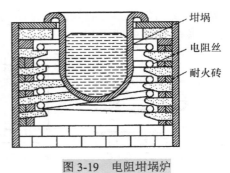

图 3-19　电阻坩埚炉

3.4.2　浇注系统、冒口与冷铁

1. 浇注系统

为填充型腔而开设于铸型中的一系列引入金属溶液的通道称为浇注系统。它的作用如下：

(1)使金属液能连续、平稳、均匀地进入型腔，避免冲坏型壁和型芯。

(2)防止熔渣、砂粒或其他杂质进入型腔。

(3)调节铸件各部分的凝固顺序。

浇注系统对获得合格铸件、减少金属的消耗有重要影响。不合理的浇注系统，会使铸件
产生冲砂、砂眼、渣眼、浇不足、气孔和缩孔等缺陷。

1)浇注系统的组成

典型的浇注系统包括外浇口、直浇道、横浇道、内浇道，如图 3-20 所示。

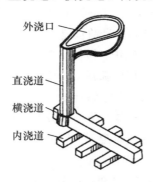

图 3-20　典型的浇注系统

(1)外浇口形状为漏斗形或盆形(大件用)。它的作用是缓冲金属溶液，使之平稳流入
直浇道。

(2)直浇道是有锥度的垂直通道，横断面为圆形，它的作用是使金属溶液产生静压力。直
浇道越高，金属液的填充压力越大，越容易充满型腔的细薄部位。

(3)横浇道的横断面多为梯形。它的作用是挡渣和减缓金属液的流速，使之平稳的分流至
内浇道。横浇道多开在内浇道上面，末端应超出内浇道 20～30mm，以利集渣。

(4)内浇道是金属液直接流入型腔的通道，横断面多为扁梯形或三角形，小件的内浇道长
度为 20～35mm。内浇道的作用是控制金属液流入型腔的方向和速度，调节铸件各部分的冷

却速度，对铸件质量影响很大，故内浇道的开设应注意下列要点：

① 不应开在铸件的重要部位(如重要加工面和定位基准面)，因内浇道处的金属液冷却慢，晶粒粗大，力学性能差。

② 内浇道的方向不要正对砂型壁和型芯(图3-21)，以防止铸件产生冲砂及黏砂缺陷。

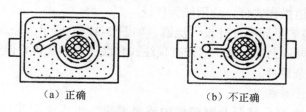

（a）正确　　　　　　　（b）不正确

图 3-21　内浇道的设置

③ 大平面薄壁铸件，特别是易氧化合金(如铸钢、铸铝等)的薄壁复杂件，应多开内浇口，使金属液迅速、平稳充满铸型，防止铸件产生冷隔和氧化夹渣缺陷。

④ 薄壁铸件的内浇道与铸件连接处应带有缩颈，防止打掉浇口时敲坏铸件。

⑤ 应考虑对铸件凝固顺序的要求。壁厚相差不大、收缩小的合金铸件(如灰口铸铁件)，其内浇道多开在薄壁处，使铸件各部分同时凝固和收缩，有利于防止铸件变形和裂纹；而壁厚差别大的合金铸件(如铸钢、球墨铸铁、白口铸铁等)，其内浇道应开在厚壁处，使铸件由薄壁到厚壁处进行顺序凝固和收缩，有利于防止铸件缩孔。

2) 内浇道位置的确定

依铸件形状、大小、合金种类及造型方法不同，内浇道与型腔连接位置有不同方式。

(1)顶注式。内浇道设在铸件顶部，如图 3-22(a)所示。顶注式浇道使金属液自上而下流入型腔，利于充满型腔和补充铸件收缩，但充型不平稳，会引起金属飞溅、吸气、氧化及冲砂等弊病。顶注式适用于高度较小、形状简单的薄壁件，易氧化合金铸件不宜采用。

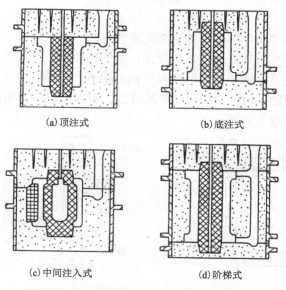

(a)顶注式　　　　　　　　　　　(b)底注式

(c)中间注入式　　　　　　　　　(d)阶梯式

图 3-22　内浇道沿型腔高度位置的注入方式

(2)底注式。内浇道设在型腔底部,如图 3-22(b)所示。金属液从下而上平稳充型,易于排气,多用于易氧化的非铁金属铸件及形状复杂、要求较高的黑色金属铸件。底注式浇道使型腔上部的金属液温度低,而下部高,故补缩效果差。

(3)中间注入式。内浇道从型腔中间注入金属液,如图 3-22(c)所示。内浇道位于两箱造型的分型面上,开浇道操作方便,应用较为广泛。

(4)阶梯式。沿型腔不同高度开设内浇道,如图 3-22(d)所示。金属液首先从型腔底部充型,待液面上升后,再从上部充型。它兼有顶注式和底注式的优点,但开浇道操作比较麻烦,适用于高度较高的复杂铸件。

3)其他形式的浇注系统

根据铸件形状、大小、壁厚及对铸件的质量要求,也可选用其他形式的浇注系统,如图 3-23 所示。

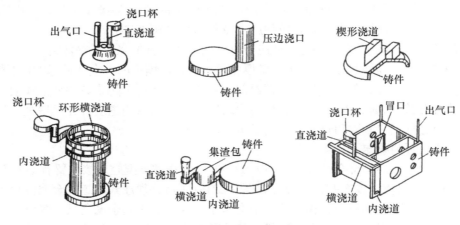

图 3-23　其他形式的浇注系统

2. 冒口

冒口是指在铸型内存储供补缩铸件用金属液的空腔。浇入型腔中的金属液在冷凝过程中会产生体积收缩,若不加入热金属液补充收缩,则铸件凝固后,在其最后凝固的部位会形成缩孔。冒口的设置就是补充铸件凝固时所需要的金属液,使缩孔进入冒口中。冒口应设置在铸件厚壁处、最后凝固的部位,并应比铸件晚凝固。冒口形状多为圆柱形或球形,如图 3-24 所示。常用的冒口分为以下两类。

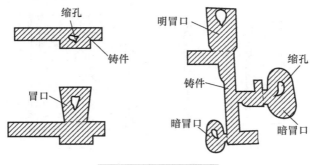

图 3-24　冒口及其位置

（1）明冒口。冒口的上口露在铸型外的称为明冒口。从明冒口中看到金属液冒出时，即表示型腔被浇满。明冒口的优点是有利于型腔内气体排出，便于从冒口中补加热金属液。缺点是消耗金属液多。

（2）暗冒口。位于铸型内的冒口称为暗冒口。浇注时看不到金属液冒出。其优点是散热面小，补缩效率比同等大小的明冒口高，有利于减小金属消耗。

3. 冷铁

冷铁是用来控制铸件凝固的激冷金属，常用钢和铸铁。砂型中放冷铁的作用是加大铸件厚壁处的凝固速度，消除铸件的缩孔、裂纹和提高铸件的表面硬度与耐磨性，如图 3-25 所示。冷铁可单独用在铸件上，亦可与冒口配合使用，以减少冒口尺寸或数目。冷铁有两类。

（1）外冷铁。外冷铁埋入砂型中，形状与该处的砂型相同，浇注时与铸件表面接触而起激冷作用，外冷铁表面上有涂料，故不会与铸件熔接，落砂时与砂型一起清出，可重复使用。

（2）内冷铁。内冷铁置于型腔内，浇注后，它被高温金属液熔合留在铸件中。它的激冷作用大于外冷铁，但为了保证与铸件熔合，不仅内冷铁的材料应与铸件相近，而且要严格控制其尺寸大小和去除铸蚀，油污及水分。它仅用在不重要的厚壁实心铸件，如铁砧、哑铃等。

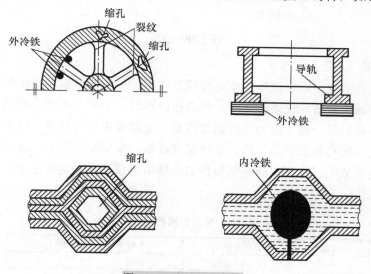

图 3-25 冷铁及其位置

3.4.3 浇注

将液态金属浇入铸型的过程称为浇注。浇注也是铸造生产中的重要工序。如果操作不当，会引起浇不足、冷隔、气孔、缩孔、夹渣等铸造缺陷，造成废品，甚至会产生工伤事故。因此要做好浇注前的各项准备工作，注意控制浇注温度和浇注速度。

1. 浇注前的准备工作

了解铸件的种类、牌号、重量、形状和尺寸，同牌号金属液的铸件应集中在一起，以便于浇注，且应检查铸型是否紧固。浇包是浇注工作的重要工具，用于承接已熔炼好的金属液，运送到浇注地点浇入铸型。常用的浇包有手提浇包、抬包和吊包三种，其形状如图 3-26 所示。

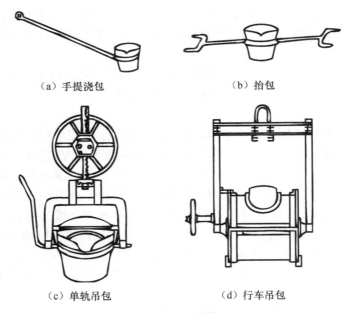

（a）手提浇包　　　　　　　　　（b）抬包

（c）单轨吊包　　　　　　　　　（d）行车吊包

图 3-26　浇包

2. 浇注温度

合理选择浇注温度，对保证铸件质量起重要作用，一般要求金属液出炉时的温度尽可能高一些，以利于减少杂质和使熔渣上浮。但是在浇注时，则应在保证金属液有足够流动性的前提下，温度尽可能低一些。因为浇注温度过高，金属液中气体较多，液态收缩量增大，使铸件易产生气孔、缩孔和黏砂等缺陷。浇注温度过低，金属液黏度大，流动性差，铸件易产生冷隔、浇不足等缺陷。生产中需根据铸件的具体情况及要求确定浇注温度。常见金属的浇注温度见表 3-1。

表 3-1　常见金属的浇注温度

合金种类	铸件类型	浇注温度/℃	合金种类	铸件类型	浇注温度/℃
灰口铸铁	小件	1360～1390	碳钢	/	1500
	中件	1320～1350	锡青铜	/	1200～1250
	大件	1260～1320	铝硅合金	/	680～720

3. 浇注速度

较快的浇注速度能使金属液很快充满铸型型腔，减少氧化，减少铸件各部分温差，利于铸件的均匀冷却，但浇注速度过快对铸型的冲刷力大，易产生冲砂，不利于排气，易产生气孔。浇注速度过慢，金属液对铸型的烘烤作用剧烈，易使型腔拱起脱落，金属液与空气接触时间长，氧化严重，使铸件产生黏砂、夹渣、冷隔、浇不足等缺陷。一般对于薄壁件、形状复杂铸件要用较快的浇注速度；对于厚壁件、形状简单件可按慢-快-慢的原则控制浇注速度。重要的铸件必须经过计算严格控制浇注时间。

3.5 铸件缺陷分析与质量检验

3.5.1 铸件缺陷分析

铸件生产过程环节和工序繁多，许多因素难以控制，包括材料质量、铸件结构、工艺方案、操作技术、组织管理等诸多方面，某一环节出了问题，都会引起铸件缺陷。

表 3-2 列出了铸件常见缺陷的特征、产生的主要原因及防止方法。

表 3-2 铸件常见缺陷的特征、产生的主要原因及防止方法

名称	特征	产生的主要原因	防止方法
气孔	铸件内部或表面光滑孔眼，多呈圆形	1. 春砂过紧或型砂透气性差 2. 砂型太湿，起模、修型刷水过多 3. 型芯通气孔堵塞或未烘干 4. 浇注系统不正确，气体排不出	1. 严格控制型砂芯砂的湿度 2. 合理安排排气孔道 3. 提高砂型的透气性
砂眼	铸件内部或表面带有砂粒的孔眼	1. 型腔或浇道内散砂未吹净 2. 砂型、型芯强度不够，浇注系统不合理，砂型或型芯被金属液体冲垮 3. 合箱时砂型局部损坏	1. 提高型砂、芯砂的强度 2. 严格造型和合箱的操作规范，防止散砂落入
缩孔	铸件厚断面处出现形状不规则的内壁粗糙的孔洞 缩孔	1. 铸件设计不合理，壁厚不均匀 2. 浇、冒口安排不当，冒口太小 3. 浇注温度过高	1. 合理设计冒口 2. 控制浇注温度
黏砂	铸件表面粘有砂粒，表面粗糙	1. 砂型春得太松 2. 型砂耐火性差 3. 浇注温度过高	1. 提高型砂的耐火度 2. 适当加厚涂料层 3. 控制浇注温度
浇不足	铸件未浇满，形状不完整	1. 浇注温度过低 2. 浇注时金属液不足 3. 浇口小或未开出气孔 4. 铸件结构局部过薄	1. 提高浇注温度和速度 2. 保证有足够的金属液
冷隔	铸件上有未完全熔合的接缝	1. 浇注温度低，浇注速度慢或有中断 2. 铸件壁较薄 3. 浇口位置开设不当或浇口过小	1. 提高浇注温度与速度，浇注不要中断 2. 合理开设浇注系统

名称	特征	产生的主要原因	防止方法
裂纹	铸件开裂,裂纹处呈氧化色 裂纹	1. 铸件结构不合理,厚薄相差过大 2. 砂型退让性差 3. 落砂过早,清理操作不当 4. 浇口位置不当,使铸件各处收缩不均匀	1. 合理设计铸件结构 2. 规范落砂和清理操作
错型	铸件在分型面处错开	1. 合箱时上、下箱未对准 2. 分模的上、下模有错移 3. 合箱后加压铁或夹具紧固时上、下砂箱错移	1. 尽可能采用整模在一个砂箱内造型 2. 采用能准确定位和定向的砂箱
偏心	铸件孔的位置偏离中心线	1. 下芯时型芯下偏 2. 芯头与芯座尺寸不匹配,或间隙过大 3. 浇口位置不当,金属液冲歪型芯 4. 型芯本身变形	1. 下芯前检验与修型 2. 提高型芯强度
夹砂	铸件表面有一层瘤状物或金属片状物,表面粗糙,与铸件间夹有一层型砂 砂块 夹砂 铸件 结疤 鼠尾	1. 型砂受热膨胀,表层鼓起或开裂 2. 砂型局部过紧,水分过多 3. 砂型湿态强度较低 4. 浇注温度过高,浇注速度太慢	1. 提高砂型强度 2. 控制浇注温度
变形	铸件发生弯曲、扭曲等变形	1. 铸件壁厚差别过大 2. 落砂过早	改进铸件结构设计

3.5.2 铸件质量检验

铸件质量检验是铸造生产中不可缺少的环节。铸件质量包括外观质量、内在质量和使用性能。外观质量包括铸件尺寸公差、铸件表面粗糙度、铸件重量公差、浇冒口残留量、铸件焊补质量和铸件表面缺陷等,对于显露在铸件表面及表皮下的缺陷,生产中常用肉眼或凿子、尖嘴锤等工具来检验。内在质量和性能包括化学成分、金相组织、内部缺陷、力学性能以及有关标准和铸件交货验收技术条件所要求的各种特殊的物理性能和化学性能等,检验方法一般有无损探伤(指 X 射线、γ 射线探伤，超声波、磁粉、电磁感应涡流探伤，荧光检查及着色探伤等)检验、化学成分检验、金相检验、机械性能检验、断口宏观与显微检验及水压试验等。

3.6　特 种 铸 造

为满足一些特殊零件的生产要求，人们在砂型铸造的基础上又创造了许多其他的铸造方法。通常把这些不同于普通砂型铸造的方法统称为特种铸造。下面就常用的几种特种铸造方法作简单介绍。

3.6.1　熔模铸造

熔模铸造是用易熔材料制成模样，然后在模样上涂挂若干层耐火涂料制成型壳，经硬化后再将模样熔化，排出型外，经过焙烧后浇注液态金属获得铸件的铸造方法。由于熔模广泛采用蜡质材料来制造，故又称失蜡铸造或精密铸造。

1. 熔模铸造的工艺过程

(1)压型制造。压型(图 3-27(b))是用来制造蜡模的专用模具。压型必须有很高的精度和表面光洁度，并且型腔尺寸必须同时考虑蜡料和铸造合金的双重收缩率。当铸件精度要求高或大批量生产时，压型一般用钢、铜合金或铝合金制成；对于小批量生产或铸件精度要求不高时，可采用易熔合金(锡、铅等合金)、塑料或石膏直接在母模(图 3-27(a))上浇注而成。

(2)制造蜡模。蜡模材料常用 50%石蜡和 50%硬脂酸配制而成。将蜡料加热至糊状，在一定的压力下压入型腔内，待冷却后，从压型中取出得到一个蜡模(图 3-27(c))。为提高生产率，常把数个蜡模熔焊在蜡棒上，成为蜡模组(图 3-27(d))。

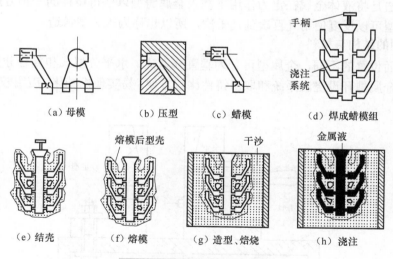

(a) 母模　　(b) 压型　　(c) 蜡模　　(d) 焊成蜡模组

(e) 结壳　　(f) 熔模　　(g) 造型、焙烧　　(h) 浇注

图 3-27　熔模铸造的工艺过程

(3)制造型壳。在蜡模组表面浸挂一层以水玻璃和石英粉配制的涂料，然后在上面撒一层较细的硅砂，放入固化剂(如氯化铵水溶液等)中硬化，使蜡模组外面形成由多层耐火材料组成的坚硬型壳(一般为 4～10 层)，型壳的总厚度为 5～7mm(图 3-27(e))。

(4)熔化蜡模(脱蜡)。通常将带有蜡模组的型壳放在 80～90℃ 的热水中，使蜡料熔化后从浇注系统中流出。脱模后的型壳如图 3-27(f) 所示。

(5) 型壳的焙烧。把脱蜡后的型壳放入加热炉中，加热到 800～950℃，保温 0.5～2h，烧去型壳内的残蜡和水分，洁净型腔。为使型壳强度进一步提高，可将其置于砂箱中，周围用粗砂充填，即"造型"(图 3-27(g))，然后再进行焙烧。

(6) 浇注。将型壳从焙烧炉中取出后，周围堆放干砂，加固型壳，然后趁热(600～700℃)浇入合金液，凝固冷却(图 3-27(h))。

(7) 脱壳和清理。用人工或机械方法去掉型壳、切除浇冒口，清理后即得铸件。

2. 熔模铸造的特点及应用

(1) 由于铸型精密，没有分型面，型腔表面光洁，故铸件精度高、表面质量好，是少无切削加工的重要方法之一。其尺寸精度可达 IT12～IT9，表面粗糙度为 $Ra6.3～1.6\mu m$。如熔模铸造的涡轮发动机叶片，铸件无需加工就能满足精度要求。

(2) 可制造形状复杂铸件，其最小壁厚可达 0.3mm，最小铸出孔径为 0.5mm。对由几个零件组合成的复杂部件，可用熔模铸造一次铸出。

(3) 铸造合金种类不受限制，尤其适用于高熔点和难切削合金，如高合金钢、耐热合金等。

(4) 生产批量基本不受限制，单件或成批生产均可。

(5) 工序繁杂，生产周期长，原辅材料费用比砂型铸造高，生产成本较高，铸件不宜太大、太长，一般限于 25kg 以下。

一般应用于生产汽轮机叶片、泵的叶轮、切削刀具以及飞机、汽车、拖拉机、风动工具和机床上的小型零件等。

3.6.2　金属型铸造

金属型铸造是将液体金属在重力作用下浇入金属铸型以获得铸件的一种方法，又称硬模铸造。由于铸型可以反复使用几百次到几千次，所以也称为永久型铸造。

1. 金属型的结构与材料

根据分型面位置的不同，金属型可分为垂直分型式、水平分型式和复合分型式三种，其中垂直分型式金属型开设浇注系统和取出铸件比较方便，易实现机械化，应用较广，如图 3-28 所示。

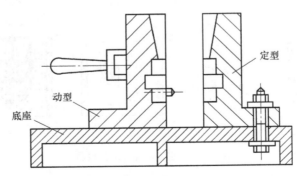

图 3-28　垂直分型式金属型

制造金属型的材料的熔点一般应高于浇注合金的熔点。如浇注铝、铜等合金，要用合金铸铁或钢制造金属型。金属型用的芯子有砂芯和金属芯两种。有色金属铸件常用金属型芯。

2. 金属型铸造的特点及应用

(1)尺寸精度高,尺寸公差等级为IT14~IT12,表面质量好,表面粗糙度为Ra12.5~6.3μm,机械加工余量小。

(2)铸件的晶粒较细,力学性能较好。

(3)可实现一型多铸,提高了劳动生产率,且节约造型材料。

但金属型的制造成本高,不宜生产大型、形状复杂和薄壁铸件;由于冷却速度快,铸铁件表面易产生白口组织,切削加工困难;受金属型材料熔点的限制,熔点高的合金不适宜用金属型铸造。

主要应用于铜合金、铝合金等铸件的大批量生产,如活塞、连杆、汽缸盖等;铸铁件的金属型铸造目前也有所发展,但其尺寸限制在 300mm 以内,质量不超过 8kg,如电熨斗底板等。

3.6.3 压力铸造

将液态或半液态金属在高压下高速注入金属型腔,并在压力作用下成型和凝固而获得铸件的方法称为压力铸造。常用的压射比压为 30~150MPa,充型时间为 0.01~0.2s。

1. 压铸机和压铸工艺过程

压力铸造是在压铸机上进行的,压铸机根据压室工作条件不同,分为冷压室和热压室两类。热压室压铸机的压室与坩埚连成一体,而冷压室压铸机的压室是与坩埚分开的。冷压室压铸机又可分为立式和卧式两种,目前以卧式冷压室压铸机应用较多,其工作原理如图 3-29 所示。

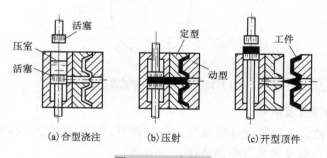

图 3-29 压力铸造

2. 压力铸造的特点及应用

(1)压铸件尺寸精度高,表面质量好,尺寸公差等级为IT12~IT10,表面粗糙度 Ra 值为3.2~0.8μm,可不经机械加工直接使用,而且互换性好。

(2)可以压铸壁薄、形状复杂以及具有小直径孔和螺纹的铸件,如锌合金的压铸件最小壁厚可达 0.8mm,最小铸出孔径可达 0.8mm、最小可铸螺距达 0.75mm。

(3)压铸件的强度和表面硬度较高。在压力下结晶,加上冷却速度快,铸件表层晶粒细密,其抗拉强度比砂型铸件高 25%~40%,但延伸率有所下降。

(4)生产率高,可实现半自动化及自动化生产。每小时可压铸几百个零件,是所有铸造方法中生产率最高的。

压力铸造的缺点:由于气体难以排出,压铸件易产生皮下气孔;压铸件不能进行热处理,也不宜在高温下工作;金属液凝固快,厚壁处来不及补缩,易产生缩孔和缩松;设备投资大,铸型制造周期长、造价高，不适于小批量生产。

压力铸造应用于生产锌合金、铝合金、镁合金和铜合金等铸件；广泛用于汽车、拖拉机制造业，仪表和电子仪器工业，农业机械，国防工业，计算机、医疗器械制造业等。

3.6.4　低压铸造

低压铸造是指液体金属在较低压力(0.02～0.06MPa)下充填铸型，并在压力作用下结晶以形成铸件的方法。

1. 低压铸造的工艺过程

低压铸造的工作原理如图 3-30 所示。把熔炼好的金属液倒入保温坩埚，装上密封盖，升液导管使金属液与铸型相通，锁紧铸型，缓慢地向坩埚炉内通入干燥的压缩空气，金属液在气体压力的作用下，自下而上沿着升液导管和浇注系统充满型腔，并在压力作用下结晶，铸件成型后撤去坩埚内的压力，升液导管内的金属液降回到坩埚内金属液面，开启铸型，取出铸件。

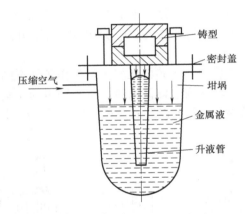

图 3-30　低压铸造的工作原理

2. 低压铸造的特点及应用

(1)浇注时金属液的上升速度和结晶压力可以调节，故可适用于各种不同铸型(如金属型、砂型等)，铸造各种合金及各种大小的铸件。

(2)采用底注式充型，金属液充型平稳，无飞溅现象，可避免卷入气体及对型壁和型芯的冲刷，铸件的气孔、夹渣等缺陷少，提高了铸件的合格率。

(3)铸件在压力下结晶，组织致密、轮廓清晰、表面光洁，力学性能较高，对于大薄壁件的铸造尤为有利。

(4)省去补缩冒口，金属利用率提高到 90%～98%。

(5)劳动强度低，劳动条件好，设备简易，易实现机械化和自动化。

低压铸造主要应用于生产质量要求高的铝、镁合金铸件，如汽车发动机缸体、缸盖、活塞、叶轮等。

3.6.5　离心铸造

离心铸造是指将熔融金属浇入旋转的铸型中，使液体金属在离心力作用下充填铸型并凝固成型的一种铸造方法。

1. 离心铸造的类型

为使铸型旋转，离心铸造必须在离心铸造机上进行。离心铸造机通常可分为立式和卧式两类，其工作原理如图 3-31 所示。铸型绕水平轴旋转的称为卧式离心铸造，适合浇注长径比较大的各种管件；铸型绕垂直轴旋转的称为立式离心铸造，适合浇注各种盘、环类铸件。

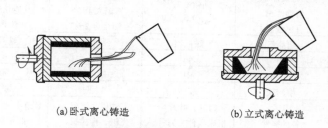

(a) 卧式离心铸造　　(b) 立式离心铸造

图 3-31　离心铸造机原理图

2. 离心铸造的特点及应用

(1) 液体金属能在铸型中形成中空的自由表面，不用型芯即可铸出中空铸件，简化了套筒、管类铸件的生产过程。

(2) 由于旋转所产生离心力的作用，离心铸造可提高金属充填铸型的能力，因此一些流动性较差的合金和薄壁铸件适用离心铸造法生产。

(3) 由于离心力的作用，改善了补缩条件，气体和非金属夹杂物也易于从金属液中排出，减少了产生缩孔、缩松、气孔和夹杂等缺陷的几率。

(4) 无浇注系统和冒口，节约金属。

(5) 可进行双金属铸造，如在钢套上镶铸薄层铜衬制作滑动轴承等，可节约贵重材料。

(6) 金属中的气体、熔渣等夹杂物，因密度较轻而集中在铸件的内表面上，所以内孔的尺寸不精确，质量也较差；铸件易产生成分偏析和密度偏析。

离心铸造主要应用于大批量生产各种铸铁和铜合金管类、套类、环类铸件和小型成型铸件，如铸铁管、汽缸套、铜套、双金属轴承、特殊钢的无缝管坯、造纸机滚筒等铸件。

3.7　常用铸造方法分析比较

在选择采用何种铸造方法时，必须综合考虑所用合金种类、造型工艺、生产批量、环境保护及经济性等因素，具体可参见表 3-3。

表 3-3　常用铸造方法比较

铸造方法 比较项目	砂型铸造	熔模铸造	金属型铸造	压力铸造	离心铸造
成型及铸型特点	金属液体浇注，型砂芯砂铸型	金属液体浇注，耐火材料薄壳铸型	金属液体浇注，金属铸型	金属液体在高压高速下注入压铸机，金属铸型	金属液体在离心力作用下充填，金属铸型
适用合金范围	不限制	不限制，但以铸钢为主	不限制，但以有色合金为主	铝、锌等低熔点合金	以黑色金属、铜合金为主
铸件的大小及重量范围	不限制	一般小于 25kg	以中小铸件为主，铸钢可达数吨	中小型铸件	不限制
铸件尺寸精度	IT15～IT14	IT14～IT11	IT14～IT12	IT13～IT11	IT14～IT12

续表

比较项目 \ 铸造方法	砂型铸造	熔模铸造	金属型铸造	压力铸造	离心铸造
粗糙度 Ra/μm	粗糙	12.5～1.6	12.5～6.3	3.2～0.8	内孔粗糙
适用铸件的最小壁厚范围/mm	灰铸铁件 3，铸钢件 5，有色合金 3	通常 0.7，孔 ϕ 1.5～2.0	铸铁大于 4，铸钢大于 5，铝合金 2～3	铜合金小于 2，其他 0.5～1，孔 ϕ 0.7	最小内孔为 ϕ 7
铸件内部质量	结晶粗	结晶粗	结晶细	结晶细	结晶细
金属利用率/%	70	90	70	95	70～90
生产率	低、中	中	中、高	高	中、高
设备费用	中、低	较高	较低	较高	中等
应用举例	各种铸件	刀具、叶片、机床零件、刀杆、风动工具等	发动机、汽车、飞机、拖拉机、电器零件等	汽车、电器仪表、照相器材、国防工业零件等	各种套、管、环辊、叶轮、滑动轴承等

第 3 章 铸造

第4章 锻 造

锻造

4.1 概 述

锻造是毛坯成型的重要手段，尤其在工作条件复杂、力学性能要求高的重要结构零件的制造中，具有重要的地位。锻造是指在加压设备及工(模)具的作用下，使坯料、铸锭产生局部或全部塑性变形，以获得一定几何尺寸、形状和质量锻件的加工方法，包括自由锻、模锻、胎模锻等。

金属锻压加工主要有以下特点：

(1)改善金属的组织、提高力学性能。金属材料经锻压加工后，其组织、性能都得到改善和提高，锻压加工能消除金属铸锭内部的气孔、缩孔和树枝状晶等缺陷，得到致密的金属组织，从而提高金属的力学性能。在零件设计时，若正确选用零件的受力方向与纤维组织方向，可以提高零件的抗冲击性能。

(2)材料的利用率高。金属塑性成型主要是靠金属的形体组织相对位置重新排列，而不需要切除金属。

(3)较高的生产率。锻压加工一般是利用压力机和模具进行成型加工的。如利用多工位冷镦工艺加工内六角螺钉，比用棒料切削加工工效提高400倍以上。

(4)毛坯或零件的精度较高。应用先进的技术和设备，可实现少切削或无切削加工。例如，精密锻造的伞齿轮齿形部分可不经切削加工直接使用，复杂曲面形状的叶片精密锻造后只需磨削便可达到所需精度。

(5)锻压所用的金属材料应具有良好的塑性，以便在外力作用下，能产生塑性变形而不破裂。常用的金属材料中，铸铁属脆性材料，塑性差，不能用于锻压。钢和非铁金属中的铜、铝及其合金等可以在冷态或热态下压力加工。

(6)不适合成型较复杂形状的零件。锻压加工是在固态下成型的，与铸造相比，金属的流动受到限制，一般需要采取加热等工艺措施才能实现。对制造形状复杂，特别是具有复杂内腔的零件或毛坯较困难。

由于锻压具有上述特点，因此承受冲击或交变应力的重要零件(如机床主轴、齿轮、曲轴、连杆等)，都应采用锻件毛坯加工。所以锻压加工在机械制造、军工、航空、轻工、家用电器等行业得到广泛应用。

4.2 锻造生产过程

为提高金属坯料的塑性和降低其变形抗力，锻造成型前，一般先将金属加热后锻造，故称为热锻。其锻造生产工艺过程一般包括备料、加热、锻造成型及锻后冷却工序。

4.2.1 备料

适于锻造的金属材料，必须具有足够的塑性，以便锻造时容易产生塑性变形而不破裂。碳素钢、合金钢以及铜、铝等非铁合金均具有良好的塑性，可以锻造。铸铁、铸造黄铜等脆性材料，在外力的作用下易裂碎，故不能锻造。

碳素钢的塑性随碳的质量分数增加而降低。低碳钢、中碳钢具有良好的塑性，是生产中常用的锻造材料。受力大的或要求有特殊物理、化学性能的零件需用合金钢，合金钢的塑性随合金元素的增多而降低，锻造时易出现锻造缺陷。

锻造用钢有钢锭和钢坯两种类型。大中型锻件一般使用钢锭，小型锻件则使用钢坯。钢坯是钢锭经轧制或锻造而成的，锻造用钢坯多为圆形、方形截面的棒料。锻造前应将棒料按需用的大小切成坯料，该过程称下料。下料的方法有剪切、锯割或氧气切割等。

4.2.2 加热

1. 坯料加热的目的和要求

用于压力加工的金属，必须具有较高的塑性和较低的变形抗力，即要有良好的锻造性能，除少数具有良好塑性的金属可在常温下锻造成型外，大多数情况下金属均需通过加热来提高金属的塑性，降低金属的变形抗力，使其有利于变形而不破裂。

坯料在加热过程中，金属表面被氧化而形成氧化皮，不仅造成金属损耗，而且在锻造时易被压入锻件表面，影响表面质量。因此，在保证坯料均匀热透的条件下，应尽量缩短加热时间，以减少金属氧化等缺陷，降低燃料消耗。

2. 锻造的温度范围

锻造应在一定的温度范围下进行，锻造时允许加热的最高温度，称为始锻温度。允许锻造的最低温度为终锻温度。锻件从始锻温度到终锻温度间隔称为锻造温度范围。几种常见金属材料的锻造温度范围见表 4-1。

表 4-1 常用金属材料的锻造温度

金属材料	始锻温度/℃	终锻温度/℃	金属材料	始锻温度/℃	终锻温度/℃
碳素结构钢	1200～1250	800～850	高速工具钢	1100～1150	900
碳素工具钢	1050～1150	750～800	弹簧钢	1100～1150	800～850
合金结构钢	1150～1200	800～850	轴承钢	1080	800
合金工具钢	1050～1150	800～850	硬铝	470	380

加热时，金属的温度可用仪表(热电高温计或光学高温计)测量。但锻工一般都用观察金属火色的方法(俗称火色法)来判断，钢的温度与火色的关系列于表 4-2 中。

表 4-2 钢料火色与温度的关系

火色	亮白	淡黄	橙黄	桔黄	淡红	樱红	暗红	暗褐
大致温度/℃	1300 以上	1200	1100	1000	900	800	700	600 以下

3. 加热设备

金属坯料的加热按热源不同可分为火焰加热和电加热两大类。常见加热设备特点及其应用范围见表 4-3 所示。

表 4-3　常见加热设备特点及其应用范围

加热方法	设备	特点	应用范围
火焰加热	手锻炉	结构简单，操作容易，加热质量不高，生产率低	适合于各种形状小型零件的单件或小批量加热，锻造实习中常使用，工业生产中应用不多
	反射炉	反射炉的炉膛面积大，炉膛温度均匀一致，加热质量好，生产率高	适合于中小批量锻件的生产
	重油和煤气炉	加热较迅速，加热质量一般	适于加热大型、单件坯料或成批中小型坯料
电加热	电阻加热	操作简单，炉温容易控制，工件氧化少，但电能消耗大	主要用于对温度要求严格的耐热合金、有色金属及其精密锻造时 坯料的加热
	接触加热	结构简单，加热速度快，耗电少，加热温度不受限制	适用于棒料或局部加热
	感应加热	加热设备复杂，但加热速度快，加热质量好，温度控制准确，便于实现机械化、自动化生产	适用于大批大量生产

　　反射炉(图 4-1)主要由燃烧室、加热室、鼓风机、烟道、换热器等组成。燃烧室中产生的高温炉气越过火墙，由炉顶反射到加热室加热坯料。煤燃烧时所需空气由鼓风机通过送风管供给。空气进入燃烧室之前，在换热器中已被从加热室中排出的废气预热到 200~500℃。

　　室式重油炉(图 4-2)的重油与具有一定压力的空气分别由两个管道送入喷嘴，压缩空气从喷嘴喷出时，所造成的负压能将重油带出，在喷嘴口附近混合雾化后，喷入炉膛进行燃烧。调节重油及空气流量，便可调节炉膛的燃烧温度。

　　电阻加热是利用电流通过电热元件时产生的电阻热间接加热坯料。电阻炉有多种类型，常用的有箱式电阻炉(图 4-3)，又分为中温电阻炉和高温电阻炉两种。

　　接触加热是利用变压器产生的大电流通过金属坯料，坯料因自身的电阻热而得到加热。

　　感应加热是用交变电流通过感应线圈而产生交变磁场，使置于线圈中的坯料内部产生交变涡流而升温加热。

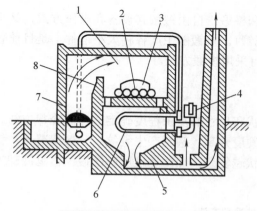

图 4-1　反射炉结构示意图

1—加热室；2—坯料；3—炉门；4—鼓风机；
5—烟道；6—换热器；7—燃烧室；8—火墙

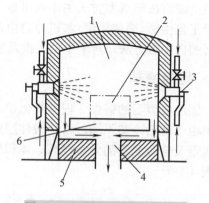

图 4-2　室式重油炉结构示意图

1—炉膛；2—炉口；3—喷嘴；4—烟道；
5—炉底；6—坯料

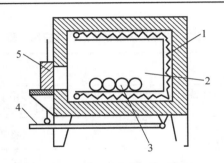

图 4-3　箱式电阻炉示意图

1—电阻丝；2—炉膛；3—坯料；4—踏杆；5—炉门

坯料常见的加热缺陷及防止措施如表 4-4 所示。

表 4-4　坯料常见的加热缺陷及防止措施

名称	产生原因	危害	防止措施
过热	加热温度过高或在高温下停留时间过长，引起晶粒粗化	使坯料塑性降低，力学性能变差，易产生裂纹	严格控制加热温度，保温时间，严格控制炉气成分，对已产生过热的钢可通过重新加热后反复锻造或通过锻后热处理使晶粒细化
过烧	加热温度过高并接近熔点温度，导致晶界处出现氧化及熔化，晶粒非常粗大	坯料力学性能差，一经锻打便会碎裂，缺陷无法挽救	
氧化	坯料表层的铁与炉气中的氧化性气体(O_2、CO_2、H_2O 等)发生化学反应形成氧化皮	造成金属烧损，影响锻件质量和炉子使用寿命，加剧模具磨损	在保证质量前提下，快速加热并避免在高温区停留过长，严格控制送风量，采用少、无氧化等加热方法
脱碳	坯料表层的碳在高温下与炉气中的 O_2、H_2、H_2O、CO_2 等反应被烧损掉，使表层含碳量降低	若脱碳层厚度大于加工余量，则会使零件表层的强度、硬度及耐磨性降低，直接影响零件使用性能	
裂纹	由于表面和心部产生温差，使内部产生应力，导致裂纹产生	坯料报废	制定和遵守正确的加热规范。如对于大型锻件避免装炉温度太高，也可采用预热措施

4.2.3　锻造成型

锻造成型按照成型方式的不同可分为自由锻和模锻。自由锻按其设备和操作方式，又可分为手工自由锻(简称手锻)和机器自由锻(简称机锻)。机锻能生产各种大小锻件，是目前普遍采用的自由锻方法。对于小型大批量生产锻件可采用模锻方法。

4.2.4　锻后冷却

经锻造成型后的锻件，根据其化学成分、形状和尺寸的复杂程度确定适当的冷却方法。生产中由于锻后冷却不当，常使锻件翘曲，表面硬度升高，甚至产生裂纹。一般情况下，钢中含碳量及合金元素的含量越高、体积越大、形状越复杂，冷却速度应越缓慢。常见冷却方法如表 4-5 所示。

表 4-5　常用锻件的冷却方法

名称	冷却方法
空冷	热态锻件直接放在车间内无缝的干燥地面上冷却，速度较快
坑冷	热态锻件在地坑(或者铁箱中)缓慢冷却
炉冷	锻后锻件置于一定温度的炉中缓慢冷却，冷速最慢

4.3　自由锻与胎模锻

　　自由锻锻造过程中，金属坯料在上、下砧铁间受压变形时，可朝各个方向自由流动，不受限制，其形状和尺寸主要由操作者的技术来控制。

　　自由锻分为手工锻造和机器锻造两种，手工锻造只适合单件生产小型锻件，机器锻造则是自由锻的主要生产方法。

4.3.1　锻造设备与工具

　　自由锻所用设备根据它对坯料施加外力的性质不同，分为锻锤和液压机两大类。锻锤是依靠产生的冲击力使金属坯料变形，设备主要有空气锤、蒸汽—空气自由锻锤，主要用于单件、小批量的中小型锻件的生产。液压机是依靠产生的压力使金属坯料变形。其中，水压机可产生很大的作用力，能锻造质量达 300t 的大型锻件，是重型机械厂锻造生产的主要设备。

　　1. 空气锤

　　空气锤由锤身、压缩缸、工作缸、传动机构、操纵机构、落下部分及砧座等几部分组成。锤身和压缩缸及工作缸转成一体。传动机构包括减速机构、曲轴和连杆等。操纵机构包括踏杆(或手柄)、旋阀及其连接杠杆。落下部分包括工作活塞、锤杆和上砧铁。

　　空气锤自带压缩空气装置，锤身为单柱式结构，三面敞开，使用灵活，操作方便。其外形结构及传动原理如图 4-4 所示。电机通过减速齿轮带动曲柄连杆机构，使压缩缸中的活塞上下运动产生压缩空气，通过上旋阀或下旋阀，压缩空气进入工作缸的上部或下部空间，推动落下部分下降或上升。通过操纵手柄或脚踏杆操纵上、下旋阀，可使锤头实现空转、上悬、下压、单打、连打、轻打、重打等动作。

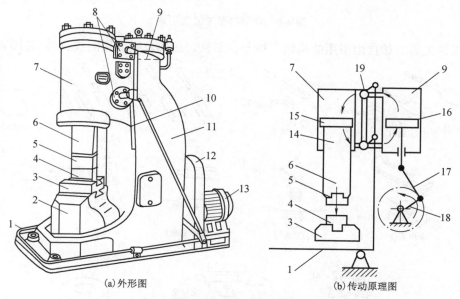

(a)外形图　　　　　　　　　　(b)传动原理图

图 4-4　空气锤的结构原理示意图

1—踏杆；2—砧座；3—砧垫；4—下砧铁；5—上砧铁；6—锤杆；7—工作缸；8—旋阀；9—压缩缸；10—手柄；11—锤身；12—减速机构；13—电动机；14—工作活塞；15—压缩活塞；16—连杆；17—曲柄；18—上旋阀；19—下旋阀

空气锤的规格以落下部分的总质量来表示，常用的有 65kg、150kg、250kg、400kg、560kg、750kg、1000kg 等空气锤。锻锤所产生的打击力约是落下部分重量的 1000 倍，适用于单件、小批量小型锻件的生产制坯和修整等场合。

2. 锻造工具

锻造所用工具形式很多，在锻造操作的各个工序中起着不同的作用。锻造工具按其功用可分为以下几类：

(1)支持工具。如手工自由锻用的铁砧、花盘砧等，常用铸钢制成。

(2)打击工具。如大锤、手锤等(图 4-5)，这种工具自由锻和模锻都会用到。

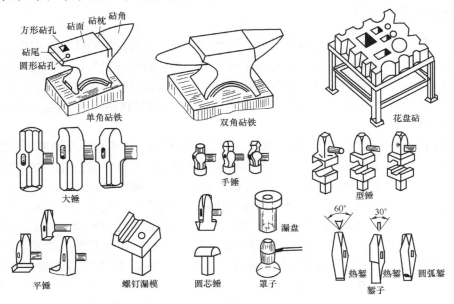

图 4-5　常用的手工锻造工具

(3)成型工具。如自由锻用的型锤、捶子、斜铁、胎模及模锻用的模具等(见图 4-6)。

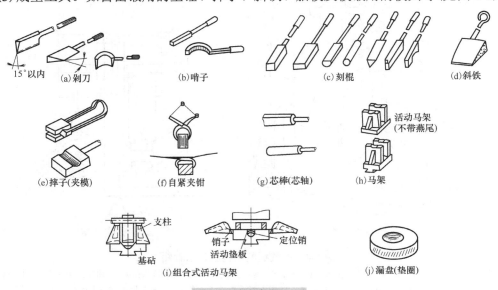

图 4-6　常用机锻工具

(4)夹持工具。用于夹持坯料或锻件的各种钳子(图 4-7)。

(5)测量工具。如卡尺(或卡钳)、角尺、直尺等(图 4-7)。

锻前应根据所采用的锻造成型方法、不同工序、坯料和锻件外形尺寸选择合适的各类工具，做好工具的准备工作。通常情况下，所选用的有些工具(如成型工具)还必须进行预热准备工作，一般预热温度为 150～250℃，以防止坯料与温度较低的工具接触而造成坯料表面温度降低。

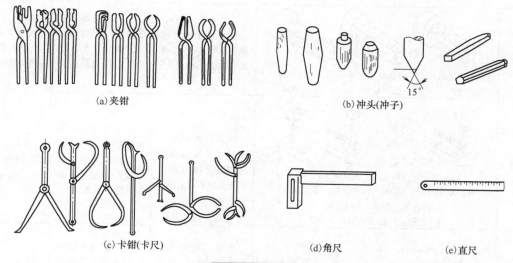

(a)夹钳　　　　　　　　　　　　(b)冲头(冲子)

(c)卡钳(卡尺)　　　　　　(d)角尺　　　　　　(e)直尺

图 4-7　通用工具

4.3.2　自由锻

自由锻是利用简单的通用工具靠人力锻打或在锻造设备的上下铁砧间锻打，使经加热后的金属坯料产生塑性变形而获得所需形状、尺寸和性能的锻件的加工方法。

锻件图是工艺规程的核心部分，它是以零件图为基础，结合自由锻造工艺特点绘制而成。绘制自由锻件图应考虑如下几个内容：

(1)增加敷料。为了简化零件的形状和结构、便于锻造而增加的一部分金属，称为敷料。如消除零件上的锭槽、窄环形沟槽、齿谷或尺寸相差不大的台阶。

(2)考虑加工余量和公差。在零件的加工表面上为切削加工而增加的尺寸称为余量，锻件公差是锻件名义尺寸的允许变动值，它们的数值应根据锻件的形状、尺寸、锻造方法等因素查相关手册确定。

自由锻的工序包括基本工序、辅助工序和修整工序。基本工序是指完成主要变形的工序，可分为锻粗、拔长、冲孔、弯曲、切割(下料)、扭转、错移等；辅助工序是为基本工序操作方便而进行的预先变形，如压钳把、倒棱、压肩(压痕)等；修整工序是用以精整锻件外形尺寸、减小或消除外观缺陷的工序，如滚圆、平整等。表 4-6 着重介绍基本工序的操作。

表 4-6　自由锻基本工序操作

工序	图例	定义	操作要领	实例
镦粗或局部镦粗		镦粗是使坯料高度减小、横截面积增大的锻造工序	①防止坯料镦弯、镦歪或镦偏　②防止产生裂纹和夹层	圆盘、齿轮、叶轮、轴头等
拔长	 (a)左右进料 90°翻转　(b)螺旋线进料 90°翻转　(c)前后进料 90°翻转	拔长是使坯料横截面积减少，长度增加的锻造工序	①使坯料各面受压均匀，冷却均匀　②截面的宽厚比应≤2.5，以防产生弯曲	锻造光轴、阶梯轴、拉杆等轴类锻件
冲孔	 (a)　(b)　(c)　(d) (a)放正冲子，试冲；(b)冲浅坑，撒煤灰； (c)冲至工件厚度的 2/3 深； (d)翻转工件在钟砧圆孔上冲透	冲孔是利用冲子在经过镦粗或镦平的饼坯上冲出通孔或盲孔的锻造工序	①坯料应加热至始锻温度，防止冲裂　②冲深时应注意保持冲子与砧面垂直，防止冲歪	圆环、圆筒、齿圈、法兰、空心轴等
弯曲	 芯棒　垫模	弯曲是采用一定的工具或模具，将毛坯弯成规定外形的锻造工序	弯曲前应根据锻件弯曲程度和要求适当增大补偿弯曲区截面尺寸	弯杆、吊钩、轴瓦等
切割下料	 (a)单面切割　　(b)双面切割 1—下砧铁；2—坯料；3—剁刀；4—翘棍	切割是将坯料分割开或部分割裂的锻造工序	双面切割易产生毛刺，常用于截面较大的坯料以及料头的切除	轴类、杆类零件及毛坯下料等
扭转		扭转是将坯料的一部分相对另一部分旋转一定角度的锻造工序	适当固定，有效控制扭转变形区域	多拐曲轴和连杆等
错移		错移是使坯料的一部分相对于另一部分平移错开的锻造工序	切肩、错移并延伸	各种曲轴、偏心轴等

　　设计自由锻造零件时，除应满足使用性能要求外，还必须考虑锻造工艺的特点，一般情况力求简单和规则，这样可使自由锻成型方便，节约金属，保证质量和提高生产率。表 4-7 为自由锻件的结构工艺。

表 4-7　自由锻锻件结构工艺性

结构要求	不合理的结构	合理的结构
尽量避免锥体或斜面		
避免几何体的交接处形成空间曲线（圆柱面与圆柱面相交或非规则外形）		
避免筋肋和凸台		
截面有急剧变化或形状较复杂时，采用几个简单件锻焊结合方式		焊缝

锻件的重量可按下式计算：

$$G_{坯料}＝G_{锻件}＋G_{烧损}＋G_{料头}$$

式中，$G_{坯料}$为坯料质量；$G_{锻件}$为锻件质量；$G_{烧损}$为加热中坯料表面因氧化而烧损的质量（第 1 次加热取被加热金属质量的 2%～3%，以后各次加热的烧损量取 1.5%～2%）；$G_{料头}$为在锻造过程中冲掉或被切掉的那部分金属的质量。

坯料的尺寸根据坯料重量和几何形状确定，还应考虑坯料在锻造中所必需的变形程度，即锻造比的问题。对于以钢锭作为坯料并采用拔长方法锻制的锻件，锻造比一般不小于 2.5～3；如果采用轧材作坯料，则锻造比可取 1.3～1.5。

除上述内容外，任何锻造方法都还应确定始锻温度、终锻温度、加热规范、冷却规范、选定相应的设备及确定锻后所必需的辅助工序等。

4.3.3　胎模锻

使用模具在自由锻设备上对金属材料进行成型的加工方法，称为胎模锻。在实际生产中，通常把胎模锻划归自由锻的范畴。与自由锻相比，胎模锻具有生产率高、粗糙度值低、节约金属等优点；与模锻相比，节约了设备投资，大大简化了模具制造。但是胎模锻生产率和锻件质量都比模锻差，劳动强度大，安全性差，模具寿命低。因此，这种锻造方法只适合于小型锻件的中、小批量生产。

4.4　模　锻

模锻是在高强度金属锻模上预先制出与锻件形状一致的模膛，并固定在锻造设备上，按工艺要求的加热温度和生产节拍对原坯料预热后使其在模膛内受压变形，由于模膛对金属坯料流动的限制，因而锻造终了时，能得到和模膛形状相符的锻件。根据所用设备不同，模锻可分为锤上模锻和压力机上模锻。

4.4.1　模锻设备

模锻设备大致可分为模锻锤、机械压力机、螺旋压机、液压机等。与自由锻设备相比，模锻设备的机身刚度大，上下模导轨的运动精度高，有些设备还有锻件顶出机构等。模锻设备主要适合于中小型锻件的大批量生产。

如图 4-8 所示，是蒸汽-空气模锻锤的外形及操纵系统简图。其机身刚度大，锤头与导轨间隙小，砧座也比自由锻锤大得多。砧座与锤身联成一个封闭的框架结构，保证了锤头运动精确，使上下模能够对准。锤击时绝大部分能量被砧座吸收，提高了设备的稳定性和精密性。蒸汽-空气模锻锤的规格以落下部分的总重量表示，常用的有 1t，2t，3t，5t，10t，16t 模锻锤，可生产 0.5～150kg 的模锻件。

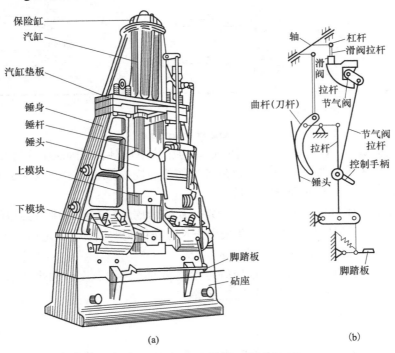

(a)　　　　　　　　　　　　　　　　　(b)

图 4-8　蒸汽-空气模锻锤结构原理图

4.4.2　模锻操作

　　锻模由上、下模组成。上模和下模分别安装在锤头下端和模座的燕尾槽内，用楔铁紧固，如图 4-9 所示。上、下模合在一起，其中部形成完整的模膛。根据模膛功用不同，可分为模锻模膛和制坯模膛两大类。模锻模膛又分为终锻模膛和预锻模膛两种；制坯模膛一般包括有拔长模膛、滚压模膛、弯曲模膛、切断模膛等，如图 4-10 所示。生产中，根据锻件复杂程度的不同，锻模可分为单膛锻模和多膛锻模两种。单膛锻模是在一副锻模上只具有一个终锻模膛；多膛模锻是在一副锻模上具有两个以上的模膛，把制坯模膛或预锻模膛与终锻模膛同做在一副锻模上，如图 4-11 所示。

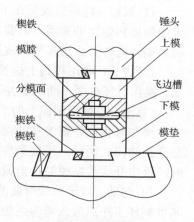

图 4-9　单模膛锻模

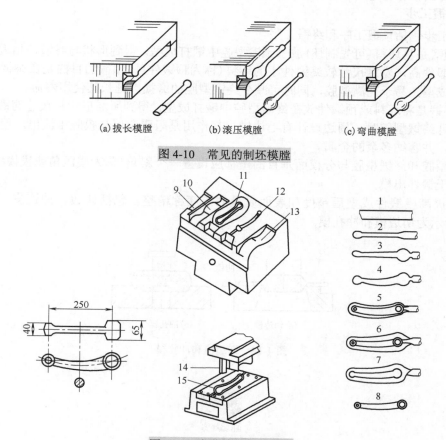

（a）拔长模膛　　　　（b）滚压模膛　　　　（c）弯曲模膛

图 4-10　常见的制坯模膛

图 4-11　弯曲连杆多膛模锻

1—原始坯料；2—延伸；3—滚压；4—弯曲；5—预锻；6—终锻；7—飞边；8—锻件；9—延伸模膛；
10—滚压模堂；11—终锻模堂；12—预锻模堂；13—弯曲模堂；14—切边凸模；15—切边凹模

　　模锻的锻造工步包括制坯工步和模锻工步。

1. 制坯工步

　　制坯工步包括镦粗、拔长、滚挤、弯曲、切断等工序。

(1)镦粗。将坯料放正在下模的镦粗平台上,利用上模与下模打靠时镦粗平台的闭合高度来控制坯料镦粗的高度。其目的是减小坯料的高度,使氧化皮脱落,可减少模锻时终锻型腔的磨损,同时防止过多氧化皮沉积在下模终锻型腔底部,而造成锻件"缺肉"充不满。

(2)拔长。利用模具上拔长型腔对坯料的某一部分进行拔长,使其横截面积减小,长度增加。操作时坯料要不断送进并不断翻转。拔长型腔一般设在锻模的边缘,分开式和闭式两种。

(3)滚挤。利用锻模上的滚挤型腔使坯料的某部分横截面积减小,而另一部分横截面积增大。操作时将坯料需滚挤的部分放在滚挤型腔内,一边锻打,一边不断翻转坯料。滚挤型腔分开式和闭式两种,当模锻件沿轴线各部分的横截面相差不很大或对拔长后的毛坯进行修整时,采用开式滚挤模腔;当锻件的最大和最小截面相差较大时,采用闭式滚挤型腔。

(4)弯曲。对于轴线弯曲的杆类锻件,需用弯曲型腔对坯料进行弯曲。坯料可直接或先经其他制坯工序后放入弯曲型腔进行弯曲。

(5)切断。在上、下模的角上设置切断型腔,用来切断金属。当单件锻造时,用它把夹持部分切下得到带有毛边的锻件;多件锻造时用来分离锻件。

2. 模锻工步

模锻工步包括预锻工序和终锻工序。

(1)预锻是将坯料(可先制坯)放于预锻型腔中锻打成型,得到形状与终锻件相近,而高度尺寸较终锻件高,宽度尺寸较终锻件小的坯料(称为预锻件)。预锻的目的是在终锻时主要以镦粗方式成型,易于充满型腔,同时可减少终锻型腔的磨损,延长其使用寿命。

(2)终锻是将坯料或预锻件放在终锻型腔中锻打成型,得到所需形状和尺寸的锻件。开式模锻在设计终锻型腔时,周边设计有毛边槽,其作用是阻碍金属从模腔中流出,使金属易于充满型腔,并容纳多余的金属。

预锻型腔和终锻型腔与分模面垂直的壁都应设置一个斜角(称为模压角或拔模斜角),其目的是便于锻件出模。

为了提高模锻件成型后精度和表面质量的工序称精整。包括切边、冲连皮、校正等。图4-12所示为切边模和冲孔模。

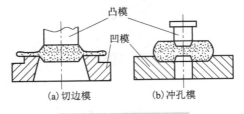

图 4-12　切边模和冲孔模

第 4 章　锻造

第5章 冲压成型

5.1 概　述

板料冲压是金属塑性加工的基本方法之一，它是通过装在压力机上的模具对板料施压使之产生分离或变形，从而获得一定形状、尺寸和性能的零件或毛坯的加工方法。这种加工通常是在常温条件下进行的，因此又称为冷冲压。只有当板料厚度超过 8～10mm 或材料塑性较差时才采用热冲压。冲压工艺广泛于汽车、拖拉机、家用电器、仪器仪表、飞机、导弹、兵器以及日用品的生产中。板料冲压与其他加工方法相比具有以下特点：

(1) 板料冲压所用原材料必须有足够的塑性，如低碳钢、高塑性的合金钢、不锈钢、铜、铝、镁及其合金等。

(2) 冲压件尺寸精度高，表面光洁，质量稳定，互换性好，一般不需进行机械加工，可直接装配使用。

(3) 可加工形状复杂的薄壁零件。

(4) 生产率高，操作简便，成本低，工艺过程易实现机械化和自动化。

(5) 可利用塑性变形的加工硬化提高零件的力学性能，在材料消耗少的情况下获得强度高、刚度大、质量好的零件。

(6) 冲压模具结构复杂，加工精度要求高，制造费用大，因此板料冲压只适合于大批量生产。

5.2 冲压设备

冲压成型

冲压设备种类较多，常用的有剪床、冲床、液压机、摩擦压力机等。其中剪床和冲床是冲压生产最主要的设备。

1. 剪床

剪床的用途是将板料切成一定宽度的条料或块料，为冲压生产作坯料准备。图 5-1 所示为龙门剪床的外形和传动示意图。剪床的上下刀块分别固定在滑块和工作台上，滑块在曲柄连杆机构的带动下通过离合器可作上下运动，被剪的板料置于上下刀片之间，在上刀片向下运动时压紧装置先将板料压紧，然后上刀片继续向下运动使板料分离。根据上下刀片之间的夹角的不同，可分为平刃剪床和斜刃剪床。剪裁同样厚度的板料，用平刃剪床可获得剪切质量好且平整的坯料；用斜刃剪床剪切时易使条料产生弯扭，但剪切力小。所以剪切窄而厚的板材时，应选用平刃剪床，剪切宽度大的板材可用斜刃剪床。

2. 冲床

冲床又称为曲柄压力机，可完成冲压的绝大多数基本工序。冲床的主轴结构形式可以是偏心轴或曲轴。采用偏心轴结构的冲床，其行程可调节；采用曲轴结构的冲床，其行程是固定不变的。冲床按其床身结构不同，可分为开式和闭式。开式冲床的滑块和工作台在床身立柱外面，多采用单动曲轴驱动，称之为开式单动曲轴冲床。它由带轮将动力传给曲轴，通过连杆带动滑块沿导轨做上下往复运动而进行冲压，图 5-2 所示为开式双柱可倾斜式冲床。开式单动曲轴冲床吨位较小，一般为 630～2000kN。闭式冲床的滑块和工作台在床身立柱之间，多采用双动曲轴驱动，称之为闭式双动曲轴冲床。这种冲床吨位较大，一般为 1000～31500kN。

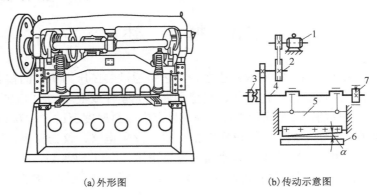

(a) 外形图　　　　　　(b) 传动示意图

图 5-1　剪床结构示意图

1—电动机；2—传动轴；3—牙嵌离合器；4—曲轴；5—滑块；6—工作台；7—制动器

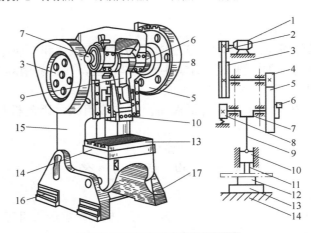

图 5-2　开式双柱可倾斜式冲床

1—电动机；2—小带轮；3—大带轮；4—小齿轮；5—大齿轮；6—离合器；7—曲轴；
8—制动器；9—连杆；10—滑块；11—上模；12—下模；13—垫板；14—工作台；
15—床身；16—底座；17—脚踏板

3. 液压联合冲剪机

液压联合冲剪机是一种高效率、低能耗的机、电、液一体化的组合机床设备，如图 5-3 所示，它采用单片机控制，以油缸作动力，通过机械杠杆驱动冲压工作机构，实现单次、连续、微动等冲压、剪切的自动化操作与控制，并具有自动计数及预置等功能，能对板材和方钢、圆钢、角钢等型材进行剪切，通过更换模具或刀具可进行工字钢、槽钢等的剪切，还可完成板料冲裁、压弯、折边、拉伸成型等冲压工序，是将压力机、型剪机、剪板机这三种机床的功能于一身的设备，所以，在现代制造业、加工业、维修等行业得到了广泛的应用。

图 5-3 液压联合冲剪机

5.3 冲模结构与冲压基本工序

1. 冲模结构

冲模结构根据冲压件所需工序的不同而不同。图 5-4 所示是最常见的单工序、带导向装置的冲模的典型结构，各部分的名称及其在模具中所起的作用不同。冲模包括上模部分和下模部分，其核心是凸模和凹模，两者共同作用使坯料分离或变形。

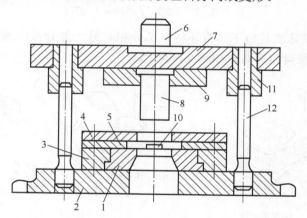

图 5-4 冲模

1—凹模；2—下模板；3—压板；4—卸料板；5—导板；6—模柄；
7—上模板；8—凸模；9—压板；10—定位销；11—导套；12—导柱

(1)凸模和凹模。是冲模的核心部分。凸模又称冲头，是借助模柄固定在冲床的滑块上，随滑块作上下运动；凹模是借助凹模板用螺栓固定在冲床工作台上。两者共同作用使板料分离和成型。

(2)导套和导柱。用来引导凸模和凹模对准，是保证模具运动精度的重要部件。

(3)导料板和挡料销。导料板是控制坯料送进方向，挡料销用来控制坯料进给量。

(4)卸料板。在凸模回程时，将工件或坯料从凸模上卸下。

2. 冲压基本工序

板料冲压的基本工序可分为冲裁、拉深、弯曲和成型等。

(1)冲裁是使坯料沿封闭轮廓分离的工序。包括落料和冲孔。落料时,冲落的部分为成品,而余料为废料;冲孔是为了获得带孔的冲裁件,而冲落部分是废料。

(2)拉深是利用模具冲压坯料,使平板冲裁坯料变形成开口空心零件的工序,也称拉延(图5-5)。拉深过程中,由于板料边缘受到压应力的作用,很可能产生波浪状变形褶皱,板料厚度越小,拉深深度越大,就越容易产生折皱。为防止褶皱的产生,必须用压边圈将坯料压紧。压力的大小以工件不起皱,不拉裂为宜。如拉应力超过拉深件底部的抗拉强度,拉深件底部就会被拉裂。

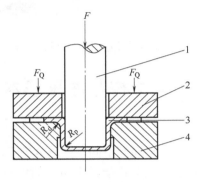

图 5-5　拉深过程示意图

1—凸模;2—压边圈;3—坯料;4—凹模

(3)弯曲是利用模具或其他工具将坯料一部分相对另一部分弯曲成一定的角度和圆弧的变形工序。弯曲过程及典型弯曲件如图5-6所示。

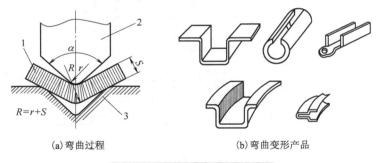

(a)弯曲过程　　　　　　　(b)弯曲变形产品

图 5-6　弯曲过程及典型弯曲件

1—工件;2—凸模;3—凹模

坯料弯曲时,其变形区仅限于曲率发生变化的部分,且变形区内侧受压缩,外侧受拉伸,位于板料的中心部位有一层材料不产生应力和应变,称其为中性层。

弯曲变形区最外层金属受切向拉应力,并且切向伸长变形最大。当最大拉应力超过材料极限强度时,则会造成弯裂。内侧金属也会因受压应力过大而使弯曲角内侧失稳起皱。弯曲时应考虑材料的纤维方向,尽可能使弯曲线与坯料纤维方向垂直,使弯曲时的拉应力方向与纤维方向一致。

(4)成型是使板料毛坯或制件产生局部拉深或压缩变形来改变其形状的冲压工艺。成型工艺应用广泛,既可以与冲裁、弯曲、拉深等工艺相结合,制成型状复杂、强度高、刚性好的制件，也可以被单独采用，制成型状特异的制件。主要包括翻边、胀形、起伏等。

① 翻边是将内孔或外缘翻成竖直边缘的冲压工序。内孔翻边在生产中应用广泛，翻边过程如图 5-7 所示。

② 胀形是利用局部变形使半成品部分内径胀大的冲压成型工艺。可以采用橡皮胀形、机械胀形、气体胀形或液压胀形等，图 5-8 为管坯胀形实例。

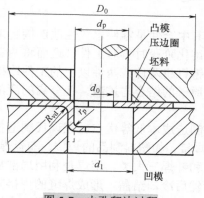

图 5-7　内孔翻边过程

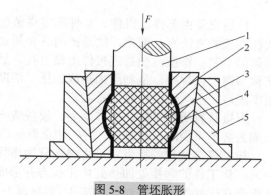

图 5-8　管坯胀形

1—凸模；2—凹模；3—橡胶；4—坯料；5—外套

③ 起伏是利用局部变形使坯料压制出各种形状的凸起或凹陷的冲压工艺。起伏主要应用于薄板零件上制出筋条、文字、花纹等。图 5-9 所示为采用橡胶凸模压筋，从而获得与钢制凹模相同的筋条。

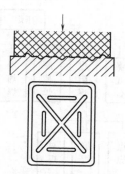

图 5-9　橡胶凸模压筋

随着工业技术的不断发展和人们生活水平的普遍提高，对塑性加工生产提出了越来越高的要求，不仅要能生产各种毛坯件，更需要直接生产更多的零件。近年来，在压力加工生产方面出现了许多特种工艺方法，并得到迅速发展，如精密模锻、零件挤压、零件轧制及超塑性成型等。现代塑性加工正向着高科技、自动化和精密成型的方向发展。

第 5 章 冲压成型

电焊

第6章 焊 接

6.1 概 述

机器设备由部件、组件、合件和零件装配而成，其中合件是零件永久性地连接起来。永久性连接的方法有：锻接，就是把两件金属加热到将熔化阶段时再对工件锻造而将两者连到一起的工艺；铆接，在被连接件上钻上孔，然后利用铆钉将两件或两件以上的工件连接的工艺称为铆接；焊接，是利用加热或加压，借助于金属原子的结合与扩散，使分离的两部分金属牢固地、永久地结合起来的工艺。

焊接具有质量可靠、生产率高、设备成本低廉、制造成本低等优点，在现代制造技术中已成为必不可少的工艺方法。有些非金属制造业也用焊接，如塑料制品的焊接、陶瓷焊接等。

根据焊接过程的特点，可将焊接分为熔焊、压焊和钎焊三大类。熔焊是利用局部加热的手段，将工件的焊接处加热到熔化状态并形成熔池，然后冷却结晶，形成焊缝的焊接方法。压焊是在焊接过程中，对工件加压(加热或不加热)完成焊接的方法。钎焊是利用熔点比母材低的填充金属熔化后填充接头间隙并与固态的母材相互扩散实现连接的焊接方法。常用焊接方法如图 6-1 所示。

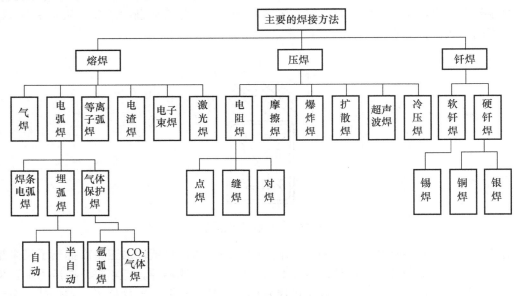

图 6-1　焊接方法分类

在生产实践中最常用的是焊条电弧焊、气焊(气割)、氩弧焊和 CO_2 气体保护焊，它们也是工程训练的重点，对于其他焊接方法，将做简单介绍。

1. 焊接电弧的形成

焊接电弧是两个带电体之间强烈而持久的气体放电现象。通常气体是不导电的，要使焊接电弧引燃并稳定燃烧，必须使电极间气体电离和阴极发射电子。只有保证这两个过程持续进行，才可获得稳定的焊接电弧。电弧中充满了高温电离气体，并放出大量的光和热。

焊条电弧焊采用接触引弧。焊接时，使焊条与工件接触，形成短路，然后，将焊条略微提起与工件保持约 2～4mm 的距离，在焊条与焊件间便产生电弧。

2．焊接电弧构成

电弧由阴极区、阳极区和弧柱区三部分组成，如图 6-2 所示。由于电弧 3 个区域所进行的物理过程和采用的电极材料不同，各区域的温度分布有所不同。当采用钢焊条焊接时，阳极区的温度约 2600K，阴极区的温度约 2400K，弧柱区温度可达 6000～8000K。

图 6-2 电弧的构造

6.2 焊条电弧焊

6.2.1 焊条电弧焊焊接系统

焊条电弧焊焊接系统主要由焊机(电源)、焊接电缆、焊钳、焊条和焊件组成，如图 6-3(a)所示。焊接前，将焊钳和焊件分别接到焊机输出端的两极，并用焊钳夹持焊条；焊接时，采用接触短路引弧法引燃电弧，然后提起焊条并保持一定高度，使电弧稳定燃烧，电弧燃烧产生的高温使焊条和焊件局部被加热至熔化状态，焊条端部熔化后的熔滴和焊件局部熔化的母材熔合在一起形成熔池。施焊过程中，随着焊条和电弧的不断移动，新的熔池不断产生，而原先形成的熔池逐步冷却、结晶形成焊缝。

如图 6-3(b)所示，在焊接过程中，焊条和药皮熔化后会产生某种气体和熔渣，产生的气体充满电弧和熔池周围的空间，起到隔绝空气的作用；液态熔渣浮在液体金属表面，起保护金属液体的作用。熔化的焊条金属不断向熔池过渡，形成连续的焊缝。熔池中的液态金属、液态熔渣和气体之间进行着复杂的冶金反应，这种反应对焊缝质量影响较大。

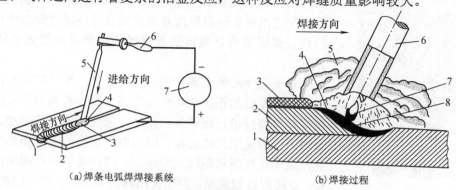

（a)焊条电弧焊焊接系统   (b)焊接过程

图 6-3 焊条电弧焊及其焊接过程

(a)1—焊件；2—焊缝；3—熔池；4—电弧；5—焊条；6—焊钳；7—弧焊机；
(b)1—焊件；2—焊缝；3—渣壳；4—熔渣；5—气体；6—焊条；7—熔滴；8—熔池

6.2.2 电弧焊机

如图 6-4 所示，常用的电弧焊机有交流弧焊机和直流弧焊机两大类。

1. 交流弧焊机

交流弧焊机是以弧焊变压器为核心的焊接设备。弧焊变压器的工作原理如图 6-5 所示。图 6-5 中可调节电感器用于调节下降外特性、稳定焊弧和调节电流。它可将工业用的 220V 或 380V 电压降到焊机的空载电压 60～90V，以满足引弧的需要。焊接时，随着焊接电流的增加，电压自动下降至电弧正常工作时所需的电压，一般为 20～40V。而在短路时，又能使短路电流不致过大而烧毁电路或变压器本身。

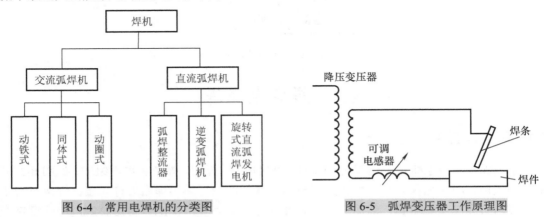

图 6-4 常用电焊机的分类图　　　图 6-5 弧焊变压器工作原理图

交流弧焊机具有结构简单、噪声小、成本低、使用维修方便等优点，但电弧稳定性不足。焊接时优先选用交流弧焊机。

2. 直流弧焊机

如图 6-6 所示，直流弧焊机主要有发电焊机和整流电焊机两种。

发电焊机由 1 台三相感应电动机和 1 台直流弧焊发电机组成，结构比较复杂、价格高、

使用噪声大，且维修困难，已逐步被整流式直流弧焊机所取代。整流式弧焊机是以弧焊整流器为核心的焊接设备。弧焊整流器将交流电经变压器降压并整流成直流电源供焊接使用。常用的直流弧焊机有硅整流式直流弧焊机和晶闸管式整流直流弧焊机。

直流弧焊机输出端有正、负极之分，焊接时电弧两端极性不变。弧焊机的正、负两极与焊条、焊件有两种不同的接法。将焊件接弧焊机正极的为正接法，接负极的为反接法。焊接厚板时，一般采用直流正接，因为电弧正极的温度和热量比负极高，采用正接能获得较大的熔深；焊接薄板时一般采用直流反接，以防焊件被烧穿。但在使用碱性焊条时，均采用直流反接。

图 6-6 直流弧焊机

6.2.3 焊条的种类与型号

图 6-7 所示为焊条的基本结构，焊条中的金属丝部分称为焊芯，压涂在焊芯表面上的涂料称为药皮，而焊条尾部裸露的金属端部称为夹持端，夹持端供焊钳夹持用。

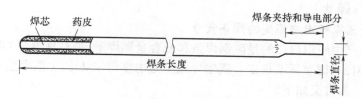

图 6-7　焊条的构造

1. 焊芯

焊芯一方面传导焊接电流、产生电弧，同时熔化后作为填充金属，与熔化的母材材料一起组成焊缝金属。常用碳素结构钢焊芯牌号有 H08A、H08MnA、H15Mn 等。

2. 药皮

（1）药皮的作用。能保证电弧的稳定，使焊接正常进行；保护熔池，隔绝空气中的氮、氧等气体对熔池冶金过程的影响，并能生成熔渣盖在焊缝表面，有利于降低焊缝的冷却速度，防止产生气孔，改善焊缝的性能；同时，药皮中的合金元素参与熔池中的冶金过程，可控制焊缝的化学成分，如脱氧、脱硫和脱磷，这些都有利于焊接质量的提高。

（2）药皮的组成和类型。药皮是由多种原料按一定的配方组成的。药皮的组成成分中有稳弧剂、造渣剂、脱氧剂等。其中造渣剂是药皮的基本组成成分。常用药皮类型有碳素钢和低合金钢药皮、不锈钢焊条药皮和铬钼钢焊条药皮。而根据药皮产生熔渣的酸碱性，又将药皮分为酸性药皮和碱性药皮，与之相应的焊条称为酸性焊条和碱性焊条。

3. 焊条的种类

焊条的种类很多，通常根据焊条的用途和焊条药皮形成熔渣的酸、碱性进行分类。

（1）按焊条用途分类。可将焊条分为碳素钢焊条、低合金钢焊条、不锈钢焊条、铸铁焊条等。表 6-1 列出了各类焊条及其代号和应用范围。

表 6-1　焊条的分类、代号及用途

类别	代号	主要用途
碳素钢焊条	E	用于强度等级较低的碳素钢和低合金钢的焊接
低合金钢焊条	E	用于低合金高强度钢、含合金元素较低的钼和铬耐热钢及低温钢的焊接
不锈钢焊条	E	用于含合金元素较高的钼和铬钼耐热钢及各类不锈钢的焊接
堆焊焊条	ED	用于金属表面堆焊
铸铁焊条	EZ	用于铸铁的焊接和补焊
铜及铜合金焊条	ECu	用于铜及铜合金的焊件、补焊或堆焊
铝及铝合金焊条	E	用于铝及铝合金的焊接、补焊或堆焊
特殊用途焊条	TS	用于水下焊接、切割

（2）按药皮形成熔渣的化学性质分类。分酸性焊条和碱性焊条。酸性焊条是指熔渣中主要以酸性氧化物为主。酸性焊条能交、直流焊机两用，焊接工艺性较好，但焊缝的力学性能、特别是冲击韧度较差，适于一般的低碳钢和相应强度等级的低合金钢的焊接；碱性焊条是指焊条熔渣中主要以碱性氧化物为主，碱性焊条一般用于直流焊机，只有在药皮中加入较多稳弧剂后，才适于交、直流焊机两用。碱性焊条脱硫、脱磷能力强，焊缝金属具有良好的抗裂性和力学性能，特别是冲击韧度很高，但工艺性能差，主要适用于合金钢及承受动载荷的低碳钢重要结构的焊接。

4．焊条型号与牌号

1)焊条型号是国家标准中规定的焊条代号

焊接结构件生产中应用最广的是碳钢焊条和低合金钢焊条,型号标准见 GB/T 5117—2012 和 GB/T 5118—2012。国家标准规定,碳钢焊条型号由字母 E 和四位数字组成,如 E4303、E5016、E5017 等,其含义如下。

(1)"E"表示焊条。前两位数字表示熔敷金属的最小抗拉强度,单位为 MPa。

(2)第三位数字表示焊条的焊接位置,"0"及"1"表示焊条适于全位置焊接(平、立、仰、横);"2"表示只适于平焊和平角焊;"4"表示向下立焊。

(3)第三位和第四位数字组合时表示焊接电流种类及药皮类型,如"03"为钛钙型药皮,交流或直流正、反接;"15"为低氢钠型药皮,直流反接;"16"为低氢钾型药皮,交流或直流反接。

2)焊条牌号是焊条生产行业统一的焊条代号

焊条牌号用一个大写汉语拼音字母和三个数字表示,如 J422、J507 等。拼音表示焊条的大类,如"J"表示结构钢焊条,"Z"表示铸铁焊条;前两位数字代表焊缝金属抗拉强度等级,单位为 MPa;末尾数字表示焊条的药皮类型和焊接电流种类,1~5 为酸性焊条,6、7 为碱性焊条。

5．焊条的选用

焊条的选用原则除遵循焊缝和母材具有相同等级的力学性能外,还要根据焊件的结构及焊件的工作条件等选择焊条。

1)根据母材的化学成分和性能选用焊条

低碳钢和低合金钢的焊接,一般应按强度等级要求选用焊条,即焊条的抗拉强度不应低于母材。对于某些裂纹敏感性较高的钢种,或刚度较大的焊接结构,焊条的抗拉强度稍低于母材的抗拉强度,有利于抗裂能力的提高。

2)根据焊件的工作条件选用焊条

在高温条件下工作的焊件,应选用耐热钢焊条;在低温条件下工作的焊件,应选用低温钢焊条;接触腐蚀介质的焊件,选用不锈钢焊条;承受动载荷或冲击载荷的焊件应选用强度足够、塑性、韧性较高的低氢型焊条。

3)根据焊件结构的复杂程度和刚度选用焊条

形状复杂、结构刚度大且厚度大的焊件,由于焊接过程中产生较大的焊接应力,宜选用抗裂性能好的低氢型焊条。

6.2.4　焊钳、焊接电缆及其他辅助工具

1．焊钳

焊钳是用以夹持焊条并传导电流进行焊接的工具。要求其导电性能好、重量轻,能在各个角度夹住各种型号的焊条,长期使用不发热。常用焊钳的构造如图 6-8 所示。

2．焊接电缆

焊接电缆是用多股细铜丝绕制而成的,其截面积应根据焊接电流和导线长度来选用。通常焊接电缆的长度不应超过 20~30m,且中间接头不应多于 2 个,连接头外表应保证绝缘可靠,最好采用快速接头。使用焊接电缆时禁止拖拉、砸碰造成绝缘保护层破损。

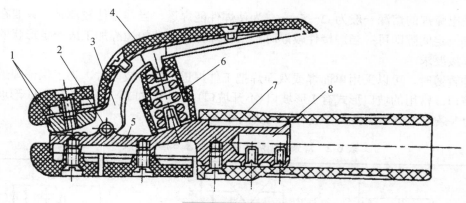

图 6-8 焊钳的构造

1—钳口；2—固定销；3—弯臂；4—弯臂罩壳；5—直柄；6—弹簧；7—手柄；8—电缆固定处

3. 面罩及护目玻璃

面罩是用来保护焊工头部及颈部免受强烈弧光及金属飞溅的灼伤，它分头戴式与手持式两种，要求重量轻，使用方便，并应有一定的防撞击能力。

护目玻璃用来减弱弧光强度，吸收大部分红外线与紫外线，以保护焊工眼睛免遭弧光伤害。护目镜片的颜色及深浅应按焊接电流的大小进行选择，过深与过浅都不利于工作和保护。

4. 焊接辅助工具

焊接辅助工具有电焊手套、焊条保温筒、干燥筒及焊缝清渣工具等。保温筒是利用焊机二次电压加热存放焊条达到防潮目的。而干燥筒是利用筒内的干燥剂吸潮防止使用中的焊条受潮。焊缝的清渣工具主要有敲渣锤、錾子、钢丝刷等，以便检查焊缝质量。

6.2.5 焊条电弧焊焊接工艺

焊条电弧焊的焊接工艺主要包括确定焊接接头的形式、坡口的形式及尺寸、焊接的空间位置等，选择焊接电源的种类和极性以及重要的焊接参数等。

为满足焊件结构设计及使用性能要求，必须确定合理的焊接工艺方案，才能保证焊接质量和生产率。

1. 焊接接头的形式、坡口的形式及尺寸

焊条电弧焊常用的接头形式有对接接头、搭接接头、角接接头和 T 形接头，如图 6-9 所示。焊接接头主要根据焊接结构形式、焊件厚度、焊缝强度及施工条件等情况进行选择。由于对接接头受力比较均匀，焊缝能承受很高的强度，且外形平整、美观，是应用最多的一种接头形式。

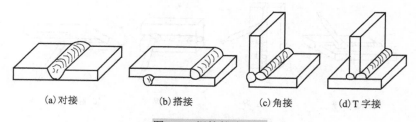

(a)对接　　　(b)搭接　　　(c)角接　　　(d)T 字接

图 6-9 焊接接头形式

焊条电弧焊的熔深一般为 2~5mm。为使焊件能焊透，当焊接件较薄时，只要在焊接接头外留有一定间隙即可；当焊接件较厚时，常将焊件接头处的边缘加工成一定形状的坡口，以满足焊接要求。

工件较薄时，可以采用单面焊或双面焊把工件焊透。工件较厚时，为了保证焊透，工件需要开坡口。常用的坡口形式有 I 形坡口(不开坡口)、V 形坡口、X 形坡口和 U 形坡口等。表 6-2 为焊条电弧焊焊接接头、坡口形式及尺寸。

表 6-2 焊条电弧焊焊接接头的基本形式和尺寸

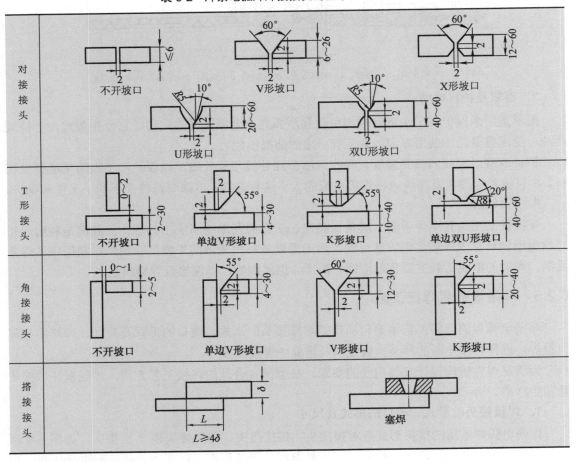

2. 焊接空间位置

根据焊缝的空间位置不同，可将焊接分为如图 6-10 所示的平焊、立焊、横焊和仰焊。

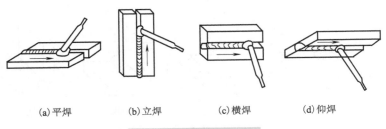

(a)平焊 (b)立焊 (c)横焊 (d)仰焊

图 6-10 焊缝的空间位置

3. 焊接参数

焊条电弧焊的焊接参数主要有现场材料的成分、材料的厚度、焊条直径、焊接电流等。

1）焊条直径

焊条直径应根据焊件的厚度、焊缝位置、坡口形式等因素选择。焊件厚度大，选用直径较大焊条；坡口多层焊接时，第一层用直径较小的焊条，其余各层用直径较大焊条；非平焊位置的焊接，宜选用直径较小的焊条。

2）焊接电流

一般情况下，焊接电流的大小首先应根据焊条直径来确定，然后再根据焊件厚度、接头形式、焊接位置、焊条种类等因素来进行必要的修正。表 6-3 给出了焊接电流与焊条直径的关系。

表 6-3　焊接电流与焊条直径的关系

焊条直径/mm	焊接电流/A	焊条直径/mm	焊接电流/A
1.6	25～40	4.0	150～200
2.0	40～70	5.0	180～260
2.5	50～80	5.8	220～300
3.2	80～120	——	——

3）电弧电压

焊接时，电弧两端的电压称为电弧电压，其值取决于电弧长度。电弧长，电弧电压高；电弧短，电弧电压低。电弧过长时，电弧不稳定，焊缝容易产生气孔。一般情况下，尽量采用短弧操作，且弧长一般不超过焊条直径，多为 2～4mm。使用碱性焊条或在立焊、仰焊时，电弧长度应比平焊时短，有利于熔滴过渡。

6.2.6　焊条电弧焊操作

焊条电弧焊操作过程主要有焊前准备、引弧、运条、焊缝连接、焊缝收尾及焊后清理和检查等。

1. 焊前准备

焊接前首先将焊件接头处油污、铁锈、油漆等清除干净，以便于引弧、稳弧和保证焊缝质量；根据需要开出相应的坡口，较小的坡口可用角磨机开，较大的坡口可用坡口机开，也可用普通铣床等加工；最后根据焊件结构和焊接工艺要求，调整合适的焊接电流，准备引弧。

2. 引弧

使焊条端部与焊件金属之间产生稳定电弧的操作即为引弧。引弧方法有划擦法和敲击法两种，如图 6-11 所示。划擦法引弧是将焊条对准焊件，在其表面上轻微划擦形成短路，然后迅速将焊条向上提起 2～4mm 的距离，电弧即被引燃；敲击法引弧是将焊条对准焊件并在其表面上轻敲形成短路，然后迅速将焊条向上提起 2～4mm 的距离，电弧即被引燃。

3. 定位焊

在焊接件间先固定几个焊点，称为定位焊。若焊件较长，则可每隔 200～300mm 焊一小段定位焊缝。

4. 运条

平焊时焊条的角度如图 6-12 所示。运条是焊接过程中最重要的环节，它直接影响焊缝的外表成型和内在质量。运条是在引弧后进行的，焊接时焊条要同时完成三种基本运动：向熔池方向逐渐送进；沿焊接方向逐渐移动；沿焊缝横向摆动，如图 6-13 所示。运条方法如图 6-14 所示。具体操作时应根据接头形式、坡口形式、焊接位置、焊条直径和性能、焊接工艺要求及焊工技术水平选择合适的运条方式。

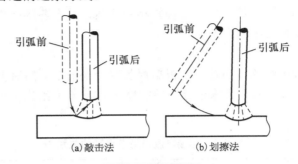

图 6-11　引弧方法

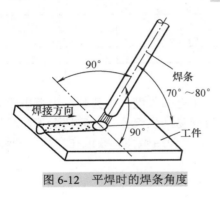

图 6-12　平焊时的焊条角度

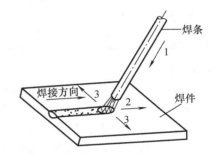

图 6-13　运条基本动作

1—焊条向熔池送进；2—焊条沿焊缝方向移动；3—焊条横向摆动

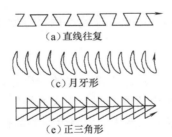
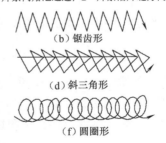

图 6-14　常用运条方法

5. 焊缝连接

焊接长焊缝时，需要不断更换焊条继续焊接下去，直到形成一道长焊缝。更换焊条后，焊缝连接处容易发生夹渣、气孔等缺陷。因此，在焊缝连接处必须采取适当的方式以避免产生缺陷，图 6-15 所示为常见的焊缝接头的 4 种连接方式。

6. 焊缝收尾

焊缝焊好后熄灭电弧叫收尾。收尾时要求尽量填满弧坑。收尾的方法有划圈法（在终点作圆圈运动填满弧坑）、回焊法（到终点后再反方向往回焊一小段）和反复断弧法（在终点处多次熄弧、引弧、把弧坑填满）。回焊法适于碱性焊条，反复断弧法适于薄板或大电流焊接。

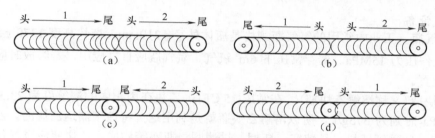

图 6-15 焊缝接头的连接方式
1—先焊焊缝；2—后焊焊缝

7. 焊后清理及检查

焊完后用敲渣锤清除焊缝表面的焊渣，用钢丝刷刷干净焊缝表面，然后对焊缝进行检查。一般焊缝先进行目测检查，并用焊缝量尺测量焊角尺寸，焊缝的凹凸度应符合图纸要求；重要焊缝，应作相应的无损伤检测或金相检查。良好的焊缝应与母材金属之间过渡圆滑、均匀、无裂纹、夹渣、气孔及未熔合等缺陷。

6.3 气焊与气割

6.3.1 气焊

气焊是利用气体火焰与氧气混合燃烧产生的热量来熔化金属而实现焊接，气焊最常用的是氧乙炔焊，其中可燃气体是乙炔（C_2H_2），氧气是助燃气体，它们在焊炬中混合，点燃后产生高温火焰，熔化焊件连接处的金属和焊丝形成熔池，经冷却凝固后形成焊缝，从而将焊件连接在一起。

气焊的焊接过程如图 6-16 所示。它主要用于焊接厚度在 3mm 以下的薄钢板、铜、铝等有色金属及其合金、低熔点材料以及铸铁焊补等。此外，在没有电源的野外作业常使用气焊。

1. 气焊设备与工具

气焊设备系统与气割设备系统相似，如图 6-17 所示。

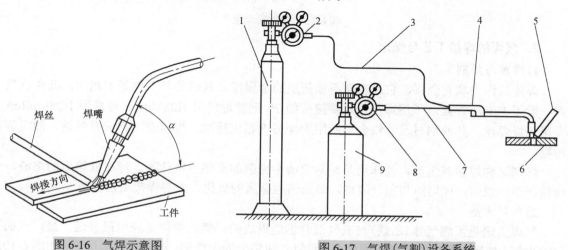

图 6-16 气焊示意图

图 6-17 气焊（气割）设备系统
1—氧气瓶；2—氧气减压阀；3—氧气管；4—焊炬（或割炬）；5—焊丝（气焊时用）；6—焊件（割件）；7—乙炔管；8—乙炔减压阀；9—乙炔瓶

1)储气设备

(1)氧气瓶。工业中常用的氧气瓶规格是瓶体外径 ϕ219mm，瓶体高度 1370±20mm、容积 40L、工作压力 15MPa。储存常压下 6m³ 氧气。氧气瓶应直立应用，若卧放时应使减压器处于最高位置。

(2)乙炔瓶(又称溶解乙炔瓶)。在常压 15℃时，乙炔在丙酮中的溶解度为 23.5g/L，当压力为 1.5MPa 时则为 375g/L。所以溶解乙炔瓶就是利用这一特性来储运乙炔的。乙炔瓶是由瓶体、瓶阀、硅酸钙填料、易熔塞、瓶帽、过滤网、瓶座等构成。乙炔瓶应直立使用，不得卧放，且卧放的乙炔瓶直立使用时，必须静置 20min 方能使用。

2)必备工具

(1)减压阀。减压阀的作用是将储存在气瓶内的高压气体，减压到所需的稳定工作压力。

(2)焊炬。又称焊枪，其作用是用来控制气体混合比例、流量以及火焰结构，是焊接的主要工具。

焊炬按可燃气体与氧气混合的方式不同分为等压式与射吸式两种。等压式的特点是所使用的氧与乙炔压力相等，结构简单，不易回火，但只适用于中压乙炔，目前工业上应用较少。射吸式结构如图 6-18 所示，是目前常用的一种，其特点是结构较复杂，可同时使用低压乙炔和中压乙炔，适用范围广。

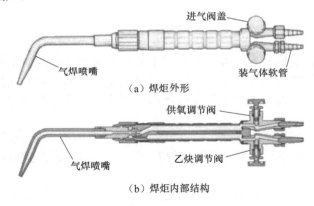

（a）焊炬外形

（b）焊炬内部结构

图 6-18 射吸式焊炬

2. 气焊的焊接工艺与操作

1)焊丝与焊剂

焊丝只作为填充金属，它是表面不涂药皮的金属丝，其成分与工件基本相同。低碳钢气焊一般用 H08A 焊丝，不用焊剂，重要接头如 20 钢管可采用 H08MnA，最好用 H08MnReA 专用气焊焊丝。其他钢材及非铁金属所用焊丝可查相应标准。焊丝表面不应有锈蚀，油垢等污物。

焊剂又称焊粉或熔剂，其作用是驱除熔池中夹杂的高熔点氧化物，形成低熔点的熔渣，覆盖在熔池表面，使熔池与空气隔离，防止熔池金属的氧化，改善焊接工艺性等。

2)气焊火焰

气焊火焰是可燃气体(乙炔)与氧气混合燃烧形成的，氧乙炔焰是应用最普通、最广泛的气焊火焰。按氧气和乙炔气的不同比例，将氧乙炔焰分为中性焰、碳化焰和氧化焰，如图 6-19 所示。

(1) 中性焰。当氧气与乙炔气的混合比为 1.1～1.2 时，燃烧所形成的火焰为中性焰又称正常焰(图 6-19(a))。中性焰由焰芯、内焰和外焰组成。焰芯呈尖锥形，白色明亮，轮廓清晰。焰芯温度仅为 800～1200℃。内焰呈蓝白色，位于距焰芯前端 2～4mm 处的内焰温度，最高可达 3100～3150℃。焊接时应用此区火焰加热焊件和焊丝。外焰与内焰并无明显界限，只能从颜色上加以区分。外焰的焰色从里向外由淡紫色变为橙黄色，外焰温度在 1200～2500℃。

大多数金属的焊接都采用中性焰。如低碳钢、中碳钢、合金钢、紫铜及铝合金的焊接。

(2) 碳化焰。当氧气与乙炔气的混合比小于 1.1 时，燃烧所形成的火焰为碳化焰(图 6-19(b))。由于氧气较少，燃烧不完全，整体火焰比中性焰长。当乙炔过多时会冒黑烟(碳素颗粒)，碳化焰最高温度为 2700～3000℃。碳化焰用于焊接高碳钢、铸铁和硬质合金等材料。

(3) 氧化焰。当氧气与乙炔气的混合比大于 1.2 时，燃烧所形成的火焰为氧化焰(图 6-19(c))。氧化焰最高温度为 3100～3300℃，由于具有氧化性，焊接一般碳钢时会造成金属氧化和合金元素烧损，降低焊缝质量，一般只用来焊接黄铜或青锡铜。

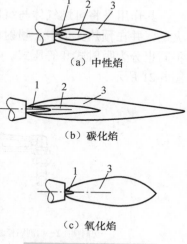

图 6-19 氧乙炔火焰形态
1—焰心；2—内焰；3—外焰

6.3.2 气割

1. 气割的原理与特点

气割是利用气体火焰的热能将工件切割处预热到一定温度后，喷出高速切割氧流，使其燃烧，并放出热量实现切割的方法。气割过程是预热—燃烧—吹渣形成切口重复不断进行的过程，如图 6-20 所示。因此，气割实质是金属在纯氧中的燃烧，而不是金属的氧化，这是气割过程与气焊过程的本质区别所在。

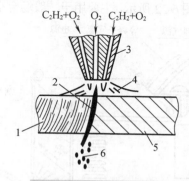

图 6-20 氧气切割示意图
1—割口；2—氧气流；3—割嘴；4—预热火焰；5—待切割金属；6—氧化物(渣)

气割是一种热切割方法，通常气体火焰采用乙炔与氧混合燃烧的氧乙炔焰。气割时利用割炬，把需要气割处的金属用预热火焰加热到燃烧温度，使该处金属发生剧烈氧化即燃烧。氧化时放出大量的热，使下一层的金属也自行燃烧，再用高压氧气射流把液态的氧化物吹掉，形成一条狭小而又整齐的切口。

与其他切割方法(如机械切割)相比,气割的特点是灵活方便、适应性强、可在任意位置和任意方向切割任意形状和厚度的工件、生产率高、操作方便。也可采用自动或半自动切割、运行平稳、切口误差在±0.5mm 以内、切口质量好、表面粗糙度与刨削加工相近、气割的设备也很简单。气割存在的问题是切割材料只能是低碳钢、中碳钢和部分低合金钢。

2. 割炬

其作用是将可燃气体与氧以一定的方式和比例混合后,形成具有一定热能和形状的预热火焰,并在预热火焰中心喷射切割氧进行切割。割炬按预热火焰中可燃气体与氧气混合方式不同也分为吸射式和等压式。等压式割炬用得较少,而吸射式则是应用较广的一种形式,如图 6-21 所示。

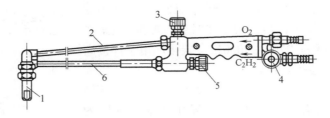

图 6-21　割炬

1—切割嘴;2—切割氧管道;3—切割氧阀门;4—乙炔阀门;5—预热氧阀门;6—氧乙炔混合管道

6.3.3　等离子弧切割

等离子弧切割机工作时,通过一个狭小的管道送出如氮气、氩气或氧气的压缩气体。管道的中间放置有负电极。在给负电极供电并将喷嘴口接触金属时,就形成了导通的回路,电极与金属之间就会产生高能量的电火花。随着惰性气体流过管道,电火花即对气体加热,产生了一束等离子体流,温度高达约 16649℃,流速高达 6096m/s,可使金属迅速变为熔渣而达到切割的目的。

等离子切割机有多种多样。常见的有数控等离子切割机、水下等离子切割机和手持式等离子切割机。手持式等离子切割机如图 6-22 所示,主要用于一般场合小批量切割直线、曲线、圆弧等。

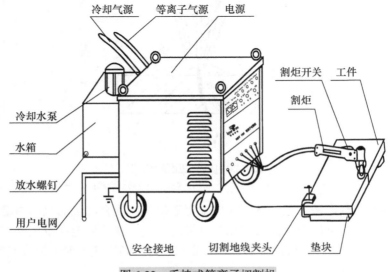

图 6-22　手持式等离子切割机

6.4　焊接机器人及其他焊接方法

6.4.1　CO₂ 气体保护焊

利用气体将电极、电弧区以及金属熔池与周围空气隔离，并在气体保护下进行的电弧焊称为气体保护焊。用于保护焊的气体主要有 CO_2 和氩气两种。相应的保护焊即为 CO_2 气体保护焊和氩弧焊。

CO_2 气体保护焊是利用廉价的 CO_2 作为保护气体，既可降低焊接成本，又能充分利用气体保护焊的优势。焊接过程，如图 6-23 所示。

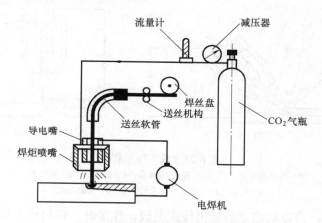

图 6-23　CO₂ 气体保护焊示意图

CO_2 气体经焊枪的喷嘴沿焊丝周围喷射，形成保护层，使电弧、熔滴和熔池与空气隔绝。由于 CO_2 气体是氧化性气体，在高温下能使金属氧化，烧损合金元素，所以不能焊接易氧化的非铁金属材料和不锈钢。因 CO_2 气体冷却能力强，熔池凝固快，焊缝中易产生气孔。若焊丝中含碳量高，飞溅较大。因此要使用冶金中能产生脱氧和渗合金的特殊焊丝来完成 CO_2 气体保护焊。常用的 CO_2 气体保护焊焊丝是 $H08Mn_2SiA$，适于焊接抗拉强度小于 600MPa 的低碳钢和普通低合金结构钢。为了稳定电弧，减少飞溅，CO_2 气体保护焊采用直流反接。

CO_2 气体保护焊的特点如下。

(1)生产率高，CO_2 气体保护焊电流大，焊丝熔敷速度快，焊件熔深大，易于自动化，生产率比焊条电弧焊提高 1～4 倍。

(2)成本低，CO_2 气体价廉，焊接时不需要涂料焊条和焊剂，总成本仅为焊条电弧焊和埋弧焊的 45%左右。

(3)焊缝质量较好，CO_2 气体保护焊电弧热量集中，加上 CO_2 气流强冷却，焊接热影响区小，焊后变形小，采用合金焊丝，焊缝中氢含量低，焊接接头抗裂性好，焊接质量较好。

(4)适应性强，焊缝操作位置不受限制，能全位置焊接，易于实现自动化。

(5)由于是氧化性保护气体，不宜焊接非铁金属材料和不锈钢。

(6)焊缝成型稍差，飞溅较大。

(7)焊接设备较复杂，使用和维修不方便。

CO_2 气体保护焊主要适用于焊接低碳钢和强度级别不高的普通低合金结构钢焊件，焊件厚度最厚可达 50mm(对接形式)。

6.4.2　氩弧焊

氩弧焊是以氩气作为保护气体的电弧焊，氩气是惰性气体，可保护电极和熔化金属不受空气的有害作用，在高温条件下，氩气与金属既不发生反应，也不溶入金属中。

1. 氩弧焊的种类

根据所用电极的不同，氩弧焊可分为非熔化极氩弧焊和熔化极氩弧焊两种(图 6-24)。

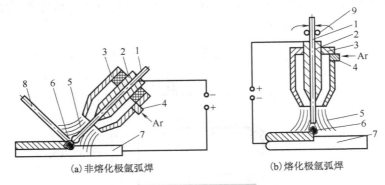

(a) 非熔化极氩弧焊　　　　　　　(b) 熔化极氩弧焊

图 6-24　氩弧焊示意图

1—电极或焊丝；2—导电嘴；3—喷嘴；4—进气管；5—氩气流；
6—电弧；7—工件；8—填充焊丝；9—送丝辊轮

(1) 钨极氩弧焊，常以高熔点的铈钨棒作电极，焊接时，铈钨极不熔化(也称非熔化极氩弧焊)，只起导电和产生电弧的作用。焊接钢材时，多用直流电源正接，以减少钨极的烧损；焊接铝、镁及其合金时采用反接，此时，铝工件作阴极，有"阴极破碎"作用，能消除氧化膜，焊缝成型美观。

为防止钨电极熔化，钨极氩弧焊焊接电流不能太大，所以一般适于焊接小于 4mm 的薄板件。

(2) 熔化极氩弧焊，用焊丝作电极，焊接电流比较大，母材熔深大，生产率高，适于焊接中厚板，比如 8mm 以上的铝容器。为了使焊接电弧稳定，通常采用直流反接。

2. 氩弧焊的特点

(1) 用氩气保护可焊接化学性质活泼的非铁金属及其合金或特殊性能钢，如不锈钢等。

(2) 电弧燃烧稳定，飞溅小，表面无熔渣，焊缝成型美观，焊接质量好。

(3) 电弧在气流压缩下燃烧，热量集中，焊缝周围气流冷却，热影响区小，焊后变形小，适宜薄板焊接。

(4) 明弧可见，操作方便，易于自动控制，可实现各种位置焊接。

(5) 氩气价格较贵，焊件成本高。

综上所述，氩弧焊主要适于焊接铝、镁、钛及其合金、稀有金属、不锈钢、耐热钢等。脉冲钨极氩弧焊还适于焊接 0.8mm 以下的薄板。

6.4.3　电阻焊

电阻焊是利用电流通过焊件接头的接触面及邻近区域产生的电阻热，将焊件加热到塑性状态或局部熔化状态，再通过电极施加压力，从而形成牢固接头的一种焊接方法。

电阻焊不需要填充金属，完成一个焊接接头的时间很短（0.01～几秒），故其生产率高，且操作简单，易于实现自动化和机械化。

电阻焊的基本形式有点焊、对焊和缝焊三种，如图 6-25 所示。

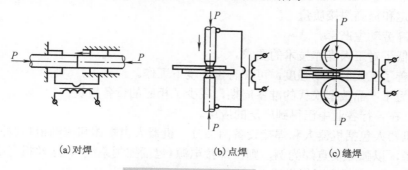

（a）对焊　　　　　　（b）点焊　　　　　　（c）缝焊

图 6-25 电阻焊基本形式

1. 点焊

点焊主要用于焊接搭接接头，焊件厚度一般为 0.05～6mm。可以焊接碳钢、不锈钢、铝合金等。点焊广泛用于汽车、航空航天、电子等工业。

点焊时，首先将焊件叠合，放置在上下电极之间压紧（图 6-25（b），图 6-26）。然后通电，产生电阻热，使工件接触处的金属被加热到熔化状态形成熔核，而熔核周围的金属则被加热到塑性状态，并在压力作用下形成一个封闭的包围熔核的塑性金属环。电流切断后，熔核金属在压力作用下冷却和结晶成为组织致密的焊点。最后，去除压力，取出焊件。

2. 对焊

对焊的特点是使两个被焊工件的接触面连接。对焊分电阻对焊和闪光对焊，如图 6-27 所示。

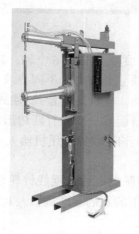

图 6-26 点焊机

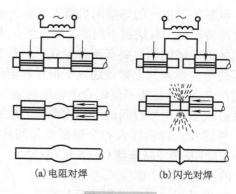

（a）电阻对焊　　　（b）闪光对焊

图 6-27 对焊

3. 缝焊

缝焊的焊接过程和点焊相似，只是用转动的圆盘形状电极来代替点焊时所用的圆柱形电极。使被焊工件的接触面之间形成多个连续的焊点（图 6-25（c））。

6.4.4　焊接机器人

随着电子、计算机、数控及机器人技术的发展，自动焊接机器人从 60 年代开始用于生产以来，其技术已日益成熟，主要有以下优点：

(1)稳定和提高焊接质量。

(2)提高劳动生产率。

(3)降低了对工人操作技术的要求。

(4)改善了工人的劳动强度，可在有害环境下工作。

(5)缩短了产品改型换代的准备周期，减少了相应的设备投资。

因此，在各行各业中已得到广泛的应用。

焊接机器人包括机器人和焊接设备两部分。机器人由本体和控制柜(硬件及软件)组成。而焊接装备，以弧焊及点焊为例，则由焊接电源(包括控制系统)、送丝机(弧焊)、焊枪等部分组成。图 6-28 所示为弧焊机器人。

图 6-28　弧焊机器人

世界各国生产的焊接用机器人基本上都属关节机器人，绝大部分有 6 个轴。其中，1、2、3 轴可将末端工具送到不同的空间位置，而 4、5、6 轴解决工具姿态的不同要求。焊接机器人本体的机械结构主要有两种形式：一种为平行四边形结构，一种为侧置式(摆式)结构。平行四边形机器人其上臂是通过一根拉杆驱动的，拉杆与下臂组成一个平行四边形的两条边，故而得名。这种结构不仅适合于轻型也适合于重型机器人。近年来，点焊用机器人(负载 100～150kg)大多选用平行四边形结构形式的机器人。

弧焊及点焊机器人各个轴都是作回转运动，故采用伺服电机通过摆线针轮(RV)减速器(1～3 轴)及谐波减速器(1～6 轴)驱动。一些负载 16kg 以下的新的轻型机器人其工具中心点(TCP)的最高运动速度可达 3m/s 以上，定位准确，振动小。

弧焊过程比点焊过程要复杂得多，工具中心点(TCP)，也就是焊丝端头的运动轨迹、焊枪姿态、焊接参数都要求精确控制。所以，弧焊用机器人除了一般功能外，还必须具备一些适合弧焊要求的功能。

弧焊机器人在作"之"字形拐角焊或小直径圆焊缝焊接时，其轨迹应能贴近示教的轨迹，而且应具备不同摆动样式的软件功能，供编程时选用，以便作摆动焊，而且摆动在每一周期中的停顿点处，机器人也应自动停止向前运动，以满足工艺要求。此外，还应有接触寻位、自动寻找焊缝起点位置、电弧跟踪及自动再引弧功能等。

弧焊机器人多采用气体保护焊方法，通常的晶闸管式、逆变式、波形控制式、脉冲或非脉冲式等的焊接电源都可以装到机器人上作电弧焊。由于机器人控制柜采用数字控制，而焊接电源多为模拟控制，所以需要在焊接电源与控制柜之间加一个接口。近年来，国外机器人生产厂都有自己特定的配套焊接设备，这些焊接设备内有相应的接口板。应该指出，在弧焊机器人工作周期中电弧时间所占的比例较大，因此在选择焊接电源时，一般应按持续率 100%来确定电源的容量。

送丝机构可以装在机器人的上臂上，也可以放在机器人之外，前者焊枪到送丝机之间的软管较短，有利于保持送丝的稳定性，而后者软管较长，当机器人把焊枪送到某些位置，使软管处于弯曲状态，会严重影响送丝的质量。所以送丝机的安装方式一定要考虑保证送丝稳定性的问题。

焊接机器人目前已广泛应用在汽车制造业、电子等行业，其中汽车底盘、座椅骨架、导轨、消声器以及液力变矩器等已采用机器人焊接，尤其在汽车底盘焊接生产中得到了广泛的应用。国内生产的桑塔纳、帕萨特、别克、赛欧、波罗等后桥、副车架、摇臂、悬架、减振器等轿车底盘零件大都是以 MIG 焊接工艺为主的受力安全零件，主要构件采用冲压焊接，板厚平均为 1.5～4mm，焊接主要以搭接、角接接头形式为主，焊接质量要求相当高，其质量的好坏直接影响到轿车的安全性能。应用机器人焊接后，大大提高了焊接件的外观和内在质量，并保证了质量的稳定性和降低劳动强度，改善了劳动环境。

6.5 焊接缺陷及防止措施

焊接完成后，应根据产品技术要求进行焊接质量检验。焊接质量的好坏将直接影响产品的安全运行，其中焊接裂纹、未焊透等缺陷对产品质量会构成致命危险。常见的焊接缺陷产生的原因及防止措施如下。

1. 焊缝表面尺寸不符合要求

焊缝表面高低不平、宽窄不齐、尺寸不合要求，角焊缝单边以及焊脚尺寸不符合要求，如图 6-29 所示。产生的原因是焊件坡口角度不对，装配间隙不均匀，焊接速度不当或运条手法不正确，焊条和角度选择不当或改变，埋弧焊的焊接工艺选择不正确等都会造成该种缺陷。要选择适当的坡口角度和装配间隙，正确选择焊接参数，特别是焊接电流，采用恰当运条手法和角度，以保证焊缝均匀一致。

2. 气孔

焊接时，熔池中的气泡在凝固时未能逸出形成的空穴就是气孔。原因主要与铁锈和水分、焊接方法的选择、焊条的种类、电流种类和极性、焊接参数等有关。要仔细清除焊件表面上的铁锈等污物。焊条、焊剂在焊前按规定严格烘干，并存放于保温桶中。采用合适的焊接参数，使用碱性焊条焊接时，要采用短弧焊等办法加以避免。

3. 咬边

由于焊接参数选择不当或操作工艺不正确，沿焊趾的母材部位产生的沟槽或凹陷叫咬边，如图 6-30。产生的原因主要是由于焊接参数选择不当，焊接电流太大，电弧过长，运条速度和焊条角度不适当等。要选择正确的焊接电流及焊接速度，电弧不能拉得大长，掌握正确的运条方法和运条角度来避免产生咬边。

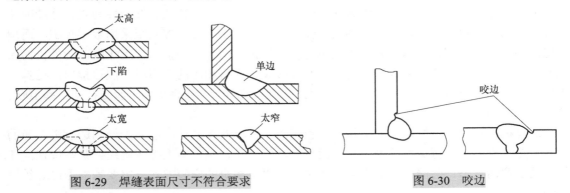

图 6-29　焊缝表面尺寸不符合要求　　　　　　　图 6-30　咬边

4. 未焊透

焊接时接头根部未完全熔透的现象叫未焊透。如图 6-31 所示。产生的原因主要是焊缝坡口钝边过大，坡口角度太小，焊根未清理干净，间隙太小；焊条或焊丝角度不正确，电流过小，速度过快，弧长过大；焊接时有磁偏吹现象；或电流过大，焊件金属尚未充分加热时，焊条已急剧熔化；层间或母材边缘的铁锈、氧化皮及油污等未清除干净，焊接位置不佳，焊接性不好等。要正确选用和加工坡口尺寸，保证必需的装配间隙，正确选用焊接电流和焊接速度，认真操作，防止焊偏等办法予以避免。

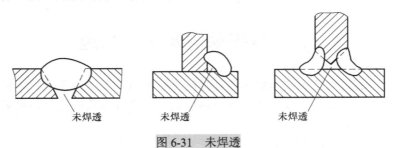

图 6-31　未焊透

5. 未熔合

熔焊时，焊道与母材之间或焊道与焊道之间，未完全熔化结合的部分叫未熔合，如图 6-32 所示。产生的原因是层间清渣不干净，焊接电流太小，焊条偏心，焊条摆动幅度太窄等造成。要采取加强层间清渣，正确选择焊接电流，注意焊条摆动等办法避免。

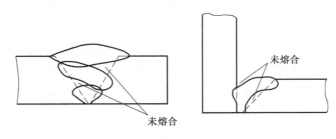

图 6-32　未熔合

6. 夹渣

焊后残留在焊缝中的熔渣叫夹渣，如图 6-33 所示。产生的原因是焊接电流太小；焊接速度过快，使熔渣来不及浮起；多层焊时，清渣不干净；焊缝成型系数过小以及焊条电弧焊时焊条角度不正确等。要正确选用焊接电流和运条角度，焊件坡口角度不宜过小，多层焊时，要认真做好清渣工作等。

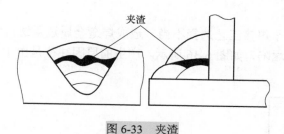

图 6-33　夹渣

7. 焊瘤

焊接过程中，熔化金属流淌到焊缝之外未熔化的母材上，所形成的金属瘤叫焊瘤，如图 6-34 所示。产生的原因是操作不熟练和运条角度不当造成的。要通过采取提高操作的技术水平，正确选择焊接参数，灵活调整焊条角度，装配间隙不宜过大，严格控制熔池温度，不使其过高等办法解决。

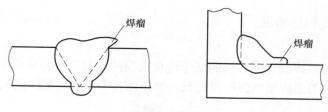

图 6-34　焊瘤

8. 焊接裂纹

焊接裂纹是指在焊接应力及其他致脆因素共同作用下，焊接接头局部产生的缝隙。主要有热裂纹、冷裂纹、再热裂纹和层状撕裂。

热裂纹是焊缝和热影响区金属冷却到固相线附近的高温区产生的焊接裂纹。要采取控制焊缝中的硫、磷以及碳的含量，减少熔池中低熔点共晶体的形成；采取预热，降低冷却速度，改善应力状况；采用碱性焊条，增强脱硫、脱磷的能力；控制焊缝形状，尽量避免得到深而窄的焊缝；采用收弧板，将弧坑引至焊件外面等措施加以解决。

冷裂纹是焊接接头冷却到较低温度时产生的焊接裂纹。为减少影响，主要采取焊前按规定要求严格烘干焊条、焊剂，以减少氢的来源，采用低氢型碱性焊条和焊剂；焊接淬硬性较强的低合金高强度钢时，采用奥氏体不锈钢焊条；焊前预热；焊后立即将焊件的全部或局部进行加热或保温、缓冷；适当增加焊接电流，减慢焊接速度，可减慢热影响区冷却速度，防止形成淬硬组织。

再热裂纹是焊后焊件在一定温度范围再次加热而产生的裂纹。当钢中含铬、钼、钒等合金元素较多时，再热裂纹的倾向增加。防止再热裂纹的措施，一是控制母材中合金元素的含量；二是减少结构钢焊接残余应力。采取减少焊接应力的工艺措施，如使用小直径焊条，小参数焊接，焊接时不摆动焊条等。

　　层状撕裂是焊接时焊接构件中沿钢板轧层形成的阶梯状的裂纹，如图6-35所示。产生的原因是轧制钢板中存在着硫化物、氧化物和硅酸盐等非金属夹杂物，在垂直于厚度方向的焊接应力作用下(图6-35中箭头所示)，在夹杂物的边缘产生应力集中，形成层状撕裂。防止的措施是严格控制钢材的含硫量，在与焊缝相连接的钢材表面预先堆焊几层低强度焊缝和采用强度级别较低的焊接材料。

9. 塌陷

　　单面熔化焊时，由于焊接工艺选择不当，造成焊缝金属过量透过背面，而使焊缝正面塌陷、背面凸起的现象叫塌陷，如图6-36所示。产生的原因往往是由于装配间隙或焊接电流过大所致。

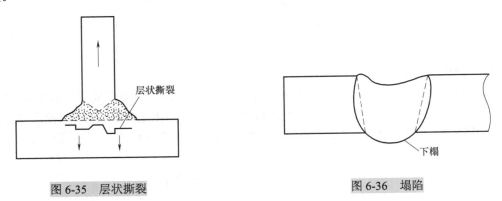

图 6-35　层状撕裂　　　　　　　　　　　图 6-36　塌陷

10. 凹坑

　　焊后在焊缝表面或焊缝背面形成的低于母材表面的局部低洼部分叫凹坑。凹坑会减少焊缝的工作截面。产生的原因是电弧拉得过长，焊条倾角不当和装配间隙太大等造成的。

11. 烧穿

　　焊接过程中，熔化金属自坡口背面流出，形成穿孔的缺陷叫烧穿。产生的原因是对焊件加热过甚。要采取正确选择焊接电流和焊接速度，严格控制焊件的装配间隙，另外，还可以采用衬垫、焊剂垫、自熔垫或使用脉冲电流防止烧穿。

第 6 章　焊接

第7章 车削加工

普通机床

7.1 概 述

车削加工是在车床上利用工件的回转运动和刀具的直线或曲线运动，改变工件的形状和尺寸达到符合图纸要求的零件加工方法。其中，工件的回转运动为切削主运动，刀具的直线或曲线运动为进给运动，两者共同组成切削成型运动。

车削加工的范围很广，常用于加工带有回转表面的各种不同形状的零件，可加工各种内外圆柱面、端面、螺纹面、切断、切槽等，在车床上也可完成钻孔、铰孔、套螺纹、攻螺纹等不属于车削加工的各种工序，在车床上加装其他附件和夹具，还可以进行滚压、滚花、磨削、研磨、抛光、绕制弹簧等工作（图 7-1）。车床一般占工厂金属切削机床的 50%，无论是批量生产、单件生产或机械配件维修，都占有重要的地位。

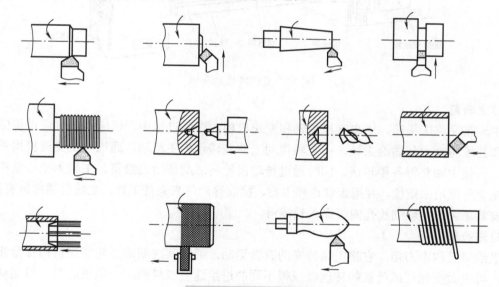

图 7-1　车削加工的范围

车床的种类很多，如卧式、立式、转塔、仿形、自动或半自动、仪表等各种车床。随着计算机技术的发展，数控车床为多品种小批量产品实现高效率、自动化生产提供了有利的条件和广阔的发展前景，也出现了以车床为主、其他金属切削机床功能集合的新式机床，如车铣复合加工中心等。在现阶段，卧式车床仍是各类车床的基础。

车床加工的尺寸公差等级一般为 IT11～IT7，表面粗糙度值 $Ra12.5～1.6\mu m$。

7.2 卧 式 车 床

1. 卧式车床的编号

金属加工机床均用汉语拼音字母和数字，按一定的规律组合进行编号。如 C6130 车床编号中，其字母和数字的含义如下所示。

C——车床类；6——普通车床组；1——普通车床型；30——最大加工半径为300mm。

对于一些老型号车床，其代码稍有不同，如C616的含义如下。

C——车床类；6——普通车床；16——主轴中心到床面距离的1/10，即中心高为160mm。

2. 卧式车床主要部分的名称和用途

卧式车床的种类很多，图7-2为C6140卧式车床的示意图，它主要由下列几部分组成。

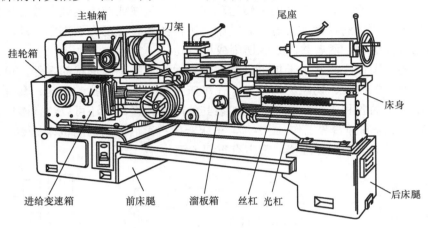

图 7-2　C6140 卧式车床

1) 主轴箱

主轴箱又称床头箱，用来支撑主轴和变速机构，车削过程中，机床主电机通过皮带、皮带轮和挂轮将动力传递给主轴，由主轴带动工件旋转作为主运动。通过改变变速机构手柄的位置，可使主轴获得各档转速，同时通过传动齿轮将运动传给进给箱。主轴为空心结构，主轴前端有外锥用来定位，并用螺纹连接卡盘、拨盘等附件来夹持工件，主轴前端内部有锥孔，用来安装顶尖，主轴细长孔内可穿入长棒料。

2) 进给箱

进给箱又称走刀，它将主轴传来的旋转运动，通过其内部的齿轮变速机构传给光杠或丝杠，可以改变光杠或丝杠的转速以获得不同的进给速度或螺距。一般进给时，将运动传给光杠，使拖板和车刀按要求的速度作直线进给运动；车削螺纹时，将运动传给丝杠，使溜板箱与主轴按要求的速比作很精确的直线移动。光杠和丝杠不得同时使用。

3) 溜板箱

溜板箱又称拖板箱，通过其传动，可使光杠的转动变为溜板箱纵向或中滑板横向进给运动和快速移动；也可使丝杠的转动，通过溜板箱内的开合螺母使溜板箱作纵向移动，配合主轴按一定的速比来车削螺纹。

4) 拖板

在溜板箱的上面有拖板，分为床鞍、中滑板和小滑板三层。床鞍与溜板箱连接，可沿床身导轨作纵向移动；中滑板可沿床鞍上的导轨作横向移动；小滑板置于中滑板上，用转盘形式与中滑扳连接，转盘上面有导轨，小滑板可沿导轨作短距离移动，当转盘旋转至不同位置时，小滑板移动可带动车刀可作纵向、横向或斜向的移动。

5) 刀架

刀架位于小滑板的上部，用以装夹车刀。

6) 尾座

尾座位于床身的尾架导轨上，可作纵向移动，并能固定于需要的位置。尾座的套筒内可安装顶尖与主轴配合支承工件，也可安装钻头、铰刀等刀具进行孔的加工。尾座分尾座体和底座两部分。

7) 床身

床身用来支撑和安装车床的各部件，并且保持各部件的相对正确位置。床身上有机床控制电器、油泵和供溜板箱和尾座移动的高精度山型和平面导轨。床身由床腿支撑并固定在地基上。

3. 卧式车床主要附件的名称和用途

1) 卡盘

安装在主轴上，用来夹持工件随着主轴一起旋转，用以加工形状较规则的零件。卡盘一般有两种，即三爪卡盘和四爪卡盘，其形状如图 7-3 所示。

图 7-3　三爪卡盘与四爪卡盘

2) 花盘

安装在主轴上，夹持工件随主轴一起旋转，用以加工形状复杂的零件。其外形如图 7-4 所示。

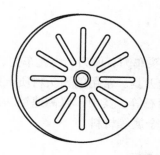

图 7-4　花盘

3) 跟刀架

车削较长工件时用来支持工件，固定在床鞍上，能随着床鞍一起移动。其外形如图 7-5 所示。

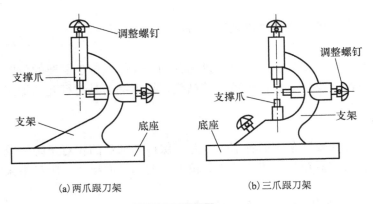

(a) 两爪跟刀架　　　　　　　　(b) 三爪跟刀架

图 7-5　跟刀架

4) 中心架

车削较长工件时用来支持工件，其固定在机床床身上，不随着床鞍一起移动。其外形如图 7-6 所示。

图 7-6　中心架

7.3　车刀及安装

7.3.1　车刀的种类与应用

常用的车刀按照形状和功用有直头车刀、弯头车刀、偏刀、内孔车刀、切断刀、切槽刀、挑丝刀等，钻头、铰刀和丝锥也是机床上常用的刀具。常用的刀头材质一般有高速钢、硬质合金、硬质合金涂层、陶瓷、立方氮化硼和金刚石等，其中，以高速钢和硬质合金应用最为广泛，其余几种主要用于加工超硬超耐磨或非铁金属等材料。

1. 高速钢车刀

高速钢是一种加入了较多其他金属如 W、Cr、Mo、V 并且碳的质量分数较高的合金工具钢。高速钢刀具制造简单，刃磨方便，能刃磨出锋利的切削刃，适于加工一些冲击性较大、形状不规则的零件。高速钢也常作为精加工车刀以及成型车刀的材料，如宽刃大走刀的车刀、梯形螺纹精车刀等。但是高速钢的红硬性较差(耐热 500～600℃)，其切削速度不能太高。常用高速钢牌号有 W18Cr4V 和 W9Cr4V2 两种。

2. 硬质合金车刀

硬质合金是由高硬度的难熔金属碳化物(如 WC、TiC 等)和金属黏结剂(如 Co、Ni 等)用粉末冶金方法制成的一种刀具材料，其硬度($89\sim93$HRA)、耐磨性和耐热性($800\sim1000℃$)都比高速钢高，但其强度和韧性却比高速钢差很多，不能承受大的振动和冲击。硬质合金的冷热加工性能都很差，所以通常焊接或机械夹固在刀杆上。常用硬质合金有钨钴类和钨钴钛类两种。

(1)钨钴类：常用的牌号有 YG3、YG6、YG8 等。如 YG8 表示含 8%的钴、92%碳化钨的钨钴类硬质合金。这类硬质合金常温时硬度为 $89.5\sim92$HRA，红热性 $800\sim900℃$，因韧性较好，常用它来加工脆性材料(如铸铁)或冲击性较大的工件比较合适；但由于它的红热性相对较差，高温下不耐磨，如果用它来切削韧性较强的塑性材料如钢等，就会很快磨损，因为在切削这类工件时，切削变形很大，刀尖处会产生很高的温度，而钨钴合金在 $640℃$ 时就会和切屑黏结在一起，使车刀前面很快磨损。钨钴合金中钴的含量越高，其抗弯强度和冲击韧性相应提高，但其耐磨性降低，所以一般 YG8 常用于粗加工，YG3、YG6 常用于精加工。

(2)钨钴钛类：常用的牌号有 YT5、YT15、YT30 等。如 YT15 表示含 15%的 TiC，其余为含 79%碳化钨和 6%钴的钨钴钛类硬质合金。这类硬质合金常温时硬度为 $89.5\sim92.8$HRA，红热性 $900\sim1000℃$，所以在高温条件(如高速切削)下，比钨钴合金耐磨，用它加工钢类和其他韧性较强的塑性材料较为合适；但因性脆，不耐冲击，易崩刃，所以不宜加工脆性材料(如铸铁)。碳化钛含量越高，红硬性越好，同时韧性越差，所以 YT15、YT30 常用于精加工，YT5 多用于粗加工。

一般情况下，钨钴合金(YG)适用于切削脆性材料(如铸铁等)，钨钴钛类合金(YT)适用于切削塑性材料(如钢等)。特殊情况下也要做灵活选择。

7.3.2　车刀的结构

车刀由刀头和刀体两部分组成。刀头用来进行切削，故又称为切削部分。刀体是用来将车刀夹固在刀架或刀座上的部分。刀头一般由三面、二刃、一尖组成。

三面指前刀面、主后刀面、副后刀面。前刀面为切屑流经的表面；主后刀面为与工件切削表面相对的面；副后刀面为与工件已加工表面相对的面。

二刃指主切削刃和副切削刃。主切削刃为前刀面和后刀面的交线，担负着主要的切削任务；副切削刃为前刀面和副后刀面的交线，承担少量的切削任务。

刀尖为主切削刃与副切削刃的相交部分。

刀具角度是刀具结构的核心，它直接影响切削力、刀具强度、刀具耐用度和工件加工质量等。为了确定车刀的角度，要建立三个坐标平面：切削平面、基面和正交平面(又称主剖面)。对车削而言，切削平面可以认为是过主切削刃的铅垂面，基面是水平面，当主切削刃水平时，正交平面为主切削刃相交且与切削平面、基面均垂直的剖面。直头外圆车刀的主要角度有前角(γ_o)、后角(α_o)、主偏角(κ_γ)、副偏角(κ_γ')、刃倾角(λ_s)，如图 7-7 所示。

1. 前角(γ_o)

前角是在正交平面中所测量的基面与前刀面之间的夹角。其作用是使刀刃锋利，便于切削。但前角也不能太大，否则会削弱刀刃的强度，容易磨损甚至崩刃。

加工塑性材料时，前角一般可选大些，用硬质合金车刀加工钢件时，一般取 $\gamma_o=10°\sim20°$；加工脆性材料时，前角一般要选小些，用硬质合金车刀加工铸铁件时，一般取 $\gamma_o=5°\sim15°$。

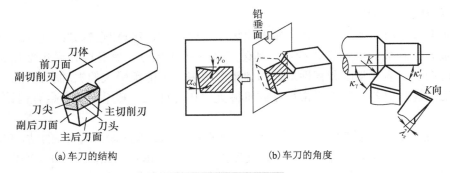

(a) 车刀的结构　　　　　　　　　　(b) 车刀的角度

图 7-7　车刀的结构与角度

2. 后角(α_0)

后角是在正交平面中所测量的后刀面与切削面之间的夹角。其作用是减小车刀的后刀面与工件的摩擦。后角一般为 3°～12°，粗加工时选小值，精加工时选大值。

3. 主偏角(κ_γ)

主偏角是主切削刃在基面上的投影与进给运动方向上的夹角。其作用可以改变主切削刃参与切削的长度，如图 7-8 所示，并能影响背向力的大小，如图 7-9 所示。小的主偏角可增加主切削刃参与切削的长度，因而散热好，对延长刀具使用寿命有利；但在加工细长轴时，工件刚度不足，小的主偏角会使刀具作用在工件上的背向力增大，易产生弯曲和振动，因此主偏角应选大一些。车刀常用的主偏角有 45°、60°、75°、90° 等几种。

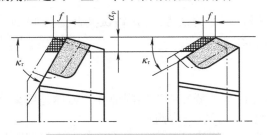
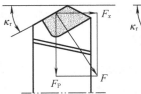
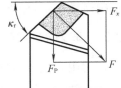

图 7-8　主偏角对切削长度的影响　　　　　图 7-9　主偏角对背向力的影响

4. 副偏角(κ_γ')

副偏角是在基面上测量的副切削刃与进给反方向之间的夹角。其主要作用是减小副切削刃与已加工表面之间的摩擦，以改善加工表面的粗糙度。在同样背吃刀量和进给量的情况下，减少副偏角，可以减少车削后的残留面积，使表面粗糙度降低，一般取 $\kappa_\gamma' = 5$°～15°，如图 7-10 所示。

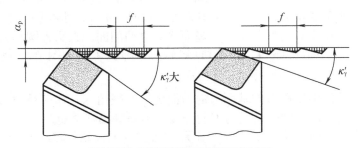

图 7-10　副偏角对残留面积的影响

5. 刃倾角（λ_s）

刃倾角是在切削平面中测量的主切削刃与基面的夹角。其作用主要是控制切屑的流动方向。如图 7-11 所示，切削刃与基面平行时，$\lambda_s=0$；刀尖处与切削刃最低点时，λ_s 为负值，刃尖强度增大，切屑流向已加工表面，可用于粗加工；刀尖处与最高点时，λ_s 为正值，刃尖强度削弱，切屑流向待加工表面，可用于精加工，免于已加工表面受到切屑划伤。一般取 $\lambda_s=-5°\sim+5°$。

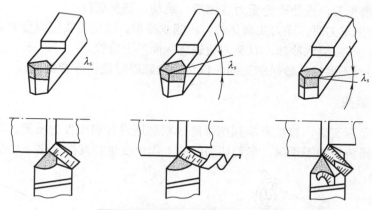

图 7-11 刃倾角对排屑方向的影响

7.3.3 车刀的刃磨

经过一段时间的切削，车刀会产生磨损，车刀磨钝以后，会使切削力和切削温度增高，工件加工表面的粗糙度增大，所以须适时进行刃磨，以恢复其合理的形状和角度。车刀的刃磨方法主要有两种：一种是在工具磨床上进行，另一种是在砂轮机上进行。工厂大都配有砂轮机房。

在砂轮机上进行手工刃磨，首选要选择合适的砂轮类型。刃磨高速钢车刀应选用氧化铝砂轮，刃磨硬质合金车刀应选用绿色碳化硅砂轮。车刀的刃磨顺序和姿势如图 7-12 所示。

图 7-12（a）为磨主后刀面，先按主偏角大小，使刀杆向左偏斜，再按主后角大小，使刀头向上翘。

图 7-12（b）为磨副后刀面，先按副偏角大小，使刀杆向右偏斜，再按副后角大小，使刀头向上翘。

图 7-12（c）为磨前刀面，按前角大小，偏斜前刀面，同时注意刃倾角大小。

图 7-12（d）为磨刀尖圆弧，先使刀尖上翘，使圆弧刃有后角，再左右摆动以刃磨圆弧。

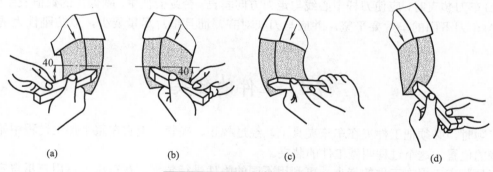

(a)　　　　　　　　(b)　　　　　　　　(c)　　　　　　　　(d)

图 7-12 车刀的刃磨顺序和姿势

在砂轮机上将车刀各面刃磨后，还应用油石修磨车刀的各面，进一步提高各切削刃及各面的光滑程度，从而提高车刀的耐用度和降低被加工零件的表面粗糙度。

刃磨车刀时应注意以下事项：

(1) 刃磨车刀时，应两手握稳车刀，并使受磨面轻贴砂轮。切勿用力过猛，以免挤碎砂轮，造成事故。

(2) 应将刃磨的车刀在砂轮圆周面上左右移动，使砂轮磨耗均匀，不出沟槽。应避免在砂轮两侧面用力刃磨车刀，致使砂轮受力后偏摆、跳动，甚至破碎。

(3) 刃磨高速钢车刀时，当刀头磨热时，应蘸水冷却，以免刀头因温度升高而软化；刃磨硬质合金车刀时，不应蘸水冷却，以免刀头遇急冷而产生裂纹。

(4) 刃磨车刀时不要站在砂轮的正面，以免砂轮破碎时使操作者受伤。

7.3.4　车刀的装夹

车刀装夹的是否正确，直接影响到切削能否顺利地进行和工件的质量。即使刃磨出合理的车刀角度，如果装夹的不正确，车刀切削时的工作角度也会发生变化，如图7-13所示。

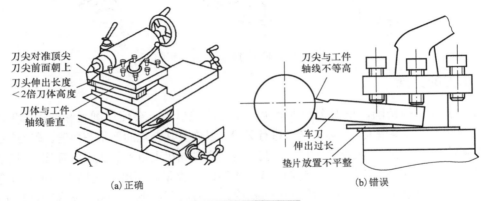

(a) 正确   (b) 错误

图 7-13　车刀的装夹

装夹车刀时必须注意以下几点：

(1) 车刀装夹在刀架上，不宜伸出过长。在不影响观察和切屑流向的前提下，应尽量伸出短些，一般不超过刀杆厚度的两倍。

(2) 车刀刀尖的装夹一般应与工件轴线等高，否则会由于切削平面和基面的位置发生变化而改变车刀工作时的前角和后角的数值。

(3) 车刀装夹时，应使刀杆中心线与走刀方向垂直，否则会使主、副偏角的数值发生变化。

(4) 车刀下面的垫片要平整，并应与刀架对齐，而且垫片尽量要少，以防刚性太弱产生振动。

7.4　工件的装夹

车削时，必须把工件夹在车床夹具上，经过找正、夹紧，使它在整个加工过程中始终保持正确的位置，这个过程叫做工件的装夹。

工件装夹应根据工件的特点，可利用不同的附件进行装夹。在车床上常用三爪自定心卡盘、四爪单动卡盘、顶尖、中心架、跟刀架、芯轴、花盘和弯板等附件装夹工件。

1. 用三爪自定心卡盘装夹工件

三爪自定心卡盘在车床上装夹工件的形式如图 7-14 所示。

2. 用四爪单动卡盘装夹工件

四爪单动卡盘在车床上装夹工件的形式如图 7-15 所示。四爪单动卡盘与三爪自定心卡盘的区别是：四个卡爪是单动的，夹紧力大，不能自动定心，必须找正。粗加工时用划针找正，精加工时用百分表找正。

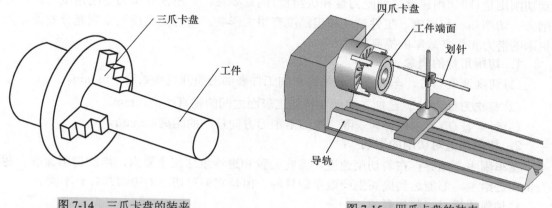

图 7-14　三爪卡盘的装夹　　　　　图 7-15　四爪卡盘的装夹

3. 用顶尖装夹工件

轴类零件的外圆表面常有同轴度要求，端面与轴线有垂直度要求，如果用三爪自定心卡盘一次装夹不能同时精加工出有位置精度要求的各表面，可采用顶尖装夹。在顶尖上装夹轴类零件时，如图 7-16 所示，两端是用中心孔的锥面作定位基准，定位精度较高，经过多次调头装夹，工件的旋转轴线不变，仍是两端 60° 锥孔中心的连线。因此，可保证在多次调头装夹中所加工的各个外圆表面获得较高的位置精度。

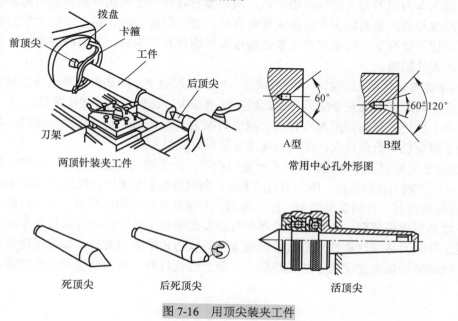

图 7-16　用顶尖装夹工件

7.5　车床操作要点

7.5.1　切削用量及对切削的影响

在车间里，我们常看到许多有经验的老车工师傅，当他们装好车刀后，并不忙于开车切削，而是先考虑转速、吃刀深度和选择走刀量。这是因为老师傅们在长期生产实践中，体会到切削用量(即切削速度、背吃刀量和进给量)的重要性，它不仅和车刀切削角度一样，对切削力、切削热、积屑瘤、工件精度和粗糙度有很大影响，而且还直接关系到充分发挥车刀、机床的潜力和生产效率的提高。

1. 切削用量的概念

(1)切削速度(v_c)。车刀在一分钟内车削工件表面的展开直线长度，m/min。

(2)背吃刀量(d_p)。已加工表面和待加工表面之间的垂直距离，mm。

(3)进给量(f)。工件每转一圈，车刀沿走刀方向移动的距离，mm/r。

2. 切削用量对切削的影响

在车削中，始终存在着切削速度、背吃刀量和进给量这三个要素，增加切削速度、背吃刀量和进给量，都能达到提高生产效率的目的，但是它们对切削的影响却各有不同。

1)切削速度对切削的影响

所谓切削速度实质上也可以说是切削变形的速度，它的高低影响着切削变形的大小，而且直接决定着切削热的多少。切削速度越高，切削变形越快，单位切削功相应越多，车削时产生的切削热越多，同时热量聚积也越迅速；由于热量得不到及时的传散，切削温度便会显著升高，所以切削速度的大小决定着切削温度的高低。切削速度主要是通过切削变形以及切削温度的变化来影响切削力的大小、刀具的磨损以及工件的加工质量。

当车削碳钢、不锈钢以及铝和铝合金等塑性金属材料达到一定的切削温度时，切削底层金属将粘附在车刀的刀刃上而形成积屑瘤。积屑瘤只有在一定的切削温度范围内才会形成，所以它的形成与消失主要取决于切削速度的高低。由于积屑瘤的存在，将增大车刀的实际前角，所以在这种情况下，切削速度主要是通过积屑瘤而对切削力、车刀的磨损以及工件加工质量产生较大的影响。

(1)切削速度对切削力的影响。一般来说，提高切削速度，即切削变形速度加快，由于变形时间短促，切削来不及充分变形，因此切削变形减少，切削力也就相应降低。

虽然如上所述，提高切削速度有利于减少切削力，但切削速度过高将会使机床负荷显著增大，为了避免机床负荷过大，所以切削速度又不宜取得太高。

(2)切削速度对刀具寿命的影响。在一般情况下，由于切削速度的提高，将使切削温度随之增高，从而加剧刀具的磨损，降低刀具的寿命，所以提高切削速度将降低刀具的寿命。

(3)切削速度对工件质量的影响。加工碳钢、不锈钢及铝等塑性材料，在一定的切削速度范围内，容易形成积屑瘤。而积屑瘤的存在势必要影响到工件的粗糙度和尺寸精度。因此在精车这类工件时，必须注意选用合适的切削速度，以防止产生积屑瘤。如已出现积屑瘤，则可利用加快或减慢切削速度的办法去消除它。至于脆性材料，切削速度对工件质量的影响则较小。

但是，尚需注意，当切削速度过高时，由于切削温度急剧升高，容易引起工件的热变形，同时加剧了车刀的磨损，使工件的加工精度显著降低。因此，在车削时也不宜选用过高的切削速度，特别是在车削一些散热性较差、而易热变形的工件时，切削速度更不能选择得过高。

2）背吃刀量与进给量对切削的影响

在车削中，被切层的宽度与厚度取决于背吃刀量 d_p 与进给量 f，两者的乘积即成为"切削横断面积"，它的大小决定着车削时的单位切削负荷。但由于背吃刀量和进给量对切削变形以及散热等方面的作用不同，所以它们对切削力、刀具磨损以及工件质量的影响也不同。

(1)背吃刀量与进给量对切削力的影响。背吃刀量的大小不影响单位切削宽度上的切削力大小，它与切削力成正比。当背吃刀量增大时，切削宽度增加，切削力也就按照正比例相应的增大。

进给量的大小和单位切削宽度上的切削力大小有关，但它与切削力不成简单的正比关系。这是因为切削底层的变形最严重，而切削的厚度取决于进给量的大小，当进给量增大时，切屑增厚，变形最严重的切屑底层部分所占的比例减少，使切屑的平均变形相对减少；反之，进给量减小时，切屑的平均变形会相应增大。

因此，如果要求切削横断面积不变而减少切削力，则应取较大的进给量，而取较小的背吃刀量。

(2)背吃刀量与进给量对刀具寿命的影响。背吃刀量增加时，由于刀刃工作长度增大，改善了散热条件，使切削温度升高较少，对刀具磨损影响也较少。进给量增加时，散热条件变差，使切削温度升高较多，对刀具磨损影响较大。所以，从刀具寿命来说，增加背吃刀量比增加进给量有利。

(3)背吃刀量与进给量对工件质量的影响：当背吃刀量太大时，控制工件的尺寸精度较困难。当进给量太大时，切削后的残留面积会相应增大，将显著影响工件的加工粗糙度。所以在精车时，为了提高加工质量，背吃刀量与进给量都应取小些。

3. 切削用量的合理选择

虽然一般来说，加大切削速度、背吃刀量和进给量，对提高生产效率有利，但是我们又不能过分增加。如前所述，过分的增加切削用量，将会产生相反效果，从而加剧刀具磨损，影响工件质量，甚至撞坏刀具，产生"闷车"等严重后果。所以我们必须把切削用量选择在一定范围内。切削用量的三个要素对切削的影响各不相同，它们之间又是相辅相成的，选择切削用量时，首先应该根据不同的切削条件，找出切削用量中矛盾的主要方面，即先确定主要的切削要素，然后再选择其他切削要素。

1)粗车或精车时选择切削用量的一般原则

(1)在粗车时，一般加工余量较大，希望能加工的快些，因此首先考虑的是吃刀能吃得深些，以减少吃刀次数；其次是进给量大些；然后再选择适当的切削速度。这样也有利于充分发挥车刀锋利的作用。如果在粗车时把车削速度选得很高，这时车刀的寿命就显著降低，车刀易于磨损，需要经常磨刀，增加了很多辅助工时。而且切削速度太高时，背吃刀量只能相应减少，如果加工余量较大，则必然要分几刀才能完成车削，相应地降低了生产效率。

(2)在精车时，加工余量较小，要提高生产效率，只有适当增加切削速度。而这时被切层较薄，切削力较小，也具备了适当提高切削速度的条件。

2) 不同切削条件下选择切削用量的几点原则

(1) 车削铸铁类工件和钢类工件的比较——铸铁类工件虽然强度不高，但有时因含有气孔和杂质等铸造缺陷，以及表面硬度高、切屑呈崩碎等原因，对切削十分不利。而钢类工件虽然强度较高，但材料组织均匀、切屑呈带状，对切削较为有利。因此，在粗车铸铁类工件时，为保护刀尖，使它尽可能不接触工件的表面硬皮。而在选择切削速度时，为提高车刀的寿命，车铸铁类工件应比车钢类工件选得小一些；在精车铸铁类工件时，应比精车钢类工件所选择的进给量要大些，而切削速度比精车钢类工件时要选择的较低，以提高车刀的寿命和工件的加工精度。

(2) 断续车削与连续车削的比较——在断续车削时，工件对刀刃、特别是对刀尖作用着一个较大的冲击力，因此断续车削的切削用量应比连续车削选得小一些。

(3) 荒车（粗车）时注意问题——锻造或铸造的工件，一般表面不平整，而且表皮硬度高，当粗车第一刀时，如果吃刀较少，没有将工件表面全部车出，就会因坯料表面的不平整，使刀刃受到一个不均匀的冲击力，容易产生崩刃现象，而且刀尖和硬度较高的坯料表皮接触，会造成严重的磨损。所以荒车时，当工件、车刀、夹具和机床刚性许可时，应加大背吃刀量，使工件表面全部车出，这样可以显著减小冲击力的变化，同时，由于车刀刀尖已切入工件里层，不和硬度较高的表皮层相接触，刀尖也就不容易磨损。

(4) 车削管料工件和轴类工件的比较——管料工件是空心的，刚性较差，在车削时容易引起振动，因此在精车管料工件时，切削速度要比精车轴类工件时选得小一些。

(5) 车外圆和车内孔的比较——由于车内孔时，刀杆尺寸受到限制，车刀刚性比车削外圆的车刀要差，车削时车刀容易振动，所以车内孔时选择的切削用量，要比切削外圆时小。

(6) 使用高速钢车刀和硬质合金车刀时的比较——由于高速钢车刀的热硬性比硬质合金车刀差，因此在使用高速钢车削时，选择的切削用量应比使用硬质合金车刀小。

(7) 工件、车刀、夹具和机床刚性的比较——如车较深孔时，由于刀杆细长，刚性较差，在选择切削用量时应比车一般孔时适当减小。又因在车削较长轴时常会产生颤动，所以选择切削用量也不宜过大。

7.5.2　切削液的作用及其选择

车削时使用充分的切削液，不但可以减小切屑、车刀及工件间的摩擦，减少热量的产生，同时，还能带走大量的热量，因此，有利于提高车刀的寿命和工件的加工质量。

在使用切削液时，必须有效地冲击在切屑和刀头上，而主要是冲在切屑上。因为在一般情况下，切削热的分布情况是切屑占68%；车刀占25%左右。如果单纯地将切削液冲在刀刃上，不但达不到良好的散热效果，而且还会使车刀(如硬质合金类)因忽冷忽热而产生裂纹损坏。

切削液的种类很多，在选用时，要有针对性地使用。工厂加工碳素钢一般较多使用皂化液。

7.5.3　刻度盘及其正确使用

车削过程中，为了正确迅速地掌握进给量，必须熟练地使用中滑板和小刀架上的刻度盘。卧式车床的横向进给、纵向进给以及小刀架移动量均靠刻度盘指示。控制横向进给量的中滑板刻度盘，由一对丝杠螺母传动，刻度盘与丝杠连为一体，中滑板与螺母连为一体，刻度盘转一周，螺母带动中滑板移动一个螺距。

其中，刻度盘格值=丝杠螺距／刻度盘格数。例如，C616 车床的横向进给丝杠的螺距为 4mm，刻度盘一周格数为 200 格，所以刻度盘格值=4/200=0.02mm。

由于丝杠与螺母间存在间隙，当刻度手柄摇过了头，或者试切后发现尺寸不对而需将车刀退回时，不能直接退至所要求的格值。因为当刻度盘正转或反转至同一位置时，刀具的实际位置存在由间隙引起的误差。因此，需将刻度盘向相反的方向退回半圈左右，消除间隙影响后再摇到所需位置，如图 7-17 所示。

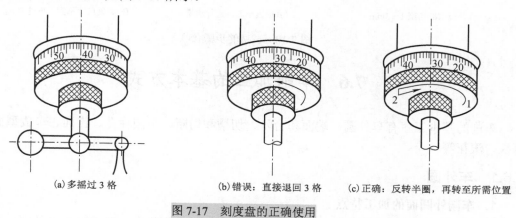

(a)多摇过 3 格   (b)错误：直接退回 3 格   (c)正确：反转半圈，再转至所需位置

图 7-17 刻度盘的正确使用

7.5.4 对刀和试切

对刀和试切是控制工件尺寸精度的必要手段，也是机床操作者的基本功。

1. 对刀

其目的是能够较准确地控制进给量，防止盲目进刀，以免造成废品或发生事故。对刀的方法是：首先使工件旋转，将刀尖慢慢接近工件，当刀尖接触工件时，将车刀纵向右移远离工件，记下横向手柄刻度的读值，然后准备试切。

2. 试切

工件在车床上装夹后，要根据工件的加工余量决定背吃刀量和走刀次数。粗车时，可根据刻度盘进刀；而半精车和精车时，为保证工件加工的尺寸精度，只靠刻度盘进刀不能保证精度，这就需要采用试切法。

以车外圆为例，试切的步骤如图 7-18(a)～(f)所示。

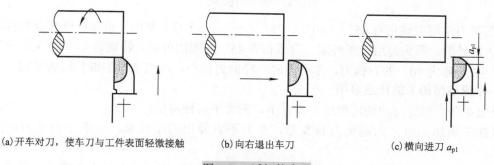

(a)开车对刀，使车刀与工件表面轻微接触   (b)向右退出车刀   (c)横向进刀 a_{p1}

图 7-18 试切的步骤

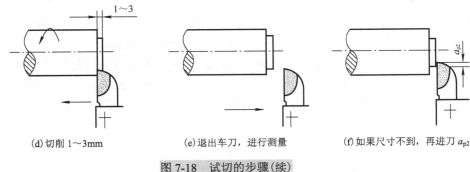

(d)切削 1～3mm　　　　　(e)退出车刀，进行测量　　　　(f)如果尺寸不到，再进刀 a_{p2}

图 7-18　试切的步骤(续)

7.6　车削加工的基本方式

车削的基本工序有车外圆、端面和台阶、切槽和切断、车圆柱孔、锥面、车成型面、车螺纹、滚花等。

7.6.1　车外圆

1. 车削外圆面的加工特点

将工件装夹在卡盘上做旋转运动、车刀安装在刀架上作纵向运动就可车出外圆柱面。车削这类零件时，要保证图纸的标注尺寸、公差和表面粗糙度、几何公差(如垂直度、同轴度)的要求。

2. 常用外圆车刀

常用的外圆车刀有尖刀、弯头刀和偏刀，如图 7-19 所示。

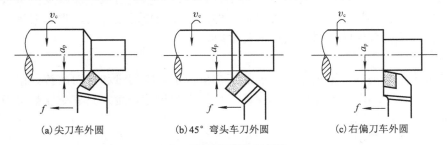

(a)尖刀车外圆　　　　(b)45°弯头车刀外圆　　　　(c)右偏刀车外圆

图 7-19　常用外圆车刀

外圆车刀常用主偏角有 45°、60°、75°、90°。尖刀主要用于粗车外圆和没有台阶或台阶不大的外圆。弯头刀用于车外圆、端面和有 45°斜面的外圆，特别是 45°弯头刀应用较为普遍。主偏角为 90°的右偏刀，车外圆时，径向力很小，常用来车削细长轴的外圆。

3. 外圆车削加工的注意事项

(1)粗车铸、锻件时的切削深度不宜过小，应大于其硬皮层的厚度。

(2)在车削加工时，为避免刀具变形，车刀不宜伸出刀架过长，一般不超过刀杆厚度的两倍。

(3)车刀安装时，为避免主、副偏角对加工质量的影响，应保证刀杆中心线与刀具进给方向垂直。

7.6.2　车端面和台阶

1．车端面

车端面时，刀尖必须准确对准工件的旋转中心，以避免车出的端面留下凸台和刀尖崩坏。车端面时，切削速度随外圆直径减小而逐渐减小会影响端面的表面粗糙度，因此，工件切削速度应比车外圆时略高。

45°弯头车刀车端面（图 7-20（a））时利用主切削刃进行切削，适用于车削较大的平面，还能车削外圆和倒角。右偏刀车端面（图 7-20（b））时用原车刀的副切削刃变成主切削刃进行切削，切削起来不顺利，因此，当切近中心时应放慢进给速度。它适用于车削带台阶和端面的工件。对有孔的工件，用右偏刀车端面时（图 7-20（c））由中心向外进给，这是用主切削刃切削，切削顺利，表面粗糙度较小。当零件结构上不允许用右偏刀时，可用左偏刀车端面（图 7-20（d）），它是利用主切削刃进行切削，所以切削顺利，能车出表面粗糙度较小的平面，适用于车削铸、锻工件的大平面。

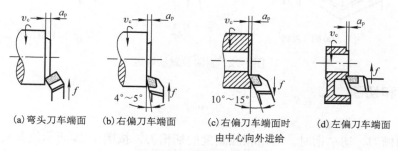

(a) 弯头刀车端面　　(b) 右偏刀车端面　　(c) 右偏刀车端面时　　(d) 左偏刀车端面
　　　　　　　　　　　　　　　　　　　　　由中心向外进给

图 7-20　常用端面车刀

2．车台阶

（1）低台阶。台阶高度 5mm 以下，可在车外圆的同时车出（图 7-21（a））。为使车刀主切削刃垂直于工件轴线，装刀时要用角尺对刀（图 7-21（b））。

（2）高台阶。台阶高度大于 5mm，一般与外圆成直角，应分层纵向进行切削。在末次纵向进给后，车刀横向退出车出台阶，如图 7-21（c）所示。

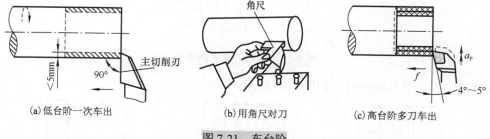

(a) 低台阶一次车出　　　　　　(b) 用角尺对刀　　　　　　(c) 高台阶多刀车出

图 7-21　车台阶

为使台阶长度符合要求，可用尖刀预先车出线痕，以此作为加工的界限。单件生产时用钢尺控制长度（图 7-22（a）），成批生产时可用样板控制（图 7-22（b））。

3．端面车削的注意事项

（1）正确选择刀具和进给方向。车削端面时，使用 90°偏刀由外圆向中心进给，起主要切削作用的是车外圆时的副切削刃，由于其前角较小切削不能顺利进行，此时受切削力方向的影响，刀尖容易扎入工件，影响表面质量。此外，工件中心的凸台在瞬间被车刀切掉，易损坏车刀刀尖。使用 45° 偏刀车端面是用主切削刃进行加工，且工件中心凸台是逐步被车刀切掉，不易损坏车刀刀尖。对带孔工件用 90° 偏刀车端面，由中心向外进给，避免了由外圆向中心进给的缺陷。

(2)粗车铸、锻件的端面时的切削深度不宜过小，应大于其硬皮层的厚度。

(3)车削实体工件的端面时，车刀刀尖在车床上的高度应与机床的回转轴线等高，避免挤刀、扎刀。

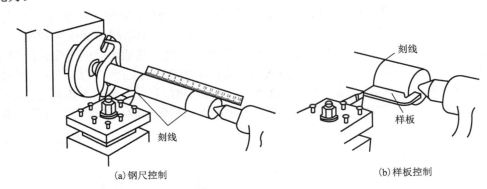

(a)钢尺控制   (b)样板控制

图 7-22 台阶位置的确定

7.6.3 切槽和切断

1. 切槽

切槽用切槽刀。切窄槽时，可用相应宽度的切槽刀，按图 7-23 所示位置装夹，主切削刃平行于工件轴线，刀尖与工件轴线同一高度。

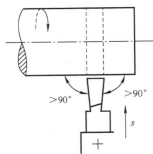

图 7-23 切槽刀的正确安装

切宽槽时，可分几次进行，如图 7-24 所示。

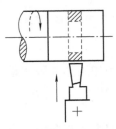
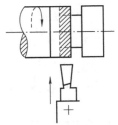
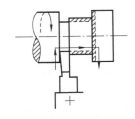

(a)第 1 次横向进给   (b)第 2 次横向进给   (c)最后一次横向进给后再以纵向进给精车槽底

图 7-24 切宽槽

2. 切断

切断时，工件一般用卡盘装夹，切断处应距卡盘近些，以免引起工件振动。切断刀的主切削刃必须对准工件旋转中心，较高或较低均会使工件中心部位形成凸台，损坏刀头。切割时，用手均匀而缓慢地进给，即将切断时，需放慢进给速度，以免刀头折断。切断钢料时，还需加切削液。

7.6.4 钻孔、车孔

在车床上可进行钻中心孔、车孔等工序。

1. 钻中心孔

在车削过程中，需要调头多次装夹才能完成车削工作的轴类工件，如台阶轴、齿轮轴、丝杠等，一般先在工件两端钻中心孔，采用两顶尖装夹，确保工件定心准确和便于装卸。

1) 中心孔的类型及作用

中心孔按形状和作用可分为 4 种，即 A 型、B 型、C 型和 R 型。A 型和 B 型为常用的中心孔，如图 7-25 所示，其中 A 型中心孔一般适用于不需要多次安装或不保留中心孔的零件。B 型中心孔是在 A 型中心孔的端部多一个 120° 的圆锥孔，目的是保护 60° 锥孔，避免其被碰伤，一般适用于多次安装的零件。

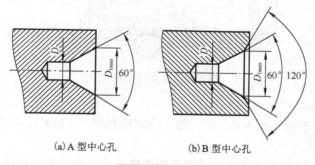

(a) A 型中心孔　　(b) B 型中心孔

图 7-25　中心孔

2) 中心钻

中心孔一般用中心钻钻出，中心钻一般用高速钢制成，常用的中心钻有两种。

(1) A 型。不带护锥中心钻，适用于加工 A 型中心孔，如图 7-26 所示。

(2) B 型。带护锥中心钻，适用于加工 B 型中心孔，如图 7-27 所示。

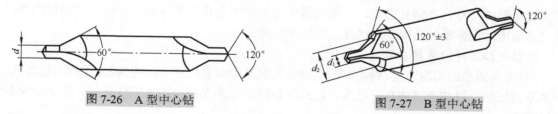

图 7-26　A 型中心钻　　　　　　图 7-27　B 型中心钻

3) 钻中心孔的方法

(1) 中心钻在钻夹头上装夹。中心钻的切削部分应伸出钻夹头一个恰当长度，再旋紧。

(2) 钻夹头在车床尾座锥孔中的安装。应清洁钻夹头锥柄部和尾座锥孔，然后再装紧钻夹头。

(3)中心钻靠近工件。把尾座顺着机床导轨移近工件。

(4)主轴旋转、中心钻按进给速度钻削。在钻中心孔之前必须将尾座严格地校正,使其对准主轴的中心。钻中心孔时,由于中心钻直径小,主轴转速应取较高的速度。进给时一般用手动,这时进给量应小而均匀。当中心钻钻入工件时,应加切削液,使其钻削顺利、光洁。钻完后中心钻应作短暂停留,然后退出,可使中心孔光、圆、准确。

4)钻中心孔的注意事项

(1)中心钻细而脆,易折断。

(2)中心孔易钻偏或钻得不圆。

(3)中心孔钻得太深,顶尖锥面无法与锥孔接触。

(4)中心钻圆柱部分修磨后变短,造成顶针与中心孔底部相碰,从而影响加工质量。

2. 钻孔

在车床上钻孔如图 7-28 所示。工件用卡盘装夹,钻头装在尾架上。工件旋转为主运动,摇动尾座手柄使钻头纵向移动为进给运动,钻孔的尺寸公差等级可达 IT14～IT11,表面粗糙度 Ra 值可达 25～6.3μm。

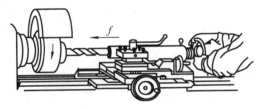

图 7-28　在车床上钻孔

1)钻孔步骤及方法

(1)平端面。以便于钻头定中心,应先将工件端面车平,并最好在端面中心处钻出中心孔,防止钻偏。

(2)装夹钻头。锥柄钻头直接装在尾架套筒的锥孔中,直柄钻头用钻夹夹持。钻头锥柄和尾架套筒的锥孔必须擦干净,套紧。

(3)调整尾架位置。钻削时,切削速度不应过大,以免钻头剧烈磨损。开始钻削时宜慢进给,以使钻头能准确地钻入工件,然后加大进给速度。孔将钻通时,需降低进给速度,以防折断钻头。孔钻通后,先退出钻头,后停车。钻直径大于 30mm 的孔,由于轴向力较大,难以一次钻出,应先钻出一个较小的孔(钻头选择一般为名义孔径的 0.2～0.4 倍),然后再将孔扩大至所要的尺寸。在钻孔之前,一般先用中心钻钻中心孔,用作钻头定位。钻削过程中,需经常退出钻头排屑。钻削碳素钢时,须加冷却液。

2)钻孔加工时的注意事项

(1)选择适当的切削速度。钻孔时的切削速度直接影响着生产效率的高低,因此不应过低;但也不宜过快,过快会"烧坏"钻头。钻孔时切削速度的选择与加工工件孔径、加工质量和材料有关。

(2)钻深孔时的排屑问题。钻深孔时应及时把切屑排出,避免因切屑不能排出而导致内孔表面粗糙,甚至会使钻头与工件产生"咬死"现象。

(3)保证钻头的正确定心。钻头定心的准确与否对钻孔加工是一个十分重要的条件,要避免导致孔的歪斜。

(4)保证切削液的供给。钻削是一种半封闭式的切削，钻削时所产生的热量，虽然也由切屑、工件、刀具和周围介质传出，但它们之间的比例却和车削大不相同。例如，用标准麻花钻不加切削液钻钢料时，工件吸收的热量约占 52.5%，钻头约占 14.5%，切屑约占 28%，而介质仅占 5%左右。一般情况下，钻削加工钢件时需用乳化液作为切削液，而加工铸铁和铜类工件不需要切削液，当材料硬度较高时需用煤油作为切削液。

3. 车孔

车孔是对已锻出、铸出或钻出的孔做进一步加工。车孔可扩大孔径、提高精度、降低表面粗糙度，还可以较好的纠正原来孔轴的偏斜。车孔可分为粗镗、半精镗、精镗。精镗可达到的尺寸公差等级为 IT8～IT7，表面粗糙度值为 $Ra1.6$～$0.8\mu m$，车孔及所用的镗刀如图 7-29 所示。

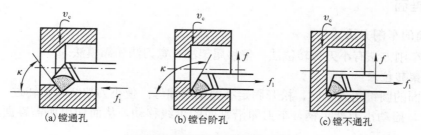

(a)镗通孔   (b)镗台阶孔   (c)镗不通孔

图 7-29 镗孔及所用的镗刀

1) 常用车刀

(1)通孔车刀

为减小径向切削力和减小刀杆的弯曲变形，一般镗刀主偏角为 45°～75°，常取 60°～70°。

(2)不通孔车刀

车台阶孔和不通孔用的车刀，其主偏角 $\kappa_{\gamma} > 90°$，一般取 95°。

2) 车刀的安装

(1)刀杆伸出刀架外的长度应尽量短，以增加刚性，避免因刀杆弯曲变形而使孔产生锥形误差。

(2)刀尖应略高于工件旋转中心，以减小振动和扎刀现象，防止车刀下部碰坏孔壁，影响加工精度。

(3)刀杆要装正，不能歪斜，以防刀杆碰坏已加工表面。

3) 工件的装夹

(1)对于铸出或锻出的毛坯孔，在装夹时一定要根据内、外圆进行整体找正，既要保证内孔全部有加工余量，又要兼顾非加工表面的相互位置基本对称。

(2)装夹薄壁孔件，不宜将卡爪夹得过紧，否则工件产生变形，影响产品质量。对精度要求较高的薄壁孔类零件，在粗加工之后、精加工之前，可稍微将卡爪放松点，但夹紧力要大于切削力，然后再精加工。

4) 车孔方法

由于车刀刚性较差，容易产生变形和振动。为了保证车孔质量，车孔往往需要比精车外圆还要小的进给量和吃刀量，并要进行多次走刀。精镗时，一定要采用试切的方法。

车台阶孔和不通孔时，应在刀杆上用粉笔或划针作记号，以控制车刀进入的长度，如

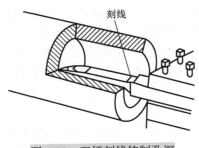

图 7-30　刀杆刻线控制孔深

图 7-30 所示。

5) 车孔的加工特点

(1)因受孔径的限制,孔加工刀具刀杆细长,刀头较小,刀具的强度、刚性较差,易产生变形与振动,往往只能采用较小的切削用量,所以生产效率较低。

(2)刀具伸进孔内进行切削,切削热不易散失,铁屑不易排除,工件易产生变形和热胀冷缩现象。

(3)车孔生产效率较低,但车刀制造简单,大直径和非标准直径的孔都可使用,通用性强。

7.6.5　车锥面

1. 锥面的车削方法

锥面的车削方法有小刀架转位法、偏移尾架法、宽刀法和靠模法。

1) 小刀架转位法

当外锥面的圆锥角为 α 时,松开固定小刀架的螺母,使小刀架绕转盘转过一个 $\alpha/2$,再把螺母固紧,摇动小刀架手柄,车刀即沿锥面的母线移动,从而切出所需锥面,如图 7-31 所示。

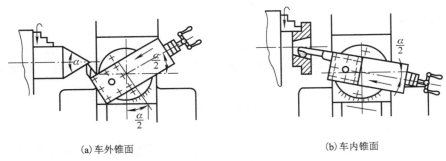

(a)车外锥面　　　　　　　　　　　(b)车内锥面

图 7-31　小刀架转位法车内外锥面

此法操作简单,能加工任意锥角的内外锥面,但因受小刀架行程的限制,不能加工较长的锥面。

2) 偏移尾架法

偏移尾架法如图 7-32 所示,它只能用来加工轴类零件或安装在心轴上的盘套零件的锥面。工件或心轴安装在前后顶尖之间,将后顶尖向前后向后偏移一定距离 S,使工件回转轴线与车床主轴轴线的夹角等于工件圆锥斜角 $\alpha/2$。当刀架自动或手动纵向进给时,即可车出所需的锥面。

3) 宽刀法

宽刀(样板刀)车削圆锥体时依靠车刀主切削刃垂直切入,直接车出圆锥。它适用于车削圆锥斜角较大、长度较短的内外圆锥体(图 7-33)。

使用样板刀应注意:刀刃必须平直,刃倾角为零,主偏角等于工件的半锥角 $\alpha/2$;装夹时必须保持刀尖与工件中心等高。用此法加工的工件表面粗糙度值可达到 $Ra3.2\sim1.6\mu m$。

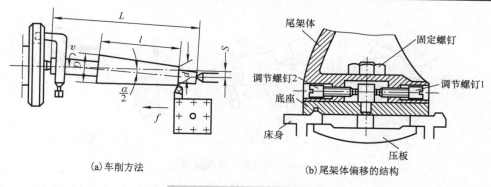

(a) 车削方法　　　　　　　　　　(b) 尾架体偏移的结构

图 7-32　偏移尾架法车外锥面

4) 靠模法

靠模法车锥面与靠模法车成型面的原理和方法类似，只要将成型面靠模改为斜面靠模即可。

2. 圆锥车削加工容易产生的问题和注意事项

(1) 车刀必须对准工件旋转中心，避免产生双曲线(母线不直)误差。

(2) 车圆锥体前圆柱直径一般应按圆锥体大端直径放余量 1mm 左右。

(3) 车刀刀刃要始终保持锋利，工件表面应一刀车出。

(4) 应两手握小滑板手柄，均匀移动小滑板。

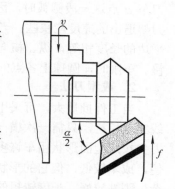

图 7-33　宽刀车削圆锥体

(5) 粗车时，进给量不宜过大，应先找正锥度，以防工件车小而报废。一般留精车余量 0.5mm。

(6) 用量角器检查锥度时，测量边应通过工件中心。用套规检查，工件表面粗糙度要小，涂色要薄而均匀，转动一般在半周之内，多则易造成误判。

(7) 在转动小滑板时，应稍大于圆锥半角，然后逐步找正。当小滑板角度调整到相差不多时，只需把紧固螺母稍松一些，用左手拇指紧贴在小滑板转盘与中滑板底盘上，用铜棒轻轻敲小滑板所需找正的方向，凭手指的感觉决定微调量，这样可较快地找正锥度。注意要消除滑板间隙。

(8) 小滑板不宜过松，以防工件表面车削痕迹粗细不一。

(9) 当车刀在中途刃磨以后装夹时，必须重新调整，使刀尖严格对准工件中心。

7.6.6　车成型面

由曲线回转而形成的面称为成型面。对于这类零件的加工，应根据零件的特点、加工要求、批量大小等不同情况，分别采用双手控制法、成型刀法和靠模法等加工方法。

1. 双手控制法

首先用外圆车刀按成型面形状粗车许多台阶(图 7-34(a))；然后用双手控制圆弧车刀同时作纵向和横向进给，车去台阶峰部并使之基本成型(图 7-34(b))；再用样板检验(图 7-34(c))；并需要经过多次车削修整和检验形状合格后尚需用砂纸和纱布适当打磨，加工的表面粗糙度值可达 $Ra12.5\sim3.2\mu m$。适用于单件小批量生产中加工精度不高的成型面。

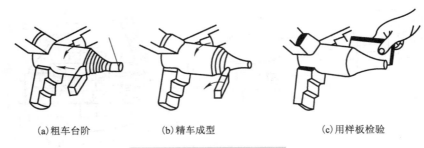

(a)粗车台阶　　　　　(b)精车成型　　　　　(c)用样板检验

图 7-34　普通车刀车削成型面

　　用此法车削成型面的关键是双手摇动车柄的速度配合是否恰当，如图 7-35 所示。当用车刀车 *a* 点这一段圆弧时，因这部分材料垂直边短，水平边长，所以中拖板前进的速度慢，小刀架退出的速度应快些；当车刀移到 *b* 点时，要车去 *b* 点的这以小部分材料，其垂直边与水平边的长度相等，纵、横向边短，因此中拖板向前移动的速度应快，而小刀架退出的速度应慢。车削时，圆球上各点的斜度不一，所以各点双手控制的速度均不相同。

2. 成型刀法

　　当工件批量大，可采用成型车刀车削。样板车刀(成型刀)的刀刃曲线与形成成型面的母线完全相符，只需一次横向进给即可车削成型。有时为了减小成型刀材料的切除量，可先用刀尖按成型面形状粗车许多台阶，再用成型刀精车成型。这种成型刀的制造和刃磨都比较方便，成本较低，但它的形状不十分准确。因此，通常用于批量较大的生产中，车削形状不复杂、刚性较好、长度较短的成型面，如图 7-36 所示。

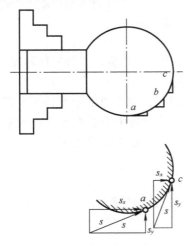

图 7-35　车削圆球时的速度分析

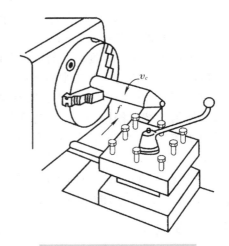

图 7-36　用成型车刀车成型面

3. 靠模法

　　图 7-37 为用靠模法车手柄的成型面。靠模安装在车床的后面，车床的中滑板需要与横丝杆脱开，其前端连接板上装有滚柱当床鞍纵向自动进给时，滚柱即沿靠模的曲线移动，从而带动中滑板和车刀作曲线移动，同时用小刀架控制背吃刀量，即可车出手柄的成型面。

　　靠模法加工成型面，操作简单，生产率高，多用于成批生产中车削长度较大、形状较为简单的成型面。

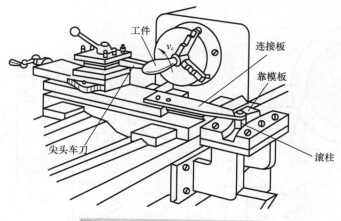

图 7-37 用靠模法车手柄的成型面

7.6.7 车螺纹

螺纹在机器的零部件中起着连接、传动的功能。就螺纹的形状、用途可分为三角形螺纹、梯形螺纹、矩形螺纹(图 7-38)。其中三角形螺纹作连接和紧固之用,矩形和梯形螺纹作传动之用。各种螺纹又有右旋、左旋和单线、多线之分,其中以单线、右旋的三角形螺纹应用最广。

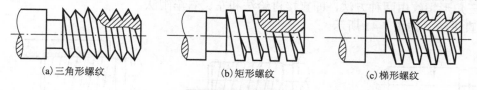

(a)三角形螺纹   (b)矩形螺纹   (c)梯形螺纹

图 7-38 螺纹的种类

1. 螺纹的车削加工

1)传动原理

车螺纹时,为获得准确螺距,必须用丝杠带动刀架进给,对于单头螺纹,工件每转一周,刀具移动的距离等于工件螺距。

2)螺纹车刀及安装

牙型角 α 的保证,取决于螺纹车刀的刃磨和安装。

车刀刃磨的要求如图 7-39 所示,车刀的刀尖等于螺纹轴向剖面的牙型角 α,且前角 $\gamma = 0°$。粗车螺纹时,为了改善切削条件可用有正前角的车刀($\gamma = 5° \sim 15°$)。

尽管车刀用样板磨得一丝不差,但若安装不合理,也会导致加工出的螺纹有误差。因此安装车刀时,要用样板对刀,保证刀尖角的对分线垂直于工件轴线,以防牙型角产生偏斜,如图 7-40 所示。刀杆悬伸长短相宜,垫片数量少,以防振动。

3)机床调整及工件安装

车刀装好后,必须要对机床进行调整,查找车床铭牌,将进给箱上的丝杠、光杠选择手柄选择到丝杠位置。此时进给箱中光杠进给机构脱开,丝杠传动机构运行;根据螺距大小选择好手柄位置,即确定好主轴每转一圈床鞍在丝杠的带动下移动的距离。主轴最好采用低速工作,有较充分的时间退刀。为使刀具移动均匀、平稳,须调整中滑板导轨间隙和小刀架丝杠与螺母的间隙。

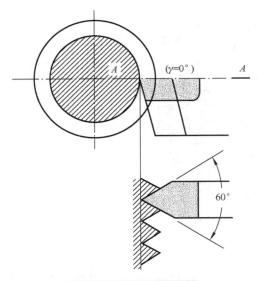

图 7-39　车刀刃磨的角度

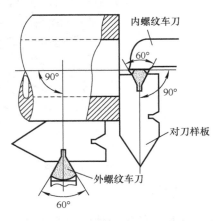

图 7-40　内外螺纹车刀对刀方法

4) 操作方法

车三角形螺纹由两种方法，即直接进给法和左、右车削法。

(1) 直进法。如图 7-41 所示。

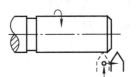

(a) 开车，使车刀与工件轻微接触，记下刻度盘读数，向右退出车刀

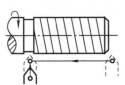

(b) 合上对开螺母，在工件表面上车出一条螺旋线，横向退出车刀，停车

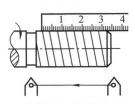

(c) 开反车使车刀退到工件右端，停车，用钢尺检查螺距是否正确

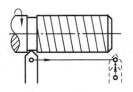

(d) 利用刻度盘调整切深，开车切削

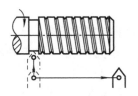

(e) 车刀将至行程终了时，应做好退刀停车准备，先快速退出车刀，然后停车，开反车退回刀架

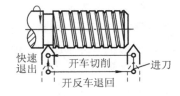

(f) 再次横向进切深，继续切削，其切削过程的路线如图所示

图 7-41　直进法车螺纹

(2) 左右车削法。直进法车削螺纹时，车刀两侧同时参加切削，刀具受力大，排屑不利。车螺距较大的螺纹时，多采用左、右切削法，左、右切削法的特点是使车刀只有一条刀刃参加切削，其操作方法与直进法基本相同，只是在每次进刀的同时，用小刀架向左、右移动一小段距离。这样重复切削，直至螺纹的牙型全部车好。

　　为操作方便，粗车时用小刀架只向一个方向移动，精车时须一次左、一次右的移动，分别将螺纹的两侧修光。

2. 如何防止"乱扣"

　　车削螺纹时需经过多次走刀才能完成。当车完一刀再车另一刀时，必须保证车刀总是落在已切的螺纹槽中，否则就叫"乱扣"，致使工件报废。

　　"乱扣"现象主要是车床丝杠的螺距与工件螺距不是整数倍而造成的。即当 $P_{丝}/P$=整数倍时，每次车到位置之后，可打开"对开螺母"，纵向摇回刀架，不会乱扣；若 $P_{丝}/P\neq$ 整数时，则不能打开"对开螺母"摇回刀架，而只能打反车（即主轴反转），使刀架纵向退回。

　　为了避免乱扣，必须注意以下事项。

　　(1)中滑板和小刀架与导轨之间不宜过松，否则应调整镶条。

　　(2)不论在卡盘上还是在顶尖上，工件与主轴之间的相对位置不能变动。

　　(3)在车削过程中，如果换刀或磨刀，均应重新对刀。对刀方法如图 7-42 所示。先闭合对开螺母，使车刀处于"1"位置；开车将刀架向前移动一段距离，使车刀处于"2"位置，以消除丝杠与螺母之间的间隙；再摇动小刀架和中滑板，使车刀落入原来的螺纹槽中，车刀处于"3"位置；最后将车刀至螺纹右端相距数毫米处，以便继续切削。

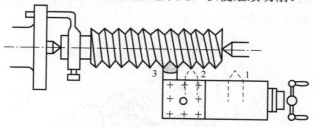

图 7-42　换刀后的对刀方法

　　例：车床的丝杠螺距为 6mm，加工工件的螺距为 1.5、3、12mm 三种螺纹，判断是否会产生乱扣现象。

　　(1) $P_{丝}/P$=6/1.5=4，即丝杠转一转，工件转过 4 转，不会乱扣。

　　(2) $P_{丝}/P$=6/3=2，即丝杠转一转，工件转过 2 转，不会乱扣。

　　(3) $P_{丝}/P$=6/12=0.5，丝杠转一转，工件转过半转。车第二刀时，车刀刀尖正好切在牙上，产生乱扣。

　　因此，车螺纹时，为了避免乱扣，必须先算出乱扣数。首先确定是不是会乱扣的工件。会乱扣的须用开正、反车的方法，消除乱扣。正、反车（倒顺车）操作方法如下：当车完一刀时，立即将车刀横向退出，不打开对开螺母，并及时开反车（工件反转），使车刀纵向退回原位置，然后重新吃刀，如此反复，直至把螺纹车好为止。由于对开螺母与丝杠始终吻合，刀尖也就永远会准确地再一条固定的螺旋槽内切削。因此用这个方法加工任何一种螺距，都不会发生"乱扣"现象。

3. 三角形螺纹的测量

　　当螺纹加工好后，检验加工零件的量具具有螺纹扣规和螺纹量规两种，如图 7-43 所示。

　　(1)扣规。测量螺距的量具，由一套钢片所组成，每个片上都制有一种螺距的螺纹断面，测量时只需将钢片沿轴线扣入螺旋槽内，如果螺纹与扣规完全吻合，则工件合格。

(a)螺纹扣规

(b)螺纹量规

图 7-43　螺纹量规

(2)螺纹量规。综合性检验量具，分为塞规和环规两种，塞规检验内螺纹，环规检验外螺纹，并由通规、止规两件组成一副。螺纹工件只有在通规可通过、止规通不过的情况下为合格，否则零件为不合格品。

7.6.8　滚花

有些工具和机器零件的捏手部分为了增加摩擦力和使零件表面美观，常常在零件表面上滚出不同的花纹，如千分尺的套管，各种滚花螺帽等。这些花纹一般是在车床上用滚花刀滚压而成的，如图 7-44 所示。

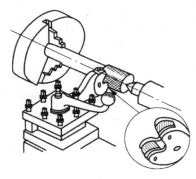

图 7-44　滚花方法

1. 滚花的种类

花纹一般有直纹和网纹两种，并由粗细之分，花纹的粗细根据节距不同分为粗纹、中纹和细纹三种：粗花纹节距是 1.2mm 和 1.6mm，中花纹节距是 0.8mm，细花纹节距是 0.6mm。

2. 滚花刀

滚花刀有单轮、双轮和六轮 3 种(图 7-45)。单轮滚花刀通常是滚直纹用的。双轮滚花刀是滚网纹用的，由一个左旋和一个右旋滚花刀组成一组。六轮滚花刀时把网纹节距不等 3 组滚花刀装在同一特制刀杆上，使用时可以很方便地根据需要选用粗、中、细不同的节距。滚花刀的直径一般为 20～25mm。

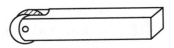

(a)单轮滚花刀

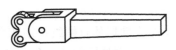

(b)双轮滚花刀

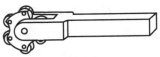

(c)六轮滚花刀

图 7-45　滚花刀

滚花是用滚花刀来挤压工件，使其表面产生塑性变形而形成花纹，加工步骤如下。

(1)滚花前，先根据花纹的粗细，把工件滚花部分的直径车小 0.25～0.5mm。

(2)装夹滚花刀，滚花刀的表面与工件表面平行，滚花刀中心与工件中心一致。

(3)滚花刀接触工件时，必须用较大的压力进刀，使工件刻出较深的花纹，否则就容易乱纹，这样来回滚压 1～2 次，直至花纹凸出为止。

3．滚花时注意事项

(1)滚花时，滚花刀对工件产生的径向压力很大，所以滚花刀、工件要装夹牢固。

(2)在滚压过程中，要经常加润滑油和清除切屑，以免损坏滚花刀和防止滚花刀被切屑滞塞而影响花纹的清晰。在用毛刷加润滑油时，不许毛刷与工件和滚花刀接触。

(3)滚花时不准用手去触摸工件，以免发生事故。

7.7 典型零件车削工艺简介

1．零件图样分析

需加工的零件如图 7-46 所示。零件图样分析如下。

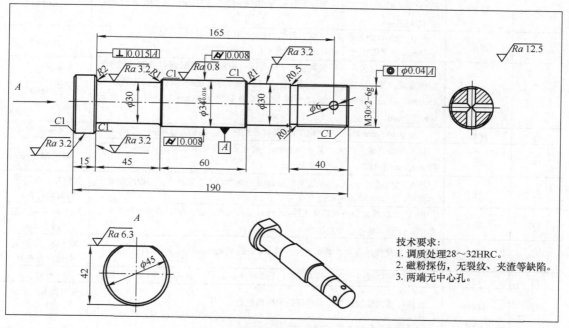

图 7-46 零件图

(1)连杆螺钉定位部分 $\phi34_{-0.016}^{0}$ mm 的表面粗糙度值为 $Ra0.8\mu m$，圆度公差为 0.008mm，圆柱度公差为 0.008mm。

(2)螺纹 M30×2 的精度为 6g，表面粗糙度值为 $Ra3.2\mu m$。

(3)螺纹头部支撑面，即靠近 $\phi30mm$ 杆径一端，对 $\phi34_{-0.016}^{0}$ mm 轴心线垂直度公差为 0.015。

(4)连杆螺钉螺纹部分与定位基准 $\phi34_{-0.016}^{0}$ mm 轴心线的同轴度公差为 $\phi0.04mm$。

(5)连杆螺钉体承受交变载荷作用，不允许材料有裂纹，夹渣等影响螺纹及整体强度的缺陷存在，因此，对每一根螺钉都要进行磁粉探伤检查。

(6)调质处理 28～32HRC。

(7)连杆螺纹材料 40Cr。

2. 连杆螺钉机械加工工艺过程卡(表 7-1)

表 7-1　连杆螺钉机械加工工艺过程卡

工艺号	工序名称	工序内容	工艺装备
1	下料	棒料 $\phi 60\text{mm} \times 125\text{mm}$	锯床
2	锻造	自由锻造成型，锻件尺寸：连杆螺钉头部为 $\phi 52\text{mm} \times 27\text{mm}$，杆部为 $\phi 41\text{mm} \times 183\text{mm}$，件总长 210mm(留有工艺余量)	空气锤
3	热处理	正火处理	电炉
4	划线	划毛坯两端中心孔线，照顾各部分加工余量	
5	钻	钻两端中心孔 A2.5，也可以在车床上加工	CA6146
6	粗车	以 $\phi 52 \times 27\text{mm}$ 定位夹紧(毛坯尺寸)，顶尖顶紧另一端中心孔，以毛坯外圆找正，将毛坯外圆 41mm 车至 37mm，长度 185mm	CA6140
7	粗车	夹紧 $\phi 37\text{mm}$，外圆，车另一端毛坯外圆 $\phi 52\text{mm}$ 至 $\phi 48\text{mm}$	CA6140
8	热处理	调质处理 28～32HRC	电炉
9	精车	修研两中心孔。夹紧 $\phi 48\text{mm}$(工艺过程尺寸)，顶紧另一端中心孔，车工艺凸台(中心孔处)外圆尺寸至 $\phi 25\text{mm}$，长 7.5mm，车 $\phi 37\text{mm}$，外圆至 $\phi 35\text{mm}$，长 178.5mm	CA6140
10	精车	夹 $\phi 35\text{mm}$(垫上铜皮)，车工艺凸台(中心孔部分) $\phi 25\text{mm} \times 7.5\text{mm}$，尺寸 $\phi 48\text{mm}$ 车至图样尺寸 $\phi 45\text{mm}$，倒角 C1	CA6140
11	精车	以两中心孔定位，卡环夹紧 $\phi 45\text{mm}$ 外圆，按图样车连杆螺钉各部分尺寸至图样要求，其中 $\phi 34_{-0.016}^{0}$ mm 处留量 0.5mm，保证连杆螺钉头部 45mm 长 15.1mm 总长 190mm，螺纹一端长出部分车至 $\phi 25\text{mm}$，车螺纹部分至 $\phi 30_{+0.15}^{+0.25}$ mm	CA6140
12	精车	夹紧 $\phi 34.5\text{mm}$ 外圆(垫上铜皮)，并以外圆找正，车螺纹 M30-6g，倒角 C1	环规
13	磨	以两中心孔定位装夹，磨 $\phi 34.5\text{mm}$，尺寸至图样要求 $\phi 34_{-0.016}^{0}$ mm，同时磨削 $\phi 45\text{mm}$ 右端面，保证尺寸 15mm	磨床 M1420
14	铣	用 V 形块或组合夹具装夹工件，铣螺纹一端中心孔工艺凸台，与螺纹端面平齐即可。注意不可碰伤螺纹部分	X6132、专用工装或组合夹具
15	铣	用 V 形块或组合夹具装夹工件，铣另一端工艺凸台，与 $\phi 45\text{mm}$ 端面平齐即可，注意不可碰伤倒角部分	X62W、专用工装或组合夹具
16	铣	用 V 形块或组合夹具装夹工件，铣 $\phi 45\text{mm}$ 处 42mm 尺寸为 $(42\pm0.1)\text{mm}$	X6132、专用工装或组合夹具
17	钻	用专用钻模或组合夹具装夹工件，钻 $2 \times \phi 6\text{mm}$ 孔，以 $42\pm0.1\text{mm}$ 侧面定位	Z512
18	检验	按图样要求检验各部，并进行磁粉探伤检查	专用检具、磁粉探伤机
19	入库	涂防锈油、包装入库	

3. 工艺分析

(1)连杆螺钉在整个连杆组件中是非常重要的零件，其承受交变载荷作用，易产生疲劳断裂，所以本身要有较高的强度，在结构上，各变径的地方均以圆角过渡，以减少应力集中。在定位尺寸 $\phi 34_{-0.016}^{0}$ 两边均为 $\phi 30$ 尺寸，主要是为了装配方便。在 $\phi 45$ 圆柱头部分铣一平面(尺寸 42)，防止在拧紧螺钉时转动。

(2)毛坯材料为 40Cr 锻件，根据加工数量的不同，可以采用自由锻或模锻，锻造后要进行正火。锻造的目的是改善材料的性能。下料尺寸为 $\phi 60\text{mm} \times 125\text{mm}$。

（3）图样要求的调质处理应安排在粗加工后进行，为了保证调质变形后的加工余量，粗加工时就留有 3mm 的加工余量。

（4）连杆螺钉上不允许留有中心孔，在锻造时留下工艺余量，两边留有 $\phi25mm\times7.5mm$ 工艺凸台，中心孔钻在凸台上，中心孔为 A2.5。

（5）M30×2-6g 螺纹的加工，不宜采用板牙套螺纹的方法。应采用螺纹车刀，车削螺纹。

（6）热处理时，要注意连杆螺钉的码放、不允许交叉放置，以减小连杆螺钉的变形。

（7）为保证工件头部支撑面（即靠近 $\phi30$ 杆径一端）对其轴心线的垂直度要求，在磨削 $\phi34_{-0.016}^{0}$ 外圆时，一定要用砂轮靠近端面的方法，加工出支撑面来，磨削前应先修整砂轮，保证砂轮的圆角及垂直度。

（8）对连杆螺钉头部支撑面（即靠近 $\phi30mm$ 杆径一端）对中心线垂直的检验，可采用专用检具配合涂色法检查（图 7-47），专用检具材质为 40Cr。专用检具与工件 $\phi34_{-0.016}^{0}$ 相配的孔径应按工件实际公差分段配件。检验时将连杆螺钉支撑面涂色后与专用工具端面进行对研，当连杆螺钉头部支撑面与检具面的接触面在 90% 以上为合格。

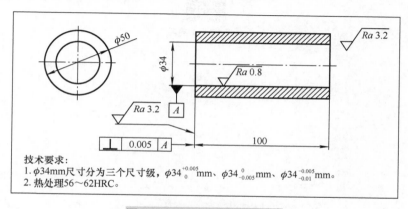

技术要求：
1. $\phi34mm$ 尺寸分为三个尺寸级：$\phi34_{0}^{+0.005}mm$、$\phi34_{-0.005}^{0}mm$、$\phi34_{-0.01}^{-0.005}mm$。
2. 热处理 56～62HRC。

图 7-47　检测垂直度专用检具

（9）螺钉 M30×2-6g 螺纹部分对 $\phi34_{-0.016}^{0}mm$ 定位直径的同轴度的检验，可采用专用检具（图 7-48）和标准 V 形铁配合进行。

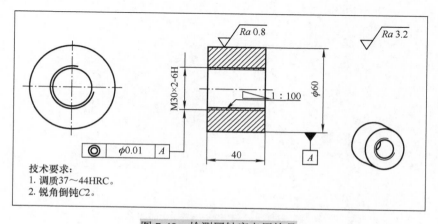

技术要求：
1. 调质 37～44HRC。
2. 锐角倒钝 C2。

图 7-48　检测同轴度专用检具

　　检查方法是先把连杆螺钉与锥度螺纹套旋合在一起，以连杆螺钉 34mm 为定位基准，放在 V 形铁上（V 形铁放在标准平板上），然后转动连杆螺钉，同时用百分表检测锥度螺纹套外径的跳动量，其百分表读数为误差值（图 7-49）。

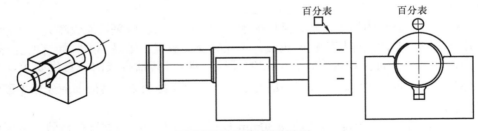

图 7-49　同轴度检测方法

第 7 章 车削加工

第8章 铣削加工

8.1 概　述

在铣床上用铣刀对工件进行的切削加工称为铣削加工。铣削是金属切削加工中常用的方法之一。铣削加工精度一般为 IT9～IT7，最高精度达 IT6，表面粗糙度一般为 $Ra6.3～3.2\mu m$，最小可达 $Ra0.8\mu m$。

铣削加工的特点如下。

(1)生产效率较高。铣削加工是用多刀刃的铣刀进行切削，铣削时有几个刀齿同时参加切削，总的切削宽度较大。铣削的主运动是铣刀的旋转运动，有利于高速铣削，所以铣削的生产率一般比刨削高。

(2)刀刃的散热条件好。铣刀刀齿在切离工件的一段时间内，可以得到一定的冷却，散热条件较好。但切入和切离时热和力的冲击，会加速刀具的磨损，甚至可能引起硬质合金刀片的碎裂。

(3)铣削时易产生振动。　由于铣削时参加切削的刀齿数以及每个刀齿的切削厚度变化，会引起切削力和切削面积的变化，因此，铣削过程不平稳，容易产生振动。铣削过程的不平稳，限制了铣削加工质量和生产率的进一步提高。

(4)加工范围广。铣床加工范围很广，主要用来加工各类平面、沟槽、成型面、螺旋槽、齿轮和其他特殊形面，也可以进行钻孔、铰孔、镗孔，如图 8-1 所示。

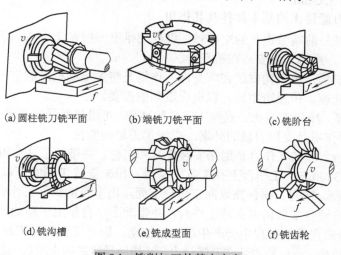

(a)圆柱铣刀铣平面　　(b)端铣刀铣平面　　(c)铣阶台

(d)铣沟槽　　(e)铣成型面　　(f)铣齿轮

图 8-1　铣削加工的基本内容

8.2　铣床种类

铣床的种类很多，常用的有卧式万能升降台式铣床、立式升降台式铣床和龙门铣床等。

卧铣

8.2.1 卧式万能升降台式铣床

如图 8-2 所示为 X6132 型卧式万能铣床，所谓万能是指其适应强、加工范围广；卧式是指铣床主轴轴线与工作台台面平行。

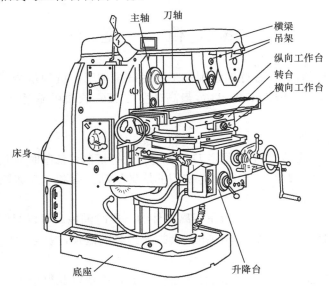

图 8-2 X6132 型卧式万能铣床

1. X6132 型万能铣床其型号具体含义

X——类别，铣床类；6——组别，卧式铣床组；1——型别，万能升降铣床型；32——主参数，工作台宽度 320mm。

2. X6132 型万能铣床的基本部件及其作用

（1）主轴。主轴是前端带锥孔的空心轴，锥孔的锥度一般是 7∶24。将带孔铣刀安装在刀轴（也称刀杆）上后，再将刀轴安装在锥孔中。

（2）主轴变速机构。该机构安装在床身内，作用是将主电动机的额定转速通过齿轮变速，变换成 18 种不同转速，传递给主轴，以适应铣削的需要。

（3）横梁及挂架。横梁安装在卧式铣床床身的顶部，可沿顶部导轨移动。横梁上装有吊架。横梁和吊架的主要作用是支持刀轴的外端．以增加刀轴的刚性。

（4）纵向工作台。纵向工作台是用来安装夹具和工件，并带动工件作纵向移动，其长度为 1250mm，宽度为 320mm。工作台上有 3 条 T 型槽，用来安放 T 形螺钉以固定夹具或工件。

（5）横向工作台。横向工作台在纵向工作台下面，用来带动纵向工作台作横向移动。

（6）升降台。升降台主要用来支持工作台，并带动工作台作上下移动。升降台的刚性和精度要求都很高，否则在铣削过程中会产生很大的振动，影响工件的加工质量。

（7）进给变速机构。该机构安装在升降台内，其作用是将进给电动机的额定转速通过齿轮变速，变换成 18 种转速传递给进给机构，实现工作台移动的各种不同速度，以适应铣削的需要。

（8）底座。底座是整部机床的支承部件，具有足够的刚度和强度，其内腔盛装切削液。

（9）床身。床身是机床的主体，其刚性、强度和精度对铣削效率和加工质量影响很大，因此，床身一般用优质灰铸铁做成箱体结构。床身上的导轨和轴承孔是重要部位，必须经过精密加工和时效处理，以保证其精度和耐用度。

8.2.2 立式铣床

立式升降台铣床，简称立式铣床。主要特征是主轴与工作台台面垂直，升降台式万能回转头立式铣床如图 8-3 所示。立式铣床安装主轴的部分称为立铣头，立铣头与床身结合处呈转盘状，并有刻度。立铣头可按工作需要，在垂直方向上左右扳转一定角度。

立铣

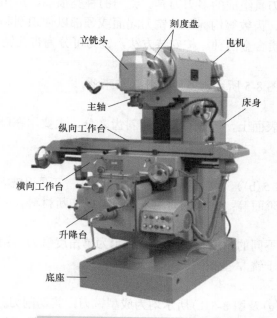

图 8-3　升降台式万能回转头立式铣床

8.2.3 龙门铣床

X2010 型龙门铣床外形如图 8-4 所示，主要由水平铣头，立柱，垂直铣头，连接梁，进给箱，横梁，床身，工作台等组成。该铣床有强大的动力和足够的刚度，因此可使用硬质合金面铣刀进行高速铣削和强力铣削，一次进给可同时加工 3 个方位的平面，确保加工面之间的位置精度，且具有较高的生产率，适用于大型工件精度较高的平面和沟槽加工。

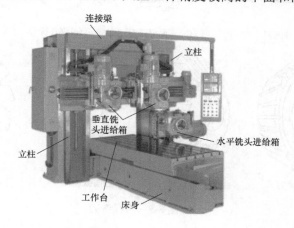

图 8-4　X2010 型龙门铣床外形

8.3 铣 刀

8.3.1 铣刀种类

铣刀是由几组单刃刀具组成的多刃刀具。铣刀的种类很多，结构各异，各种铣刀的主要几何参数如外径、孔径、齿数等均标印在铣刀端面或颈部以便识别和方便使用。常用的铣刀刀齿材料有高速钢和硬质合金两种。按安装方法，铣刀可分为带孔铣刀和带柄铣刀两大类。

1. 带孔铣刀

常用的带孔铣刀如图 8-5 所示，多用在卧式铣床上。

1)圆柱铣刀

其刀齿分布在圆柱表面上，一般有直齿和斜齿之分，主要用在卧式铣床上铣削中小型平面，如图 8-5(a)所示。

2)圆盘铣刀

如三面刃铣刀(图 8-5(b))、锯片铣刀(图 8-5(c))等。三面刃铣刀主要用于加工不同宽度的沟槽及小平面、小台阶面等；锯片铣刀用于铣窄槽或切断材料。

3)角度铣刀

这类铣刀具有各种不同的角度，图 8-5(f)所示为单角度铣刀，用于加工斜面；图 8-5(g)所示为双角度铣刀，用于铣 V 型槽等。

4)成型铣刀

图 8-5(d)、图 8-5(g)及图 8-5(h)所示均为成型铣刀，其切削刃分别呈齿槽形、凸圆弧形和凹圆弧形，主要用于加工与切削刃形状相对应的齿槽、凸圆弧面和凹圆弧面等成型面。

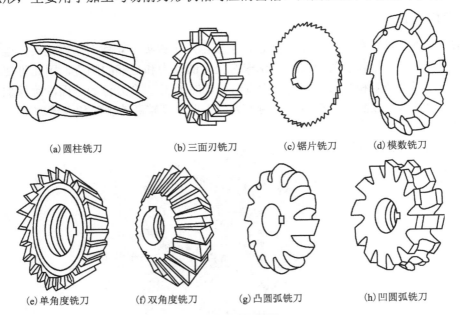

(a)圆柱铣刀   (b)三面刃铣刀   (c)锯片铣刀   (d)模数铣刀

(e)单角度铣刀   (f)双角度铣刀   (g)凸圆弧铣刀   (h)凹圆弧铣刀

图 8-5 带孔铣刀

2. 带柄铣刀

常用的带柄铣刀如图 8-6 所示，多用在立式铣床上。

1) 端铣刀

刀齿分布在铣刀的端面和部分圆柱面上，一般用于立式铣床加工大平面，由于可进行高速铣削，生产率较高，如图 8-6(a) 所示。

2) 立铣刀

立铣刀有直柄和锥柄之分，多用于加工沟槽、小平面和台阶面等，如图 8-6(b) 所示。

3) 键槽铣刀

用于加工封闭式键槽，如图 8-6(c) 所示。

4) T 形槽铣刀

用于加工 T 形槽，如图 8-6(d) 所示。

5) 燕尾槽铣刀

用于加工燕尾槽，如图 8-6(e) 所示。

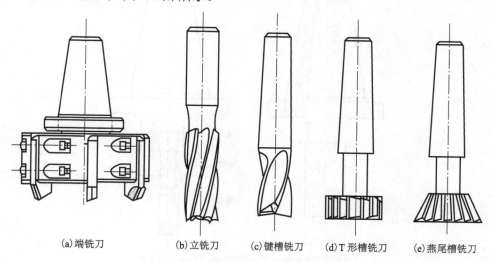

　(a) 端铣刀　　　(b) 立铣刀　　(c) 键槽铣刀　　(d) T 形槽铣刀　　(e) 燕尾槽铣刀

图 8-6　带柄铣刀

8.3.2　铣刀的安装

铣刀在铣床上的安装形式，由铣刀的类型、使用的机床及工件的铣削部位所决定。

1. 带孔铣刀的安装

刀杆将带孔铣刀安装在卧式铣床上，根据情况选用长刀杆或短刀杆，图 8-7 为长刀杆的安装图示。用长刀杆安装带孔铣刀时应注意以下几点。

(1) 铣刀尽可能靠近主轴，以保证铣刀杆的刚度。

(2) 套筒的端面和铣刀的端面必须擦干净，以减少铣刀的跳动。

(3) 拧紧刀杆的压紧螺母时，必须先装上吊架，以防刀杆受力弯曲。

2. 带柄铣刀的安装

带柄铣刀又分锥柄铣刀和直柄铣刀。

锥柄铣刀可通过变锥套安装在锥度为 7：24 锥孔的刀轴上，再将刀轴安装在主轴上。直柄铣刀多用专用弹性夹头安装，一般直径不大于 20mm。图 8-8 所示为带柄铣刀的安装。

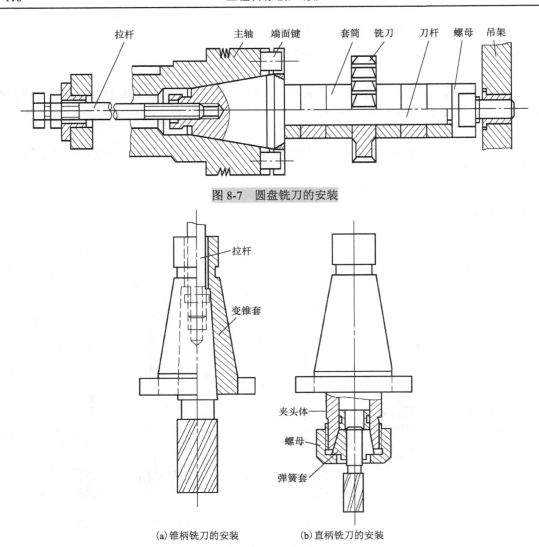

拉杆　　　主轴　端面键　　套筒　铣刀　刀杆　螺母　吊架

图 8-7　圆盘铣刀的安装

拉杆

变锥套

夹头体

螺母

弹簧套

(a)锥柄铣刀的安装　　　　　　(b)直柄铣刀的安装

图 8-8　带柄铣刀的安装

8.4　铣 削 加 工

8.4.1　铣削运动

1. 主运动

铣削时，铣刀安装在铣床主轴上，其主运动是铣刀绕自身轴线的高速旋转运动。

2. 进给运动

铣削平面和沟槽时，进给运动是直线运动，大多由铣床工作台完成，加工回转体表面时，进给运动是旋转运动，一般由旋转工作台完成。

8.4.2　铣削用量

铣床的铣削用量由铣削速度 v_c、进给量 f、铣削宽度 a_e 和铣削深度 a_p 组成，如图 8-9 所示。

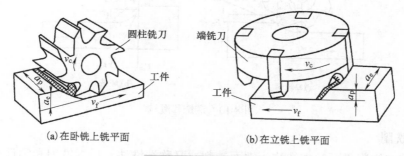

(a) 在卧铣上铣平面　　　　　　(b) 在立铣上铣平面

图 8-9　铣削用量要素

1. 铣削速度 v_c (m/min)

铣削速度指铣刀外圆上刀刃运动的线速度，其计算公式为

$$v_c = \frac{\pi d n}{1000} \quad (\text{m/min})$$

式中，d 为铣刀直径，mm；n 为铣刀转速，r/min。

2. 进给量 f

在单位时间内工件与铣刀的相对位移量。

铣削进给量有 3 种表示方式。

(1) 每分进给量 v_f (mm/min)，又称进给速度，指每分钟内工件相对铣刀的移动量。

(2) 每转进给量 f (mm/r)，铣刀转过一圈时，工件相对铣刀沿进给方向移动的距离。

(3) 每齿进给量 f_z (mm/z)，铣刀每转过一个刀齿，工件相对铣刀沿进给方向移动距离。

三者关系为

$$v_f = f n = n z f_z$$

8.4.3　铣削方式

铣削平面时，铣削方式有圆周铣削和端面铣削。

1. 圆周铣削

用圆柱铣刀铣削平面的方法称为圆周铣削，又称周铣法。周铣法又可分为逆铣和顺铣两种铣削方式，如图 8-10 所示。在切削部位刀齿的旋转方向和零件的进给方向相反时，为逆铣；相同时，为顺铣。

从提高刀具寿命和零件表面质量、增加零件夹持的稳定性等观点出发，一般以采用顺铣法为宜。但是，工作台进给丝杠与固定螺母之间一般都存在间隙，间隙在进给方向的前方，就会使零件连同工作台和丝杠一起，向前窜动，造成进给量突然增大，甚至引起打刀。而逆铣时，铣削过程中工作台丝杠始终压向螺母，不致因为间隙的存在而引起零件窜动。所以，在实际生产中综合考虑仍采用逆铣法较多。

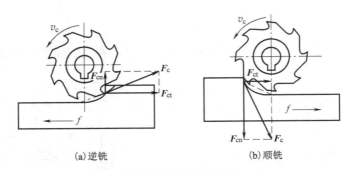

(a) 逆铣　　　　　　　　　　　(b) 顺铣

图 8-10　逆铣和顺铣

2. 端面铣削

用端面铣刀铣削平面的方法称为端面铣削，又称端铣法。根据铣刀和零件相对位置的不同，可分为对称铣、不对称逆铣、不对称顺铣 3 种铣削方式，如图 8-11 所示。

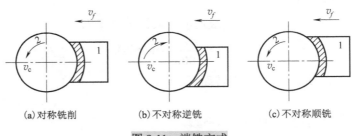

(a) 对称铣削　　　　　　(b) 不对称逆铣　　　　　(c) 不对称顺铣

图 8-11　端铣方式

1—工件；2—铣刀

3. 周铣法与端铣法的比较

如图 8-12 所示，周铣时，同时切削的刀齿数与加工余量有关，一般仅有 1～2 个，而端铣时，同时切削的刀齿数与被加工表面的宽度有关，而与加工余量无关，即使在精铣时，也有较多的刀齿同时工作。因此，端铣的切削过程比周铣平稳，有利于提高加工质量。

端铣刀的刀齿切入和切出零件时，虽然切削层厚度较小，但不像周铣时切削层厚度变为零，从而改善了刀具后刀面与零件的摩擦状况，提高了刀具耐用度，并可减小表面粗糙度。此外，端铣还可以利用修光刀齿修光已加工表面，因此端铣可达到较小的表面粗糙度。

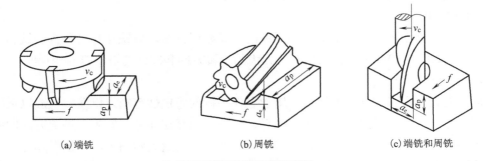

(a) 端铣　　　　　　　　　(b) 周铣　　　　　　　(c) 端铣和周铣

图 8-12　铣削方式及运动

端铣刀直接装夹在立式铣床的主轴端部，悬伸长度短，刀具系统的刚度较好，而圆柱铣刀安装在卧式铣床细长的刀轴上，刀具系统刚度远不如端铣刀。同时，端铣刀可方便地镶嵌硬质合金刀片，而圆柱铣刀多采用高速钢制造。所以，端铣时可以采用高速铣削，提高了生产效率，也提高了加工表面质量。

所以，在平面铣削中大都采用端铣法。但是，周铣法的适应性较广，可以利用多种形式的铣刀，除加工平面外还可较方便地进行沟槽、齿形和成型面等的加工，生产中仍常采用。

8.5 工件的装夹方式及铣床附件

工件在铣床上的装夹方法主要有平口钳装夹、回转工作台装夹、分度头装夹、万能铣头装夹、用螺栓压板装夹和用组合夹具或专用夹具装夹等方式。下面主要介绍常用的铣床附件。

8.5.1 平口钳

平口钳是机床上的通用夹具附件，适于装夹形状规则的小型工件，如图 8-13 所示。

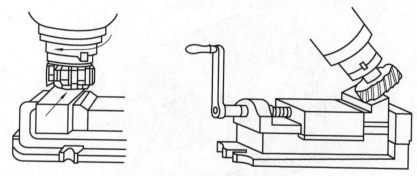

图 8-13 平口钳装夹工件

8.5.2 回转工作台

回转工作台又称转盘、平分盘、圆形工作台等，可进行圆弧面加工和较大零件的分度。回转工作台如图 8-14 所示。

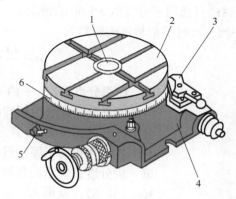

图 8-14 回转工作台

1—定位台阶圆与锥孔；2—工作台；3—离合器手柄拨块；
4—底座；5—锁紧手柄；6—刻度圈

8.5.3 万能分度头

在铣削工作中，常会遇到铣六方、齿轮、花键和刻线等工作。此时的工件，每铣过一个面或槽后，要按要求转过一定的角度，铣下一个面或槽，这种工作称为分度。

1. 万能分度头的结构

万能分度头如图 8-15 所示。分度头的底座内装有回转体，分度头主轴可随回转体在垂直平面内向上 90° 和向下 10° 范围内转动。主轴前端常装有三爪卡盘或顶尖。分度时拔出定位销，转动手柄，通过齿数比为 1:1 的直齿圆柱齿轮副传动，带动蜗杆转动，又经齿数比为 1:40 的蜗轮蜗杆副传动、带动主轴旋转分度。当分度头手柄转动一转时，蜗轮只能带动主轴转过 1/40 转。这时分度手柄所需转过的转数 n 为

$$n\frac{1}{40}=\frac{1}{z};\qquad n=\frac{40}{z}$$

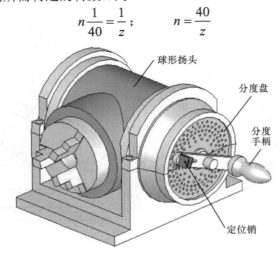

图 8-15　万能分度头结构图

2. 万能分度头分度方法

使用分度头进行分度的方法有简单分度、直接分度、角度分度和近似分度等。下面只介绍最常用的简单分度方法，该法只适用于分度数 z≤60 的情况。

例如，分度 z=35。每一次分度时手柄转过的转数为

$$n=\frac{40}{z}=\frac{40}{35}=\frac{8}{7}$$

即每分度一次，手柄需要转过 1 又 1/7 转。这 1/7 转是通过分度盘来控制的，一般分度头备有两块分度盘。分度盘如图 8-16 所示。分度盘两面都有许多圈孔，各圈孔数均不等，但同一孔圈上孔距是相等的。第一块分度盘的正面各圈孔数分别为 24、25、28、30、34、37；反面为 38、39、41、42、43，第二块分度盘正面各圈孔数分别为 46、47、49、51、53、54；反面分别为 57、58、59、62、66。

简单分度时，分度盘固定不动。此时将分度盘上的定位销拔出，调整孔数为 7 的倍数的孔圈上，即

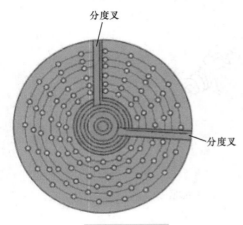

图 8-16　分度盘

35、42、49 均可。若选用 42 孔数，即 1/7=6/42。所以，分度时，手柄转过一转后，再沿孔数为 42 的孔圈上转过 6 个孔间距。

为了避免每次数孔的繁琐及确保手柄转过的孔数可靠，可调整分度盘上的两块分度叉之间的夹角，使之等于欲分的孔间距数，这样依次进行分度时就可以准确无误。

8.6 铣削加工基本方法

8.6.1 铣削水平面的方法和步骤

如图 8-17 所示矩形零件，材料为 45 钢，表面粗糙度 $Ra3.2\ \mu m$，各面铣削余量为 5mm。

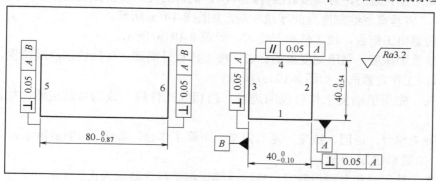

图 8-17 矩形零件图

1. 正确选择基准面及加工步骤

面 1 为主要设计基准 A，遵循基准重合的原则，现选面 1 为定位基准面。

加工顺序如图 8-18 所示。为了保证各项技术条件，加工中应注意以下几点。

（1）先加工基准面 1，然后用面 1 做定位基准面。

（2）加工面 2、面 3 时，既要保证其与 A 面的垂直度，也要保证面 2、面 3 之间的尺寸精度。

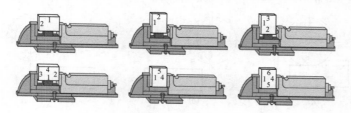

图 8-18 六面体零件的加工顺序

（3）加工面 5、面 6 两个端面时，为了保证其与 A、B 两基准均垂直，除了使面 1 与固定钳口贴合外，还要用角尺校正面 3 与工作台台面的垂直度。

2. 选择刀具和铣削用量

（1）选择铣刀：根据工件尺寸和材料，可选用直径为 80mm 的端铣刀，铣刀切削部分材料采用 YG8 硬质合金。

（2）选择铣削用量：材料按中等硬度考虑，选取铣削层深度 α_p =5mm；每齿进给量 f_z =0.15mm/Z；铣削速度 v_c =80m/min。经计算取 n =300r/min；v_f =190mm/min。

3. 检测

(1) 尺寸检测：用卡尺测量长、宽、高尺寸，达到 $80_{-0.87}^{0}$、$40_{-0.10}^{0}$、$40_{-0.54}^{0}$ 要求。

(2) 垂直度检测：两个相邻平面间的垂直度为 $\boxed{\perp\ |\ 0.05\ |\ A\ |\ B}$，一般用角尺测量，测量时，尺座紧贴基准 A 和 B，观其相邻面与角尺面的缝隙，缝隙若小于 0.05 为合格；反之不合格。

(3) 平行度检测：用百分表在平板上测量，若误差小于 $\boxed{\perp\ |\ 0.05\ |\ A}$ 为合格，反之不合格。

(4) 表面粗糙度检测：表面粗糙度一般都采用标准样块来比较。如果加工出的平面与 $Ra3.2\mu m$ 的样块很接近，说明此平面的表面粗糙度已符合图样要求。

4. 铣削平面的机床操作步骤

铣削平面的机床操作步骤如图 8-19 所示，具体叙述如下。

(1) 移动工作台对刀，刀具接近工件时开车，铣刀旋转，缓慢移动工作台，使工件和铣刀接触，停车，将垂直进给刻度盘的零线对准，如图 8-19(a) 所示。

(2) 纵向退出工作台，使工件离开铣刀，如图 8-19(b) 所示。

(3) 调整铣削深度。利用刻度盘的标志，将工作台升高到规定的铣削深度位置，然后，将升降台和横向工作台紧固，如图 8-19(c) 所示。

(4) 切入。先用手动使工作台纵向进给，当切入工件后，改为自动进给，如图 8-19(d) 所示。

(5) 下降工作台，退回。铣完一遍后停车，下降工作台，如图 8-19(e) 所示，并将纵向工作台退回，如图 8-19(f) 所示。

(6) 检查工件尺寸和表面粗糙度，依次继续铣削至符合要求为止。

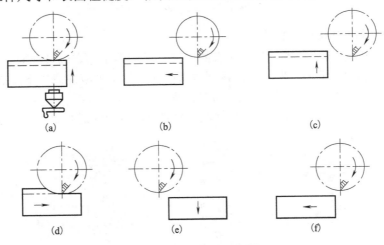

图 8-19　铣平面的步骤

8.6.2　铣削斜面的方法和步骤

斜面是指零件上与基准面呈倾斜角的平面，它们之间相交成一个任意的角度。铣斜面可采用下列方法进行加工。

1. 偏转工件铣斜面的几种方式

(1) 根据划线安装，如图 8-20(a) 所示。

(2) 使用倾斜垫铁安装，如图 8-20(b) 所示。

(3) 利用分度头安装，如图 8-20(c) 所示。

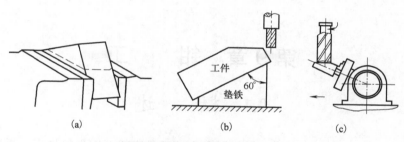

图 8-20　偏转工件角度铣斜面

2. 偏转铣刀铣斜面

这种方法通常在立式铣床或装有万能铣头的卧式铣床上进行。将铣刀轴线倾斜成一定角度，工作台采用横向进给进行铣削，如图 8-21 所示。

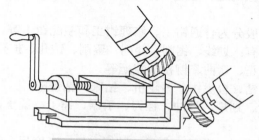

图 8-21　偏转铣刀角度铣斜面

调整铣刀轴线角度时，应注意铣刀轴线偏转角度 θ 值的测量换算方法：用立铣刀的圆柱面上的刀刃铣削时，$\theta=90°-\alpha$（式中 α 为工件加工面与水平面所夹锐角）；用端铣刀铣削时，$\theta=\alpha$，如图 8-22 所示。

3. 用角度铣刀铣斜面

铣小斜面的工件时，可采用角度铣刀进行加工，如图 8-23 所示。

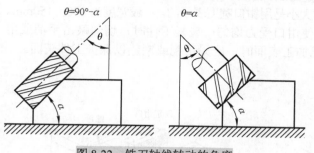

图 8-22　铣刀轴线转动的角度

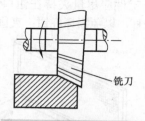

图 8-23　用角度铣刀铣斜面

第 8 章 铣削加工

第9章 钳 工

9.1 概 述

钳工是以手工操作为主,利用手持工具及电动工具完成对工件的加工、拆装、调整和修理等工作的操作,因常在钳工台上用虎钳夹持工件操作而得名。

钳工主要是手工作业,技术工艺较为复杂、加工操作细致、工艺要求高,作业质量在很大程度上依赖于操作者的技艺和熟练程度;具有使用工具简单、加工多样灵活、操作方便和适应能力强等特点。在机械制造和修配工作中,钳工仍是必不可少的重要工种,在保证产品质量中起着重要作用。

钳工的种类较多,一般分为普通钳工、修理钳工和装配钳工等。

钳工的基本操作主要有:划线、锯削、锉削、錾削、钻孔、扩孔、铰孔、锪孔、攻螺纹、套螺纹、刮削、研磨、校正、弯曲、铆接和装配等。

钳工的常用设备:台钻、台虎钳、砂轮机、钻床、钻铣床。

钳工常用工具:划针、划规、样冲、锉刀、手锯、锤子、錾子、刮刀、扳手、钳子、螺丝刀等。

钳工的常用量具:钢皮尺、卷尺、角尺、游标卡尺、高度尺、深度尺和各种游标量具、百分表、千分表、杠杆百分表、千分尺、内径千分尺、深度千分尺、三角尺和万能量角器等。一些量规:塞规、环规、螺纹塞规、锥形塞规、块规、卡规、量规附件、塞尺、角度块规、正弦规等,还有检验类的刀口尺、四棱规、光洁度样板、水平仪等。

近年来,各种电动、气动工具不断出现,为钳工操作提供了极大的便利,这些工具主要有电钻、电动/气动砂轮机(角磨机)、电动锯、电(气)动扳手、电动螺丝刀、砂磨机和电刨等。

钳工工作台如图 9-1 所示。台虎钳安装在工作台上,如图 9-2 所示。台虎钳分为固定式和回转式,其构造为丝杠和螺母传动。台虎钳大小是用钳口宽度表示的。一般宽度为 100~150mm。使用时,工件应尽量夹持在钳口中部,以使钳口受力均匀;夹紧工件时,切勿敲击手柄或用手柄接长杆,以免损坏虎钳;夹固工件的已加工表面时,应采用铜或铝垫以保护工件表面。

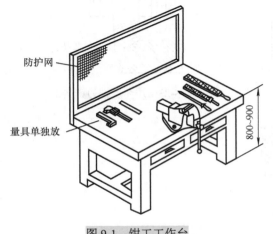

图 9-1 钳工工作台

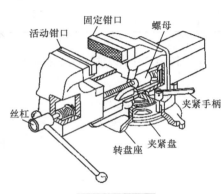

图 9-2 台虎钳

9.2 划 线

9.2.1 划线的分类及作用

划线是根据图纸尺寸要求，用划线工具在毛坯或半成品工件上划出待加工部位的轮廓线或作为基准的点、线的操作。

划线分为平面划线和立体划线。平面划线是在工件的一个平面上划线，如图 9-3(a) 所示；立体划线是在工件的几个表面上划线，即在长、宽、高 3 个方向划线，如图 9-3(b) 所示。

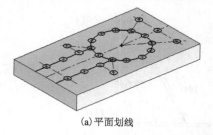

(a)平面划线   (b)立体划线

图 9-3 平面划线和立体划线

划线的作用为借助划线检查毛坯或工件的质量，并合理地分配各加工表面的余量，提高毛坯的合格率；确定工件上各加工表面的加工位置和余量，及早剔除不合格品，避免造成后续加工工时的浪费；在板料上划线下料，可做到正确排料，使材料得到合理使用。划线精度一般在 0.25~0.5mm。

9.2.2 划线的常用工具

划线工具按用途可分为基准工具、量具、直接绘划工具、夹持工具等，下面主要介绍前三类。

1. 基准工具

划线平台是划线的主要基准工具，如图 9-4 所示。其安放要平稳牢固，上平面应保持水平。划线平台的平面各处要均匀使用，以免局部磨凹，其表面不准碰撞也不准敲击，且要经常保持清洁。划线平台长期不用时，应涂油防锈，并加盖保护罩。

2. 量具

量具有钢直尺、90°角尺、高度尺等。普通高度尺(图 9-5(a))又称量高尺，由钢直尺和底座组成，使用时配合划针盘量取高度尺寸。高度游标卡尺(图 9-5(b))能直接表示出高度尺寸，其读数精度一般为 0.02mm，可作为精密划线工具。

3. 直接绘划工具

直接绘划工具常用的有划针、划线盘和样冲等。

(1)划针。图 9-6(a)、(b)是在工件表面划线用的工具，常用 $\phi 3 \sim \phi 6$mm 的工具钢或弹簧钢制成，其尖端磨成 15°～20° 的尖角，并经淬火处理。有的划针在尖端部位焊有硬质合金，这样划针更锐利、耐磨性更好。划线时，划针沿钢直尺或 90°角尺等导向工具移动，并向外侧倾斜为 15°～20°，向划线方向倾斜为 45°～75°，如图 9-6(c)所示。在划线时，要做到尽可能一次划成，使线条清晰、准确。

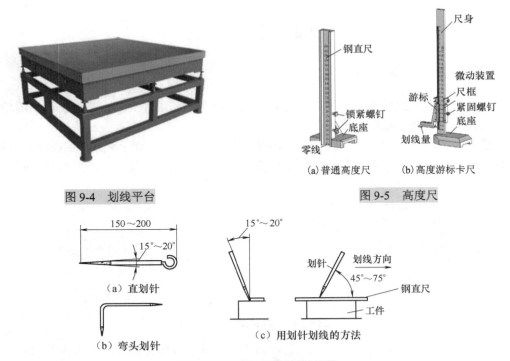

图 9-4　划线平台

图 9-5　高度尺

(a)普通高度尺　　　(b)高度游标卡尺

(a)直划针

(b)弯头划针

(c)用划针划线的方法

图 9-6　划针的种类及使用方法

(2)划线盘。如图 9-7 所示，主要用于立体划线和校正工件位置。用划线盘划线时，要注意划针装夹应牢固，伸出长度要短，以免产生抖动。其底座要保持与划线平台贴紧，不要摇晃和跳动。

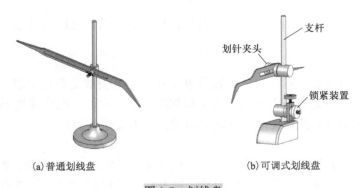

(a)普通划线盘　　　(b)可调式划线盘

图 9-7　划线盘

(3)样冲。图 9-8 所示是在划好的线上冲眼时使用的工具。样冲眼是为了强化显示用划针划出的加工界线，也是使划出的线条具有永久性的位置标记，另外它也可在钻孔时起定心作用。样冲用工具钢制成，尖端处磨成 45°～60° 角并经淬火硬化。打样冲眼时按图 9-8 中 1 的位置对齐，然后将样冲调整至与工件表面垂直状态(2 位置)，用锤子敲击而成。

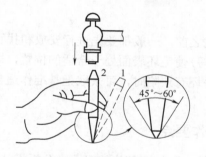

图 9-8　样冲及其用法

9.2.3　划线基准及其选择

1. 划线基准的选择原则

一般选择重要孔的轴线为划线基准(图 9-9(a)),若工件上个别平面已加工过,则应以加工过的平面为划线基准(图 9-9(b))。常见的划线基准选取如图 9-10 所示。

选择基准时尽量保持与设计基准一致,这样可以保证关键尺寸的精度。

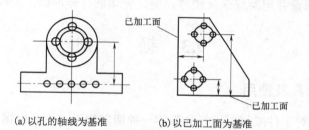

(a) 以孔的轴线为基准　　　　　　　(b) 以已加工面为基准

图 9-9　划线基准

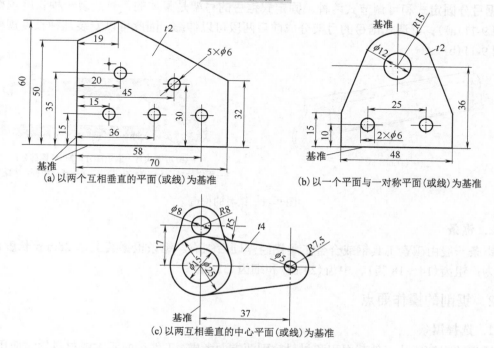

(a) 以两个互相垂直的平面(或线)为基准　　　(b) 以一个平面与一对称平面(或线)为基准

(c) 以两互相垂直的中心平面(或线)为基准

图 9-10　划线基准种类

2. 划线找正和借料

在对零件毛坯进行划线之前，一般都要先进行安放和找正工作。所谓找正，就是利用划线工具(如划针盘、直角尺等)使毛坯表面处于合适的位置，即需要找正的点、线或面与划线平板平行或垂直。当遇有毛坯有缺陷时，可采取把基准作适当变动，以补救毛坯的不足，使之成为合格品。

9.2.4　划线的步骤及操作要点

(1)阅读图纸，找出或算出要加工部位的尺寸，分析设计基准。

(2)确定划线基准。

(3)清理工件表面，清除毛刺。

(4)工件表面涂色。毛坯面用大白浆或粉笔；已加工面用紫色涂料(龙胆紫加虫胶和酒精)或绿色涂料(孔雀绿加虫胶和酒精)等。有孔的工件，还要用铅块或木块堵孔，以便确定孔的中心。

(5)划基准线和找正辅助线，划其他直线，划圆及圆弧及斜线。

(6)检查划线质量并用游标卡尺校核，确认无误后打样冲眼，划线结束。

锯

9.3　锯　　削

9.3.1　锯削的工具及使用

锯削是用手锯对工件或材料进行分割的一种切削加工，主要由锯弓和锯条组成。

1. 锯弓

锯弓分固定式和可调节式两种。固定式锯弓的弓架是整体的，只能装一种长度规格的锯条(图9-11(a))；可调式锯弓的弓架分成前后两段可以伸缩，因此可以安装几种长度规格的锯条(图9-11(b))。

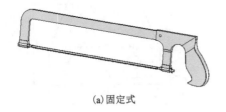
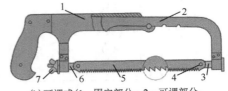

(a)固定式　　　　　　　　　　　(b)可调式(1—固定部分；2—可调部分；
　　　　　　　　　　　　　　　　3—固定拉杆；4—销；5—锯条；6—活动拉杆；7 蝶形螺母)

图9-11　锯弓的构造

2. 锯条

锯条一般由碳素工具钢或合金工具钢经淬硬后制成。锯条根据其上每25mm长度内的齿数分为：粗齿(14～18齿)、中齿(24齿)和细齿(32齿)。

9.3.2　锯削的操作要点

1. 选择锯条

锯齿的粗细应从工件截面积和材料软硬两方面考虑。工件截面积大或材料软时应用粗齿，避免切屑堵塞；工件截面积小或材料硬时应用细齿，以增加同时切削的齿数。锯削一般中等硬度普通钢、铁材料选用中齿锯条。

2. 安装锯条

手锯是在向前推时进行切削的，因此安装锯条时要保证齿尖方向朝前。锯条松紧要适当，太紧失去了应有的弹性，锯条易崩断；太松会使锯条扭曲、易折断，锯缝歪斜。一般用两个手指的力能旋紧为止。

当锯缝的深度超过锯弓的高度时（图 9-12（a）），应将锯条转过 90°重新安装，如图 9-12（b）所示。锯弓横下来后锯弓的高度仍然不够时，也可按图 9-12（c）所示将锯条转过 180°后，把锯条锯齿安装在锯弓内进行锯削。

(a)锯缝深度超过锯弓高度　　　　(b)将锯条转过 90°安装　　　　(c)将锯条转过 180°安装

图 9-12　深缝的锯削方法

3. 装夹工件

工件应夹紧在虎钳的左边，以便操作；工件要夹紧，以防工件移动，并注意防止变形和夹坏已加工表面。

4. 起锯

起锯是锯削工作的开始，起锯的方式有远边起锯和近边起锯两种。一般情况下采用远边起锯（图 9-13（a）），因为此时锯齿是逐步切入材料，不易被卡住，起锯比较方便；如采用近边起锯（图 9-13（b）），掌握不好时，锯齿由于突然锯入且较深，容易被工件棱边卡住，甚至崩断或崩齿。无论采用哪一种起锯方法，起锯角 α 以 15°为宜，如起锯角太大，则锯齿易被工件棱边卡住；起锯角太小，则不易切入材料，锯条还可能打滑，把工件表面锯坏（图 9-13（c））。为了使起锯的位置准确而平稳，可用左手大拇指挡住锯条来定位，起锯时压力要小，往返行程要短，速度要慢，这样可使起锯平稳。

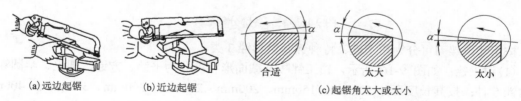

(a)远边起锯　　　　(b)近边起锯　　　　合适　　　太大　　　太小
　　　　　　　　　　　　　　　　　　　　(c)起锯角太大或太小

图 9-13　起锯方法

5. 锯削的姿势

锯削时采取站立姿势，人体重量均分在两腿上，右手握稳锯柄，左手扶在锯弓前端，锯削时推力和压力主要由右手控制（图 9-14）。

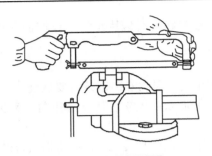

图 9-14　手锯的握法

推锯时，锯弓运动方式有两种：一种是直线运动，适用于锯缝底面要求平直的槽和薄壁工件的锯削；另一种是锯弓作上、下轻微摆动，这样操作自然，两手不易疲劳。手锯在回程中因不进行切削故不要施加压力，以免锯齿磨损。

锉

9.4　锉　　　削

用锉刀对工件表面进行切削加工，使工件达到所要求的尺寸、形状和表面粗糙度的操作叫锉削。锉削精度可以达到 0.1mm，表面粗糙度可达 $Ra0.8\mu m$。

锉削的应用范围很广，可以锉削平面、曲面、外表面、内孔、沟槽和各种形状复杂的表面，还可以配键、做样板、修整个别零件的几何形状。在装配过程中经常利用锉削对个别零件进行修整等。因此，锉削是钳工的一项基本操作技能。

9.4.1　锉削的工具

锉刀常用碳素工具钢 T12、T13 制成，并经热处理淬硬至 62～67HRC。锉刀由锉刀面、锉刀边、锉刀舌、锉刀尾、锉刀柄等部分组成，如图 9-15 所示。

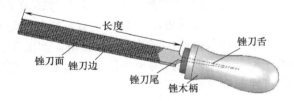

图 9-15　锉刀各部分的名称

按用途，锉刀可分为钳工锉、特种锉和整形锉 3 类。

（1）钳工锉：如图 9-16 所示，钳工锉按其截面形状可分为平锉、方锉、圆锉、半圆锉和三角锉 5 种；按其长度可分 100mm、150mm、200mm、250mm、300mm、350mm 及 400mm 等 7 种；按其齿纹可分单齿纹、双齿纹两种；按其齿纹粗细可分为粗齿、中齿、细齿、粗油光（双细齿）、细油光 5 种。

（2）整形锉：如图 9-17 所示，主要用于精细加工及修整工件上难以用机床加工的细小部位。

（3）特种锉：可用于加工零件上的特殊表面，其截面形状很多，如图 9-18 所示。

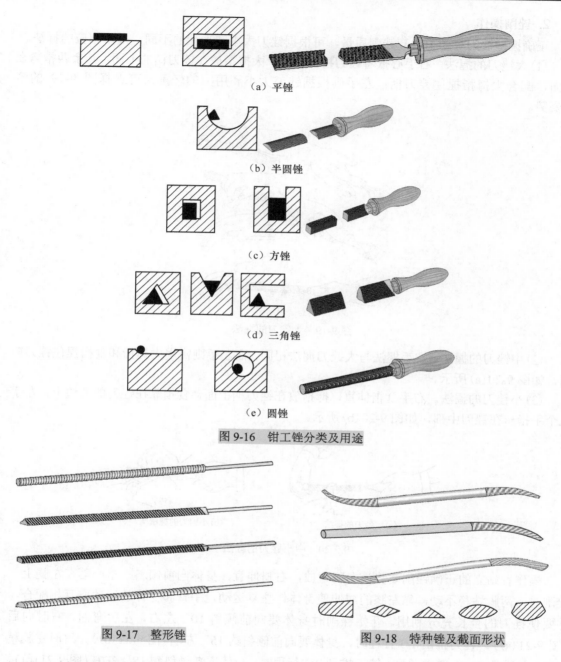

（a）平锉

（b）半圆锉

（c）方锉

（d）三角锉

（e）圆锉

图 9-16　钳工锉分类及用途

图 9-17　整形锉

图 9-18　特种锉及截面形状

9.4.2　锉削的操作及要求

1. 锉刀的选择

粗齿锉刀由于齿距较大、不易堵塞，一般用于锉削铜、铝等软金属及加工余量大、精度低和表面粗糙工件的粗加工；中齿锉刀齿距适中，适于粗锉后的加工；细齿锉刀可用于锉削钢、铸铁以及加工余量小、精度要求高和表面粗糙度值低的工件；油光锉用于最后修光工件表面。

2. 锉削操作

正确握持锉刀有助于提高锉削质量，可根据锉刀大小和形状的不同，采用相应的握法。

(1)大锉刀的握法。右手心抵着锉刀柄的端头，大拇指放在锉刀柄的上面，其余四指弯在下面，配合大拇指捏住锉刀柄；左手则根据锉刀大小和用力的轻重，可选择图 9-19 的多种姿势。

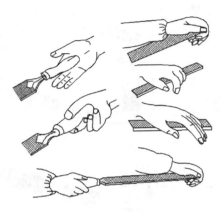

图 9-19　大锉刀的握法

(2)中锉刀的握法。右手握法与大锉刀握法相同，而左手则需用大拇指和食指捏住锉刀前端，如图 9-20(a)所示。

(3)小锉刀的握法。右手食指伸直，拇指放在锉刀柄上面，食指靠在锉刀的刀边上，左手几个手指压在锉刀中部，如图 9-20(b)所示。

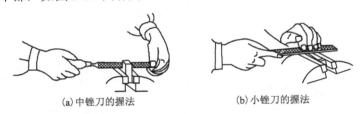

(a)中锉刀的握法　　　　　　(b)小锉刀的握法

图 9-20　中小锉刀的握法

操作者站立的正确锉削姿势为左腿弯曲，右腿伸直，身体向前倾斜，重心落在左腿上。锉削时，两脚站稳不动，靠左膝的屈伸使身体作往复运动，手臂和身体的运动要互相配合，并要使锉刀的全长充分利用。开始锉削时身体要向前倾斜10°左右，左肘弯曲，右肘向后(图 9-21(a))。锉刀推出 1/3 行程时，身体要向前倾斜约 15°左右(图 9-21(b))，这时左腿稍弯曲，左肘稍直，右臂向前推。锉刀推到 2/3 行程时，身体逐渐倾斜到 18°左右(图 9-21(c))，最后左腿继续弯曲，左肘渐直，右臂向前使锉刀继续推进，直到推尽，身体随着锉刀的反作用方向退回到 15°位置(图 9-21(d))。行程结束后，把锉刀略微抬起，使身体与手恢复到开始时的姿势，如此反复。

锉削速度一般为每分钟 30～60 次。太快，操作者容易疲劳且锉齿易磨钝；太慢，切削效率低。

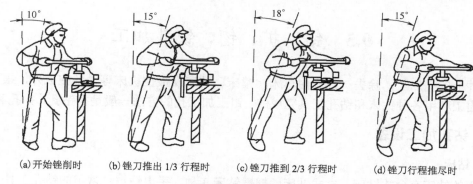

(a)开始锉削时　　(b)锉刀推出 1/3 行程时　　(c)锉刀推到 2/3 行程时　　(d)锉刀行程推尽时

图 9-21　锉削动作

3. 锉削的质量检查方法

（1）检查直线度。用钢直尺和 90°角尺以透光法来检查工件的直线度（图 9-22（a））。

（2）检查垂直度。用 90°角尺采用透光法检查，先选择基准面，然后检查其他各面（图 9-22（b））。

（3）检查尺寸。用游标卡尺在工件全长不同的位置上进行数次测量。

（4）检查表面粗糙度。一般用眼睛观察即可。如要求准确，可用表面粗糙度样板对照进行检查。

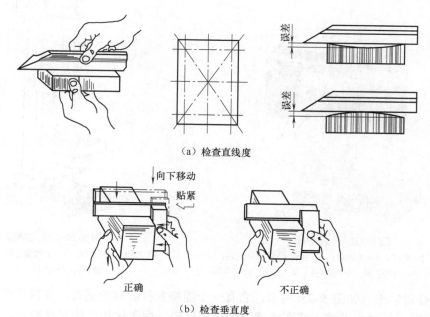

（a）检查直线度

向下移动
贴紧

正确　　　　　　　　　不正确

（b）检查垂直度

图 9-22　用钢直尺和 90°角尺检查直线度和垂直度

4. 锉刀使用规则

（1）不准用新锉刀挫硬金属、毛坯件及淬硬的材料。

（2）锉刀要避免沾水、沾油或其他脏物，如锉屑嵌入齿缝内必须及时用钢丝刷顺锉齿纹路的走向清除锉齿上的切屑。细锉刀不允许锉软金属。使用什锦锉用力不宜过大，以免折断。

（3）新锉刀先使用一面，该面磨钝后，再用另一面。锉刀不可重叠或者和其他工具堆放在一起。

9.5 钻、扩、锪、铰孔加工

零件上的孔加工，除去一部分由车床、镗床、铣床及数控机床等设备完成外，很大一部分是由钳工利用各种钻床和钻孔工具完成的。钳工加工孔的方法一般是指钻孔、扩孔和铰孔。

9.5.1 钻孔加工设备

1. 钻床

常用的钻床有台式钻床、立式钻床、摇臂钻床 3 种，手电钻也是常用的钻孔工具。

(1)台式钻床。如图 9-23 所示，是一种放在工作台上使用的小型钻床。台钻重量轻，移动方便，转速高(最低转速在 400r/min 以上)，适于加工小型零件上的小孔(直径≤13mm)，其主轴进给是手动的。

(2)立式钻床。如图 9-24 所示，其规格用最大钻孔直径表示。常用的立钻规格有 25mm、35mm、40mm 和 50mm 等几种。立钻主轴的转速和走刀量变化范围大，而且可以自动走刀，因此可适应不同的刀具进行钻孔、扩孔、锪孔、铰孔、攻螺纹等多种加工。立钻适用于单件、小批量生产中的中、小型零件的加工。

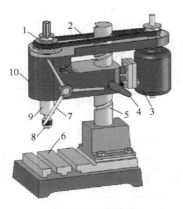

图 9-23　台式钻床

1—塔轮；2—V 带；3—电动机；4—锁紧手柄；5—立柱；
6—工作台；7—进给手柄；8—钻夹头；9—主轴；10—头架

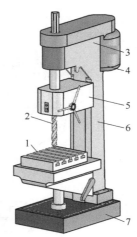

图 9-24　立式钻床

1—工作台；2—主轴；3—主轴变速箱；4—电动机；
5—进给箱；6—立柱；7—机座

(3)摇臂钻床。如图 9-25 所示，它有一个能绕立柱旋转的摇臂，摇臂带动主轴箱可沿立柱垂直移动，同时主轴箱还能在摇臂上作横向移动。由于结构上的这些特点，操作时能很方便地调整刀具位置以对准被加工孔的中心，而无需移动工件找正。此外，摇臂钻床的主轴转速范围和进给量范围很大，因此适用于笨重、大工件及多孔工件的加工。

(4)手电钻。如图 9-26 所示，主要用于钻直径 12mm 以下的孔，由于手电钻携带方便，操作简单，使用灵活，常用于不便使用钻床钻孔的场合。手电钻的电源有 220V 和 380V 两种。

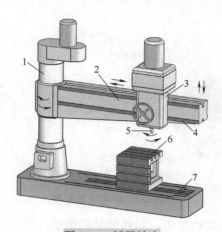

图 9-25　摇臂钻床

1—立柱；2—摇臂；3—主轴箱；4—摇臂导轨；5—主轴；6—工作台；7—机座

(a)交流电源手电钻　　　　　　　　(b)可充电手电钻

图 9-26　手电钻

2. 钻头

麻花钻是钻孔用的主要刀具，一般用高速钢制造，其工作部分经热处理淬硬至 62～65HRC。钻头由柄部、颈部及工作部分组成(图 9-27)。

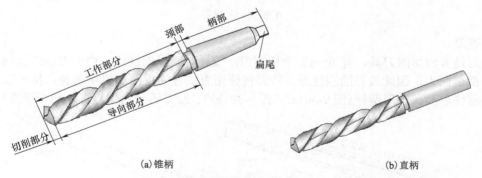

(a)锥柄　　　　　　　　　　　(b)直柄

图 9-27　麻花钻头的构造

3. 夹具

1)钻头夹具

常用的钻头夹具有钻夹头和钻套，如图 9-28 所示。

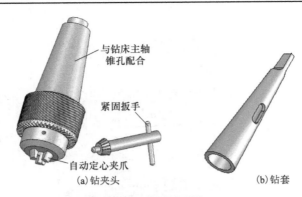

图 9-28　钻夹头及钻套

（1）钻夹头　适用于装夹直柄钻头，其柄部是圆锥面，可以与钻床主轴内锥孔配合安装，而在其头部的 3 个夹爪有同时张开或合拢的功能，这使钻头的装夹与拆卸都很方便。

（2）钻套　又称过渡套筒，用于装夹锥柄钻头。

2）工件夹具

加工工件时，应根据钻孔直径和工件形状来合理使用工件夹具。常用的夹具有手虎钳、机床用平口虎钳、V 形架和压板等。

4. 扩孔、锪孔、铰孔使用的刀具

1）扩孔钻

一般用麻花钻作扩孔钻。在扩孔精度要求较高或生产批量较大时，还采用专用扩孔钻扩孔，扩孔钻和麻花钻相似，所不同的是它有 3～4 条切削刃，但无横刃，其顶端是平的，螺旋槽较浅，故钻芯粗实、刚性好，不易变形，导向性能好。由于扩孔钻切削平稳，可提高扩孔后的孔的加工质量，图 9-29 所示为扩孔钻。

图 9-29　扩孔钻

2）铰刀

铰刀是多刃切削刀具，有 6～12 个切削刃，铰孔时其导向性好。由于刀齿的齿槽很浅，铰刀的横截面大，因此铰刀的刚性好。铰刀按使用方法分为手用和机用两种；按所铰孔的形状分为圆柱形和圆锥形两种（图 9-30（a）、图 9-30（b)）；铰刀还分为固定直径和可调直径两种。

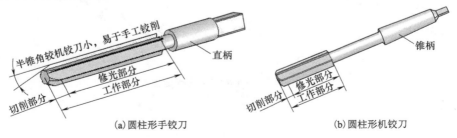

图 9-30　铰刀

3) 锪钻

常用锪钻种类有柱形锪钻(锪柱孔)，锥形锪钻(锪锥孔)和端面锪钻(锪端面)3 种，如图 9-31 所示。

(a)柱形锪钻　　(b)锥形锪钻　　(c)端面锪钻

图 9-31　锪钻

9.5.2　钻孔与扩孔、铰孔、锪孔操作

1. 钻孔

1)切削用量的选择

钻孔切削用量是指钻头的切削速度、进给量和切削深度的总称。合理选择切削用量将直接关系到钻孔生产率、钻孔质量和钻头的寿命。钻孔时选择切削用量的基本原则是在允许范围内，尽量先选较大的进给量，当进给量受到孔表面粗糙度和钻头刚度的限制时，再考虑较大的切削速度。在钻孔实践中人们已积累了大量的有关选择切削用量的经验，并经过科学总结制成了切削用量表，在钻孔时可参考使用。

2)钻孔操作方法

(1)钻孔前一般先划线，工件上的孔径圆和检查圆均需打上样冲眼作为加工界线，在孔中心先用冲头打出较大中心眼。

(2)钻孔时应先钻一浅坑，以判断是否对中。如稍偏离，可用样冲将中心冲大或移动工件矫正；若偏离较多，可用窄錾在偏斜相反方向凿几条槽再钻，便可逐渐将偏斜部分矫正过来，如图 9-32 所示。

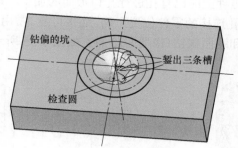

钻偏的坑

检查圆

錾出三条槽

图 9-32　钻偏时的纠正方法

(3)在钻削过程中，特别钻深孔时，要经常退出钻头以排出切屑和进行冷却，否则可能使切屑堵塞或钻头过热、磨损，甚至折断，并影响加工质量。钻盲孔时，要注意掌握钻孔深度，调整好钻床上深度标尺挡块、安置控制长度量具或用粉笔作标记。

(4)钻通孔时，当孔将被钻透时，进刀量要减小，避免钻头在钻穿时的瞬间抖动，出现"啃刀"现象，影响加工质量，损伤钻头，甚至发生事故。

(5)钻削直径大于 30mm 的孔时应分两次钻，第一次先钻一直径较小的孔(为加工孔径的 0.5~0.7)；第二次用钻头将孔扩大到所要求的直径。

(6)钻削时的冷却润滑。钻削钢件时常用机油或乳化液；钻削铝件时常用乳化液或煤油；钻削铸铁时则用煤油。

2. 扩孔、铰孔和锪孔

(1)扩孔：用以扩大已有的孔。它可以校正孔的轴线偏差，并使其获得较正确的几何形状和较小的表面粗糙度，其加工精度一般为IT10～IT9级，表面粗糙度 Ra=6.3～3.2μm。扩孔可作为要求不高的孔的最终加工，也可作为精加工(如铰孔)前的预加工，扩孔加工余量为0.5～4mm，如图9-33所示。

(2)铰孔：是用铰刀从工件壁上切除微量金属层，以提高其尺寸精度和表面质量的加工方法。铰孔的加工精度可高达IT7～IT6级，铰孔的表面粗糙度可达 Ra=0.8～0.4μm。铰孔是对孔进行精加工的一种方法。铰孔时铰刀不能倒转，否则，切屑会卡在孔壁和切削刃之间，从而使孔壁划伤或切削刃崩裂。铰削时如采用切削液，孔壁表面粗糙度将更小，如图9-34所示。

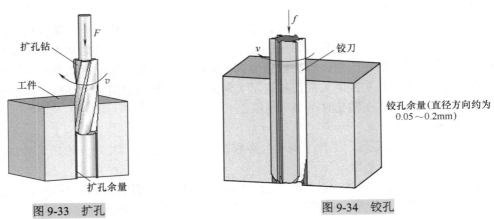

图9-33　扩孔　　　　　　　　　　　　图9-34　铰孔

(3)锪孔：是用锪钻对工件上的已有孔进行孔口形面的加工，其目的是为保证孔端面与孔中心线的垂直度，以便使与孔连接的零件位置正确，连接可靠。常用的锪孔工具有柱形锪钻(锪柱孔)，锥形锪钻(锪锥孔)和端面锪钻(锪端面)3种，如图9-35所示；锪孔的另一目的是用锥形锪钻倒角或去毛刺。

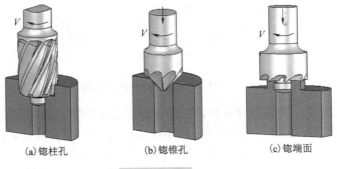

(a)锪柱孔　　　　　　(b)锪锥孔　　　　　　(c)锪端面

图9-35　锪孔

9.6　攻螺纹和套螺纹

在钳工中，螺纹加工的主要方法是攻螺纹和套螺纹，俗称攻丝和套丝。攻螺纹是用丝锥在工件的光孔内加工出内螺纹的方法，套螺纹是用扳牙在工件光轴上加工出外螺纹的方法。

攻丝

9.6.1　攻螺纹套螺纹工具

1. 攻螺纹工具

丝锥和铰杠是加工内螺纹的主要工具。手用丝锥是用合金工具钢 9SiCr 或滚动轴承钢 GCr9 经滚牙、淬火回火制成的，机用丝锥则都用高速钢制造。丝锥的结构如图 9-36 所示。

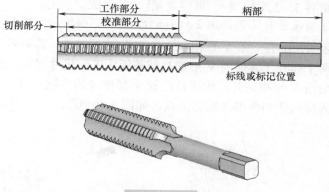

图 9-36　丝锥

丝锥由工作部分和柄部组成。工作部分则由切削部分和校准部分组成，工作部分有 3～4 条轴向容屑槽，可容纳切屑，并形成切削刃和前角。切削部分是圆锥形，切削刃分布在圆锥表面上，起主要切削作用。校准部分具有完整的齿形，可校正已切出的螺纹，并起导向作用。柄部末端有方头，以便用铰杠装夹和旋转。

每种型号的丝锥一般由两支或 3 支组成一套，分别称为头锥、二锥和三锥。M6～M24 的丝锥两支一套，小于 M6 和大于 M24 的 3 支一套。小丝锥强度差，易折断，将切削余量分配在 3 个等径的丝锥上。大丝锥切削的金属量多，应逐渐切除，切除量分配在 3 个不等径的丝锥上。

铰杠是用来夹持丝锥和转动丝锥的手用工具。普通铰杠，如图 9-37 所示。丁字铰杠，如图 9-38 所示。丁字铰杠主要用于攻工件凸台旁边的螺纹或机体内部的螺纹。各类铰杠又有固定和活动式两种。

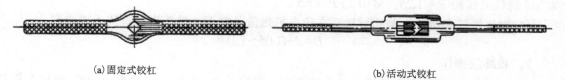

(a)固定式铰杠　　　　　　　　　　　　　　(b)活动式铰杠

图 9-37　普通铰杠

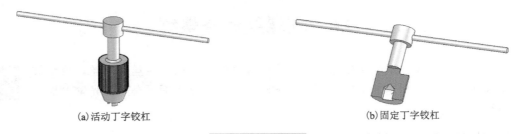

(a)活动丁字铰杠　　　　　　　　　　　　(b)固定丁字铰杠

图 9-38　丁字铰杠

2. 板牙和板牙架

板牙是加工外螺纹的工具，是用合金工具钢 9SiCr、9Mn2V 或高速钢并经淬火回火制成的。板牙的构造如图 9-39 所示，由切削部分、校准部分和排屑孔组成。它本身就像一个圆螺母，只是在它上面钻有 3～5 个排屑孔(即容屑槽)，并形成切削刃。

切削部分是板牙两端带有切削锥角 2ϕ 的部分，经铲、磨后起主要的切削作用。板牙的中间是校准部分。板牙的外圆有一条 V 形槽和 4 个 90° 的顶尖坑。其中两个顶尖坑供紧定螺钉紧固板牙用，另外两个和介于其间的 V 形槽是调整板牙工作尺寸用的，当板牙因磨损而尺寸扩大后，可用砂轮边沿 V 形槽切开，用螺钉顶紧 V 形槽旁的尖坑，以缩小板牙的工作尺寸。

板牙架是用来夹持板牙和传递扭矩的工具，如图 9-40 所示。

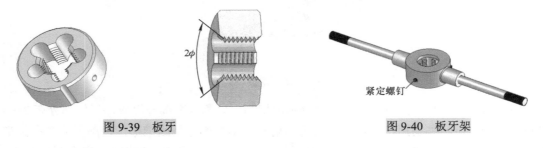

图 9-39　板牙　　　　　　　　　　　　　　图 9-40　板牙架

9.6.2　攻螺纹和套螺纹操作

1. 攻螺纹前螺纹底孔的确定

攻螺纹时，丝锥每个刀刃的前面都对金属材料在切削的同时也产生挤压，从而使金属凸起并挤向牙尖，因此攻螺纹的底孔直径应稍大于螺纹内径，但也不宜太大，否则会使螺纹牙尖太平。底孔直径的大小，要根据工件的塑性高低及钻孔扩张量来考虑。

(1)加工钢和塑性较好的材料，在中等扩张量的条件下，钻头直径可按下式选取：

$$D = d - P$$

式中，D 为攻螺纹前，钻螺纹底孔用钻头直径，mm；d 为螺纹直径，mm；P 为螺距，mm。如 M8 螺纹其螺距 $P = 1.25$；M10 为 $P = 1.5$。

(2)加工铸铁和塑性较差的材料，在较小扩张量条件下，钻头直径可按下式选取：

$$D = d - (1.05 \sim 1.1)P$$

2. 攻螺纹操作

先将头锥垂直地放入已倒好角的工件孔内，先旋入 1～2 圈，用目测或 90° 角尺在相互垂直的两个方向上检查，如图 9-41 所示，然后用铰杠轻压旋入。当丝锥的切削部分已经切入工件后，可只转动而不加压。每转一圈应反转 1/4 圈，以便切屑断落，如图 9-42 所示。攻完头锥后继续攻二锥、三锥。攻二锥、三锥时先把丝锥放入孔内，旋入几扣后，再用铰杠转动，旋转铰杠时不需加压。

盲孔(不通孔)攻螺纹时，由于丝锥切削部分不能切出完整的螺纹，所以光孔深度(h)至少要等于螺纹长度(L)与(附加的)丝锥切削部分长度之和，这段附加长度大致等于内螺纹大径的 0.7 倍左右，即

$$h = L + 0.7D$$

同时要注意丝锥顶端快碰到底孔时，更应及时清除积屑。

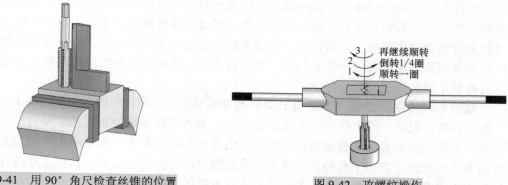

图 9-41　用 90°角尺检查丝锥的位置　　　　图 9-42　攻螺纹操作

攻螺纹时一定要加润滑油。攻普通碳钢工件时，常加注 N46 机械润滑油；攻不锈钢工件时可用极压润滑油润滑，以减少刀具磨损，改善工件加工质量；攻铸铁工件时，采用手攻可不必加注润滑油，采用机攻应加注煤油，以清洗切屑。

3. 套螺纹前圆杆直径的确定

套螺纹前应检查圆杆直径，太大难以套入、太小则套出的螺纹不完整。圆杆直径可用下面的经验公式计算：

$$d' \approx d - 0.13P$$

式中，d' 为圆杆直径，mm；d 为外螺纹大径，即螺栓公称直径，mm；P 为螺纹螺距，mm。

圆杆端部应做成 $2\phi \leqslant 60°$ 的锥台，便于板牙定心切入。

4. 套螺纹操作

套螺纹时板牙端面与圆杆应严格地保持垂直。工件伸出钳口的长度，在不影响螺纹要求长度的前提下，应尽量短些。套螺纹过程与攻螺纹相似，如图 9-43 所示。在切削过程中，如手感较紧，应及时退出，清理切屑后再进行，并加机油润滑。

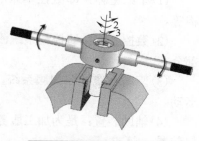

图 9-43　圆杆倒角和套螺纹

第 9 章 钳工

第 10 章　数控车削加工

10.1　概　　述

数控(computer numerical control, CNC)是一种利用计算机通过数字信息来实现加工自动化控制的技术。数控机床是一种将加工过程所需要的各种操作和步骤用数字代码表示，并通过控制介质将数字信息传入数控装置对输入的信息进行处理与运算，然后发出各种控制机床伺服系统或其他驱动元件的控制信号，从而自动加工出所需工件的机床。常见的数控加工机床有数控车床和数控铣床。

数控车床又称为 CNC 车床，即计算机数字控制车床，是目前国内使用量最大、覆盖面最广的一种数控机床，约占数控机床总数的 25%。数控车床是数控机床的主要品种之一，几十年来一直受到世界各国的普遍重视并得到了迅速的发展。数控车床在结构及加工工艺上都与普通车床相类似，但由于数控车床是由计算机数字信号控制的机床，其加工是通过事先编制好的加工程序来控制，所以在工艺特点上又与普通车床有所不同。

数控车床能自动完成对轴类与盘类零件内外圆柱面、圆锥面、螺纹等的切削加工，并能进行切槽、钻孔、扩孔和铰孔等工作。数控车床具有加工精度稳定性好、加工灵活、通用性强的特点，能适应多品种、小批生产自动化的要求，特别适合加工形状复杂的轴类或盘类零件。

10.1.1　数控车床的组成

数控车床主要由五部分组成，如图 10-1 所示。

(1)车床主体：即数控车床的机械部分，主要包括床身、主轴箱、刀架、尾座、传动机构等。

(2)数控系统：即控制系统，是数控车床的控制核心，其中包括 CPU、存储器、CRT 等部分。

(3)驱动系统：即伺服系统，是数控车床切削工作的动力部分，主要实现主运动和进给运动。

(4)辅助装置：是为加工服务的配套部分，如液压、气动、冷却、照明、润滑、防护和排屑装置。

(5)机外编程器：是在普通计算机上安装一套编程软件，使用这套编程软件以及相应的后置处理软件，就可以生成加工程序。通过车床控制系统上的通信接口或者其他存储介质(如 U 盘、光盘等)，把生成的加工程序输入到车床的控制系统中，完成零件的加工。

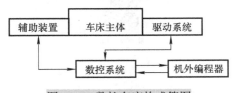

图 10-1　数控车床构成简图

10.1.2　数控车床的分类

数控车床的分类方法很多，但通常都采用与普通车床相似的方法进行分类。

1.　按车床主轴位置分类

（1）立式数控车床。立式数控车床简称为数控立车，其车床主轴垂直于水平面，并有一个直径很大的圆形工作台，供装夹工件用。这类车床主要用于加工径向尺寸大、轴向尺寸相对较小的大型复杂零件。

（2）卧式数控车床。卧式数控车床又分为数控水平导轨卧式车床和数控倾斜导轨卧式车床。其倾斜导轨结构可以使车床具有更大的刚性，并易于排除切屑。

2.　按加工零件的基本类型分类

（1）卡盘式数控车床。这类车床未设置尾座，适合车削盘类（含短轴类）零件，其夹紧方式多为电动或液动控制，卡盘结构多具有可调卡爪或不淬火卡爪（即软卡爪）。

（2）顶尖式数控车床。这类数控车床配置有普通尾座或数控尾座，适合车削较长的轴类零件及直径不太大的盘、套类零件。

3.　按刀架数量分类

（1）单刀架数控车床。普通数控车床一般都配置有各种形式的单刀架。常见单刀架有四工位卧式自动转位刀架和多工位转塔式自动转位刀架。

（2）双刀架数控车床。这类数控车床刀架的配置形式有平行交错双刀架、垂直交错双刀架和同轨双刀架等。

4.　按数控系统的技术水平分类

（1）经济型数控车床。经济型数控车床如图 10-2 所示，一般是以普通车床的机械结构为基础，经过改进设计而成的，也有直接对普通车床进行改造而成的。

（2）全功能型数控车床。全功能型数控车床如图 10-3 所示，就是日常所说的数控车床。它的控制系统是全功能型的，带有高分辨率的 CRT 和通信、网络接口，有各种显示、图像仿真、刀具和位置补偿等功能。一般采用闭环或半闭环控制的数控系统，可以进行多坐标联动。这类数控车床具有高精度、高刚度和高效率等特点。

图 10-2　经济型数控车床

图 10-3　全功能型数控车床

（3）车削中心。车削中心是以全功能型数控车床为主体，配备刀库、自动换刀装置、分度装置和机械手等部件，实现多工序复合加工的机床。

（4）FMC 车床。FMC 是英文 Flexible Manufacturing Cell（柔性加工单元）的缩写。FMC 车

床如图 10-4 所示，实际上是一个由数控车床、机器人等构成的柔性加工单元，它能实现工件搬运、装卸的自动化和加工调整准备的自动化操作。

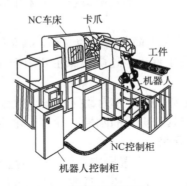

图 10-4　FMC 车床

10.1.3　数控车床所用刀具

1. 常用车刀的种类和用途

数控车削常用的车刀一般分为 3 类，即尖形车刀、圆弧形车刀和成型车刀。常用车刀的种类、形状和用途如图 10-5 所示。

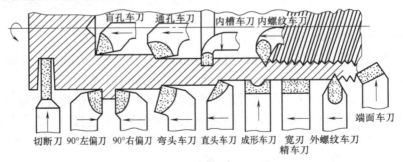

图 10-5　常用车刀的种类、形状和用途

2. 数控车床刀具的选用

为了减少换刀时间和方便对刀，便于实现机械加工的标准化，数控车削加工时，应尽量采用机夹车刀。

从刀具的材料应用方面看，数控机床用刀具材料主要是各类硬质合金；从刀具的结构应用方面看，数控车床主要采用镶块式机夹可转位刀片的刀具。因此，对硬质合金可转位刀片的选用是数控机床操作者所必须了解的内容之一。

10.2　数控车床坐标系

数控车床坐标系统分为机床坐标系和工件坐标系。

1. 机床坐标系

以机床原点为坐标系原点建立起来的 X、Z 轴直角坐标系，称为机床坐标系(machine coordinate system, MCS)。车床的机床原点为主轴旋转中心与卡盘后端面的交点。机床坐标系是制造和调整机床的基础，也是设置工件坐标系的基础，一般不允许随意变动。机床坐标系如图 10-6 所示。

参考点是机床上的一个固定点。该点是刀具退离到一个固定不变的极限点（图 10-6 中点 O' 即参考点），其位置由机械挡块或行程开关确定。以参考点为原点，坐标方向与机床坐标方向相同建立的坐标系叫做参考坐标系，在实际使用中通常是以参考坐标系计算坐标值。

2. 工件坐标系

数控编程时应该首先确定工件坐标系和工件原点。零件在设计中有设计基准，在加工过程中有工艺基准，同时应尽量将工艺基准与设计基准统一，该基准点通常称为工件原点。以工件原点为坐标原点建立起来的 X、Z 轴直角坐标系，称为工件坐标系（workpiece coordinate system, WCS）。在车床上工件原点可以选择在工件的左或右端面上。工件坐标系如图 10-7 所示。

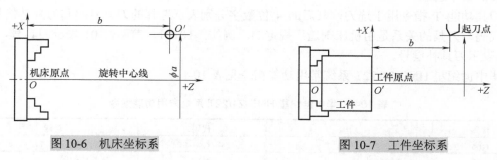

图 10-6　机床坐标系　　　　　　　　　　　图 10-7　工件坐标系

10.3　数控车床编程基础

数控编程的方法分为两大类：手工编程和自动编程。手工编程是指由人工完成数控编程的全部工作，包括零件图纸分析、工艺规程制定、刀具运动轨迹计算、加工程序编制及输入等。这种方法较为简单、容易掌握，适用于几何形状不太复杂、计算量不大的零件编程。自动编程是指由计算机来自动完成数控加工程序编制的大部分工作或全部工作。首先对零件图纸进行工艺分析，确定出建模方案；然后用 CAD/CAM 集成软件对加工零件进行几何造型，再利用软件的 CAM 功能，自动生成数控加工程序。

目前常见的数控系统有日本 FANUC、德国 SIEMENS 等以及国产的数控系统如华中数控、广州数控等，其功能代码基本相近，但各系统也有不同之处，需要查阅相应的编程手册。本节以华中世纪星 HNC21/22T 和 FANUC 0i Mate-TD 系统为例，讲解数控编程基础知识。

1. 华中数控系统

1）系统特点

华中世纪星 HNC-21/22T 数控系统采用先进的开放式体系结构，内置嵌入式工业 PC，集成进给轴接口、主轴接口、手持单元接口、内嵌式 PLC 接口于一体，支持硬盘、电子盘等程序存储方式以及软驱、DNC、以太网等程序交换功能。

HNC-21/22T 数控系统采用国际标准 G 代码编程，与各种流行的 CAD/CAM 自动编程系统兼容，具有直线插补、圆弧插补、螺纹切削、刀具补偿、宏程序、恒线速度切削等功能。

该系统可以装入许多程序文件，文件名格式为 O××××（地址 O 后面必须有四位数字或字母），本系统通过调用文件名来调用程序，进行加工或编辑。

2) 常用编程指令

数控机床加工中的动作在加工程序中用指令的方式事先予以规定，这类指令有准备功能 G、辅助功能 M、刀具功能 T、主轴功能 S 和进给功能 F。

准备功能 G 指令由地址 G 和其后的两位数字组成，用来规定刀具和工件的相对运动轨迹、机床坐标系、坐标平面、刀具补偿、坐标偏置等多种加工操作。

辅助功能由地址字 M 和其后的两位数字组成，主要用于控制零件程序的走向，以及机床各种辅助功能的开关动作。如主轴正转、反转及停止，冷却液的开、关等。

主轴功能 S 指令用来指定主轴转速，由地址符 S 和其后的数字组成，其后的数值表示主轴转速，单位为 r/min。

进给功能 F 指令用来表示工件被加工时，刀具相对于工件的合成进给速度，由地址符 F 和其后的数字组成。

刀具功能 T 指令用于选刀，其后的 4 位数字分别表示选择的刀具号码和刀具补偿号。T 指令代码与刀具的关系是由机床制造厂规定的。例如，T0101，前两位 01 表示刀具号，后两位 01 表示刀具补偿号。

华中世纪星 HNC-21/22T 系统常用功能指令见表 10-1。

表 10-1　华中世纪星 HNC-21/22T 系统常用功能指令

代码	功能	代码	功能
G00	快速定位	G90	绝对值编程
G01	直线插补	G91	增量值编程
G02	顺时针圆弧插补	M03	主轴正转
G03	逆时针圆弧插补	M04	主轴反转
G20	英制单位设定	M05	主轴停止
G21	米制单位设定	M30	主程序结束返回程序起点
G36	直径编程	F	进给速度
G37	半径编程	S	主轴转速
G71	内(外)径粗车复合循环	T	刀具功能

3) 常用指令用法

(1) 快速定位(G00)　用 G00 定位，刀具以快速移动速度移动到指定的位置。

指令形式：　G00　X(U)_　Z(W)_

刀具以各轴独立的快速移动速度定位，如图 10-8 所示。

例：G00　X30 Z3 (直径编程)

注：G00 时各轴单独的快速移动速度由机床厂家设定，受快速倍率开关控制，用 F 指定的进给速度无效。

(2) 直线插补(G01)　指令形式：G01　X(U)_　Z(W)_　F_

利用这条指令可以进行直线插补，如图 10-9 所示。由 F 指定进给速度，F 在没有新的指令以前，总是有效的，因此不需要一一指定。

例：G01　X30 Z-30　(直径编程)

(3) 圆弧插补(G02, G03)　指令格式：G02　X(U)_　Z(W)_　R_　F_ (顺时针圆弧插补)

　　　　　　　　　　　　　　　　　　G03　X(U)_　Z(W)_　R_　F_ (逆时针圆弧插补)

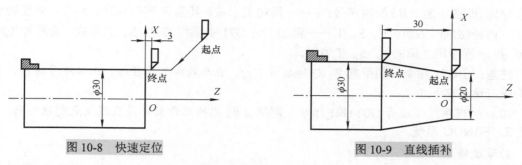

图 10-8　快速定位　　　　　　　　　　　图 10-9　直线插补

所谓顺时针和逆时针是指在右手直角坐标系中，对于 ZX 平面，从 Y 轴的正方向往负方向看而言，右手直角坐标系如图 10-10 所示。程序实例如图 10-11 所示。

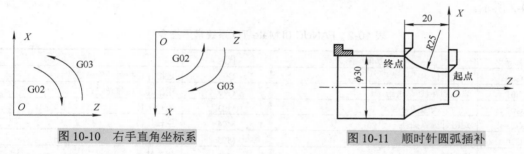

图 10-10　右手直角坐标系　　　　　　　图 10-11　顺时针圆弧插补

例：G02　X30 Z-20 R25

圆弧插补的进给速度用 F 指定，为刀具沿着圆弧切线方向的速度。

（4）内（外）径粗车复合循环 G71　运用复合循环指令，可以加工形状较复杂的零件，编程时只需制定精加工路线和粗加工背吃刀量，系统会自动计算出粗加工路线和加工次数，因此编程效率更高。

给出 $A \to A' \to B' \to B$ 之间的精加工形状，留出精加工余量 e，用 Δd 表示每次的切削切深量。外圆粗车循环刀路轨迹如图 10-12 所示。

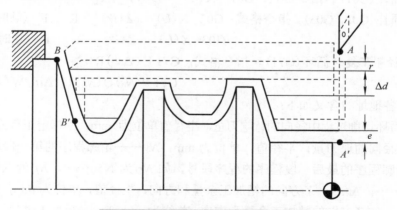

图 10-12　G71 外径粗车循环刀路轨迹

指令格式：G71 U(Δd) R(r) P(ns) Q(nf) E(e) F(f) S(s) T(t)

其中，Δd ——切削深度（每次切削量），指定时不加符号，方向由矢量 AA' 决定；r ——每次退刀量；ns ——精加工路径第一程序段（即图中的 AA'）的顺序号；nf ——精加工路径最后程序段(即图中的 $B'B$)的顺序号;e ——精加工余量,其为 X 方向的等高距离,外径切削时为正,内径切削时为负;F、S、T ——粗加工时 G71 中编程的 F、S、T 有效,而精加工时处于 ns 到 nf 程序段之间的 F、S、T 有效。

　　注意:①G71 指令必须带有 P、Q 地址 ns、nf,且与精加工路径起、止顺序号对应,否则不能进行该循环加工。

　　②ns 的程序段必须为 G00/G01 指令,即从 A 到 A' 的动作必须是直线或点定位运动。

2. FANUC 系统

1)系统特点

日本 FANUC 公司是专门从事生产数控装置及工业机器人的著名厂家,成立于 1956 年,是世界上最大的专业数控系统生产厂家。FANUC 0i Mate-TD 数控车床系统常用指令,如表 10-2 所示。

表 10-2　FANUC 0i Mate-TD 系统常用指令

代码	功能	代码	功能
G00	快速定位	G98	进给速度按每分钟设定
G01	直线插补(切削进给)	G99	进给速度按每转设定
G02	顺时针圆弧插补	M03	主轴正转
G03	逆时针圆弧插补	M04	主轴反转
G20	英制输入	M05	主轴停止
G21	公制输入	M30	程序结束
G70	精加工循环	F	进给速度
G71	内/外径粗车复合循环	S	主轴转速
G73	固定形状粗加工复合循环	T	刀具功能

注:在编程时,G 指令中前面的 0 可省略,G00、G01、G02、G03 可简写为 G0、G1、G2、G3。

2)常用编程指令用法

(1)快速定位(G00)。指令格式:G00　X(U)_　Z(W)_

(2)直线插补(G01)。指令格式:G01　X(U)_　Z(W)_　F_

(3)圆弧插补(G02,G03)。指令格式:G02　X(U)_　Z(W)_　R_　F_(顺时针圆弧插补)

　　　　　　　　　　　　　　　　　　G03　X(U)_　Z(W)_　R_　F_(逆时针圆弧插补)

(4)内/外径粗车复合循环(G71)。指令格式:G71 U(Δd)R(e);

　　　　　　　　　　　　　　　　　　　　　G71 P(Ns)Q(Nf)U(Δu)W(Δw)F_;

程序段中各地址的含义如下:

　　Δd ——循环切削过程中径向的背吃刀量,半径值单位为 mm,不指定正负符号;e ——循环切削过程中径向的退刀量,半径值,单位为 mm;Ns ——轮廓程序的第一段程序的程序段号;Nf ——轮廓程序的最后一段程序的程序段号,如 Ns 为 N50……,Nf 为 N90……,则为 G71 P50 Q90……;Δu ——X 方向的精加工余量和方向,直径值,单位为 mm,在镗孔时应指定为负值;Δw ——Z 方向的精加工余量和方向,单位为 mm;F——粗加工过程中的进给速度。

(5)固定形状粗加工复合循环(G73)。该指令适用于加工毛坯轮廓形状与零件轮廓形状基本接近的零件,例如锻件、铸件的粗加工。固定形状粗加工复合循环刀路轨迹如图 10-13 所示。

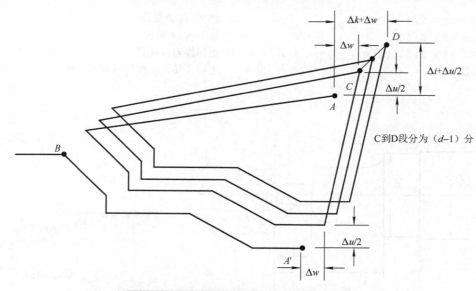

C到D段分为（d−1）分

图 10-13　固定形状粗加工复合循环刀路轨迹

指令格式：G73 U（Δi）W（Δk）R（d）；

$\qquad$ G73 P（Ns）Q（Nf）U（Δu）W（Δw）F_ ；

其中，Δi ——X 轴方向退刀距离和方向（半径指定）；Δk ——Z 轴方向退刀距离和方向；d——分割次数，与粗加工重复次数相同。其他参数的含义与 G71 的对应参数意义相同。

（6）精加工循环指令（G70）。指令格式：G70　P（Ns）Q（Nf）F_ ；

其中，Ns ——精加工轮廓程序的第一段程序的程序段号；Nf——精加工轮廓程序的最后一段程序的程序段号；F——精加工过程中的进给速度。

该指令用于 G71、G73 粗加工后，来实现精加工，切除粗加工中留下的余量。

10.4　手工编程范例

在卧式数控车床上加工图 10-14 所示的零件轮廓外形，其仿真加工结果如图 10-15 所示，写出数控加工程序单。工件材料为铝合金，直径 25mm，转速 1000r/min，粗加工进给速度 100mm/min，精加工进给速度 30mm/min。

（1）按华中数控 HNC-21/22T 系统有关规定，加工程序如下：

```
%2011                              程序名
N10 M03 S1000 T0101                主轴正转，转速1000r/min，换1号刀外圆车刀
N20 G00 X26 Z2                     到循环起点位置
N30 G71 U1 R0.5 P40 Q110 E0.5 F100 粗车循环加工
N40 G00 X0                         精加工轮廓开始，刀到中心
N50 G01 X0 Z0 F30                  刀接触工件，进给速度30mm/min
N60 G03 X6 Z-3 R3                  加工 R3 圆弧段
N70 G01 Z-10                       加工 φ6 外圆
N80 G03 X16 Z-15 R5                加工 R5 圆弧段
N90 G01 Z-26                       加工 φ16 外圆
```

```
N100 G02 X24 Z-30 R4                   加工 R4 圆弧段
N110 G01 Z-40                          加工 φ24 外圆
N120 G00 X100 Z100                     返回换刀点位置
N130 M30                               主轴停转，主程序结束并复位
%
```

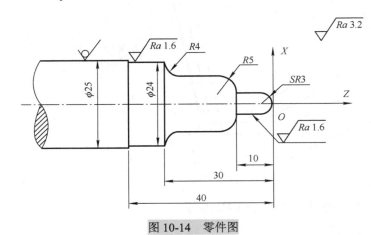

图 10-14　零件图

图 10-15　仿真加工结果

（2）按 FANUC 0i Mate-TD 系统有关规定，利用 G71 和 G70 循环指令进行编程。程序如下：

```
O2011                                  程序名
N10 M03 S1000 T0101                    主轴正转，转速1000r/min，换1号外圆车刀
N20 G00 X26 Z2                         到循环起点位置
N30 G71 U1 R0.5
N40 G71 P50 Q120 U0.5 W0 F0.1          粗车循环指令
N50 G00 X0                             精加工轮廓开始，刀到中心
N60 G01 Z0                             刀接触工件
N70 G03 X6 Z-3 R3                      加工 R3 圆弧段
N80 G01 Z-10                           加工 φ6 外圆
N90 G03 X16 Z-15 R5                    加工 R5 圆弧段
N100 G01 Z-26                          加工 φ16 外圆
N110 G02 X24 Z-30 R4                   加工 R4 圆弧段
N120 G01 Z-40                          加工 φ24 外圆
N130 G70 P50 Q120 F0.03                精加工循环
N140 G00 X100
N150 G00 Z100                          返回换刀点位置
N160 M30                               主轴停止，程序结束并复位
%
```

（3）按 FANUC 0i Mate-TD 系统有关规定，采用 G73 和 G70 循环指令进行编程。程序如下：

```
O2011                                  程序名
N10 M03 S1000 T0101                    主轴正转，转速1000r/min，换1号外圆车刀
N20 G00 X26 Z2                         到循环起点位置
```

```
N30  G73 U10 W1 R6
N40  G73 P50 Q120 U0.5 W0 F0.1          粗车循环指令
N50  G00 X0                             精加工轮廓开始，刀到中心
N60  G01 Z0                             刀接触工件
N70  G03 X6 Z-3 R3                      加工 R3 圆弧段
N80  G01 Z-10                           加工 φ6 外圆
N90  G03 X16 Z-15 R5                    加工 R5 圆弧段
N100 G01 Z-26                           加工 φ16 外圆
N110 G02 X24 Z-30 R4                    加工 R4 圆弧段
N120 G01 Z-40                           加工 φ24 外圆
N130 G70 P50 Q120 F0.03                 精加工循环
N140 G00 X100
N150 G00 Z100                           返回换刀点位置
N160 M30                                主轴停止，程序结束并复位
%
```

10.5　数控车床操作

下面以华中数控 HNC-21/22T 系统和 FANUC 0i Mate-TD 系统为例，介绍数控车床的基本操作。

1. 华中数控 HNC-21/22T 系统

各种类型的数控车床的操作方法基本相同，但对于不同型号的数控车床，由于机床的结构以及操作面板、数控系统的差别，操作方法也会有所不同。

HNC-21/22T 车床数控系统的操作面板的区域划分如图 10-16 所示。

华中世纪星 HNC-21/22T 数控车床基本操作方法如下所述。

1) 开机

(1) 按下"急停"按钮。

(2) 接通机床电源。

(3) 按下"电源开"→顺时针旋起"急停"按钮使系统复位。

2) 返回参考点

按下"回参考点"→分别按下"+X"、"+Z"（等待指示灯亮）。

3) 对刀

(1) 按下"增量"（运用手轮对刀）→"主轴正转"。

(2) Z 轴对刀。试切工件右端面，沿 X 向退刀(Z 轴不得移动)，按下"刀具补偿 F4"→"刀偏表 F4"→在对应刀号输入试切长度(如工件坐标系原点设在前端面则输入 0)。

(3) X 轴对刀。试切工件外圆，沿 Z 向退刀(X 轴不得移动)，在对应刀号输入试切直径。

4) 程序传输

(1) 双击计算机上"华中数控通讯软件"图标进入主程序→单击"网络通讯"启动上位机网络服务器。

数控车床 1

数控车床 2

数控车床 3

数控车床 4

数控车床 5

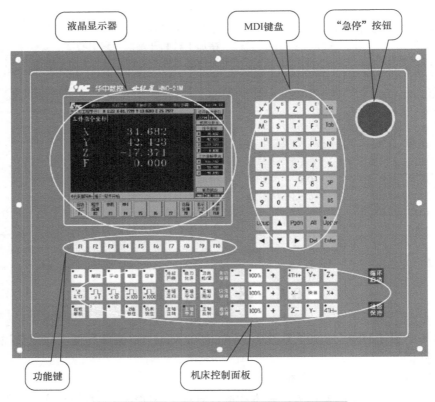

图 10-16　HNC-21/22T 车床数控系统的操作面板

(2)按下机床操作面板上的"设置 F5"→"网络 F3"→"启动网络 F1"→系统提示"网络通讯将退出系统，继续吗(Y/N)?Y"，按下"Y"键，系统显示"等待服务器指令，退出请按"X"键状态，下位机进入网络通讯程序，并自动和上位机建立起网络连接。

(3)单击华中数控通讯软件"上传 G 代码"→按照路径选定程序文件→系统界面"正在接收文件"转换为"等待服务器指令，退出请按"X"键，传输完毕→按"X"键退出。

5)程序校验与编辑

(1)选择程序。按下"程序 F1"→"选择程序 F1"，运用▲、▼键选择需要校验的程序→按"Enter"确认。

(2)检验运行。"自动"→"机床锁住"→"程序校验 F5"→"显示切换 F9"将系统界面切换到图形模拟界面→"循环启动"。若程序报错，按下"停止运行 F6"→"Enter"→"编辑程序 F2"按钮，修改错误行，再按下"保存程序 F4"→按"Enter"键确定。然后返回再次校验，直到运行无误为止。

6)加工工件

按下"自动"→"循环启动"。

7)关机

(1)按下"急停"→"电源关"。

(2)关闭机床电源。

2. FANUC 0i Mate-TD 系统基本操作方法

1)开机

(1)打开数控车床电气柜总开关。

（2）按下操作面板上"系统启动"→顺时针旋起"急停"按钮使系统复位。

2）回零操作

FANUC 0i Mate-TD 型数控车床采用的是绝对编码器，可以不用回零。

注意：在自动运行使用机床锁住功能之前和之后，工件坐标系和机床坐标系之间的位置关系可能是不一样的。此时，可用坐标设定指令或返回参考点来确定工件坐标系。

3）对刀操作

对刀的目的是调整数控车床每把刀的刀位点，使其都重合在某一理想位置上，编程者只需要按工件的轮廓编制加工程序而不用考虑不同刀具长度和刀尖半径的影响。

以 1 号外圆车刀为例，对刀操作过程如下。

（1）MDI 方式→"PROG"→"T0101 M03 S600"→"INSERT"→"EOB"→"INSERT"→"循环启动"。

（2）Z 轴对刀。试切工件右端面，沿 X 向退刀（Z 轴不得移动），按"OFS/SET"→"刀偏"→"形状"，到偏置/形状页面，找到"G001"下 Z 轴处输入试切长度（如工件坐标系原点设在右端面则输入"Z0"）→"测量"。

（3）X 轴对刀。试切工件外圆，沿 Z 向退刀（X 轴不得移动）→主轴停止→测量试切部分外圆直径，与 Z 轴对刀一样，在"G001"下 X 轴处，输入"X 测量值"→"测量"。

4）加工程序管理

（1）查看内存中的程序。编辑方式→连续按"PROG"键→显示内存中所有程序名。

（2）输入新的程序。编辑方式→"O××××"（程序名）→"INSERT"→"EOB"→"INSERT"，输入整个程序。

（3）删除程序。编辑方式→"PROG"→"O××××"→"DELETE"→按"执行"或"INPUT"确认。若要删除所有程序，按"O-9999"→"DELETE"即可。

5）程序校验

（1）选择程序。编辑方式→"O××××"→"检索"，调出需要校验的程序。

（2）校验运行。自动方式→按"CSTM/GRPH"→"图形"→"循环启动"。如有错误，需重新编辑程序，再次校验，直到运行无误为止。

6）加工工件（程序自动运行）

自动方式→"进给倍率旋钮"旋至合适倍率→选择合适快速移动倍率→"循环启动"。

7）关机

（1）按下"急停"→"系统停止"。

（2）关闭机床总电源。

第 10 章　数控车削加工

第 11 章　数控铣削加工

11.1　概　　述

数控铣床是一种功能强大的机床，在航空航天、汽车制造、一般机械加工和模具制造业中应用非常广泛。数控铣床主要用于平面和曲线轮廓等的表面形状加工，也可以加工一些复杂的型面，如模具、凸轮、样板、螺线槽等。还可以进行一系列孔的加工，如钻、扩、镗、铰孔、锪孔以及螺纹加工等。

数控铣床至少有 3 个控制轴，即 X、Y、Z 轴，可同时控制其中任意 2 个、3 个或更多个坐标轴联动。图 11-1 为两种型号的数控铣床的结构及组成。

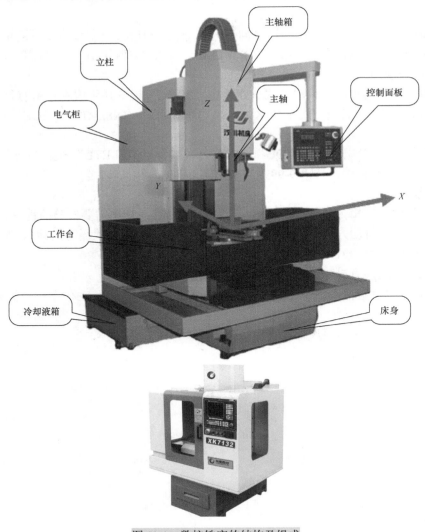

图 11-1　数控铣床的结构及组成

1. 数控铣削加工特点

数控铣削加工的特点如下。

(1) 对零件加工的适应性强、灵活性好，能加工轮廓形状特别复杂或难以控制尺寸的零件，如模具类、壳体类零件等。

(2) 能加工普通机床无法(或很难)加工的零件，如用数学模型描述的复杂曲线类零件以及三维空间曲面类零件。

(3) 能加工一次装夹定位后需进行多道工序加工的零件。

(4) 加工精度高，加工质量稳定可靠。

2. 数控铣床所用刀具

数控机床，特别是加工中心，其主轴转速较普通机床的主轴转速高 1～2 倍，某些特殊用途的数控机床、加工中心主轴转速高达数万转，因此数控机床所用刀具应具有较长的寿命和较高的强度，刀具材料抗脆性好，有良好的断屑性能和可调、易更换等特点。

近年来数控铣床不断普及高效刀具的应用，如机夹硬质合金单刃铰刀、硬质合金螺旋齿立铣刀、波形刃立铣刀、复合刀具等。硬质合金涂镀刀具已广泛应用于加工中心，陶瓷刀具与立方氮化硼等刀具也开始在加工中心上应用。图 11-2 为数控铣床常用刀具。

图 11-2　数控铣床常用刀具

11.2　数控铣床坐标系

数控铣床的坐标系按右手直角笛卡儿坐标系确定，如图 11-3 所示，大拇指的指向为 X 轴的正方向，食指指向为 Y 轴的正方向，中指指向为 Z 轴的正方向。一般假定工件静止，通过刀具相对工件的移动来确定机床各移动轴的方向。

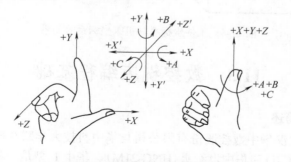

图 11-3　右手直角笛卡儿坐标系

1. 机床坐标系

机床坐标系是机床固有的坐标系,其原点定在机床零点,位置由机床制造厂家确定。机床原点既是数控铣床进行加工运动的基准参考点,也是制造、调整机床和设置工件坐标系的基础。

机床通电后,一般需执行回参考点的操作,从而建立机床坐标系。因为确定机床原点的运动就是刀具返回参考点的操作,这样通过确认参考点,就确定了机床原点。只有机床参考点被确认后,刀具(或工作台)移动才有基准。

2. 工件坐标系

工件坐标系是为了方便编写程序而设定的坐标系,也称编程坐标系。工件坐标系的原点即为工件零点。工件零点的位置由编程人员根据加工的实际需要自由设定,它只与工件有关,而与机床坐标系无关。但考虑到编程的方便性,各坐标轴的方向与机床坐标系应保持一致。在选择工件零点的位置时应注意以下几点。

(1)对于一般的零件,工件零点应选在工件外轮廓的某一显而易见的角点上。

(2)对于对称的零件,工件零点设在工件的对称中心上。

(3)Z 轴方向上的零点,一般设在工件表面上。

(4)工件零点应选在零件图的尺寸基准上,这样便于坐标值的计算,并减少误差。

(5)工件零点应尽量选在精度较高的工件表面上,以提高被加工零件的加工精度。

3. 各坐标系的位置关系

编程人员可以利用各种指令根据实际需要来偏移工件坐标系的零点位置。可设定零点偏置指令:G54(G55,G56,G57,G58,G59),用该组指令建立工件坐标系与机床坐标系的关系,如图 11-4 所示。

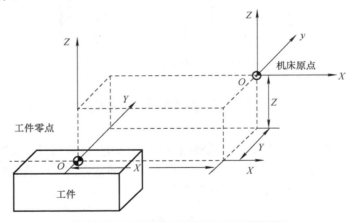

图 11-4 工件坐标系与机床坐标系的关系

11.3 数控铣床编程基础

1. 华中数控系统简述

华中数控系统是武汉华中数控股份有限公司与华中科技大学联合研制开发的。目前主要的型号有华中 I 型(HNC-1)和华中世纪星(HNC-21M)。华中 I 型是一种性能较为全面的、高性能数控装置;华中世纪星是在华中 I 型的基础上,为满足市场要求开发的高性能经济型数控装置，其基本编程指令与华中Ⅰ型相同。在此以华中世纪星（HNC-21M）为例进行讲解。

HNC-21M 系统技术性能参数是：可控制轴数和联动轴数为 4 轴（X、Y、Z、4TH）；最大编程尺寸为 99999.999mm；最小分辨率为 0.01m～10m（可设置）。

另外，该系统还具有直线、圆弧和螺旋线插补功能；刀具长度与半径补偿功能；用户宏程序功能；固定循环功能；旋转、缩放和镜像功能；反向间隙补偿功能；双向螺距补偿（最多5000 点）功能；主轴转速及进给速度倍率控制功能；M、S、T 功能；MDI 功能；加工断点保护/恢复功能；故障自我诊断与报警功能；全屏幕程序在线编辑与校验功能；CNC 通信（RS-232）等功能。

2. 程序结构

1）程序格式

零件程序是由遵循一定结构句法和格式规则的若干个程序段组成，而每个程序段又由若干个指令字组成，如图 11-5 所示。

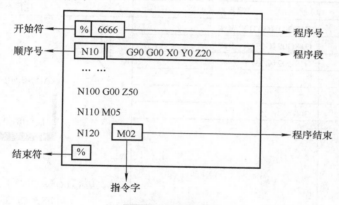

图 11-5　程序格式

一个零件的加工程序格式因数控系统而不同，程序由程序号、程序段和其他相应符号组成，每一个零件的加工程序由程序号开始。华中世纪星数控装置 HNC-21M 的程序结构如下：

（1）程序号必须是由程序起始符%跟四位数目字单列一行构成：%XXXX，如%6146；

（2）程序主体由各个程序段组成，每个程序段执行一个加工步骤；

（3）程序结束：M30 或 M02；

（4）程序结束符：%。

值得注意的是，一个零件程序是按程序段的输入顺序执行的，而不是按程序段号的顺序执行的。

2）程序段格式

每个程序段由若干个指令字组成，指令字是控制系统的具体指令，由地址符（字母）和带符号（如尺寸字）或不带符号的数字组成。

程序段中有很多指令时建议按以下顺序排列：

N_ G_ X_ Y_ Z_ F_ S_ T_ D_ M_ H_

3. 常用的编程指令

1）准备功能指令

准备功能指令由字符 G 和其后的 1～3 位数字组成，常用的是 G00-G99，很多现代 CNC

系统的准备功能已扩大到 G150。准备功能的主要作用是指定机床的运动方式，为数控系统的插补运算作准备。

　　准备功能指令可分为模态有效代码和一次性有效代码(又称非模态有效代码)，模态有效代码的功能在执行后会继续维持，而一次性有效代码仅仅在收到该命令时起作用。定义移动的代码通常是模态有效代码，像直线、圆弧和循环代码。反之，像原点返回代码就叫一次性有效代码，每一个代码都归属其各自的代码组。

2) 辅助功能及其他常用功能指令

　　辅助功能指令亦称"M"指令，由字母 M 和其后的两位数字组成，从 M00～M99 共 100种。这类指令主要是机床加工操作时的工艺性指令。

　　华中数控系统常用的准备功能表和辅助功能表见表 11-1。

表 11-1　华中数控系统常用的准备功能表和辅助功能表

代码	功能	编程格式	应用举例
G17	XY 平面选择	G17G02 (G03)X_Y_R_	
G18	ZX 平面选择	G18G02(G03)X_Z_R_	刀具从起点 O 快速定位于 A，沿 AB 下刀至 B，切削至 C，提刀至 D:
G19	YZ 平面选择	G19G02(G03)Y_Z_R_	
G90	绝对坐标		G90 编程
G91	相对坐标		N05 G90 G00 X5 Y10 Z50
G00	快速定位	G00 X_Y_Z_	N10 G01 Z-0.2 F800
G01	直线插补	G01 X_Y_Z_	N15 G01 X80 N20 G00 Z50
G02	顺时针圆弧插补	G02X_Y_R_ G02X-Y-I-J- G03X_Y_R_ G03X-Y-I-J- X,Y: 圆弧终点坐标 R: 圆弧半径 I,J: 圆心的坐标减去圆弧起点的坐标	 圆弧 a(劣弧) G90 G02 X0 Y30 R30 G90 G02 X0 Y30 I30 J0 圆弧 b(优弧) G90 G02 X0 Y30 R-30 G90 G02 X0 Y30 I0 J30
G03	逆时针圆弧插补		

续表

代码	功能	编程格式	应用举例
F	进给速度		
S	主轴转速		
G54～G59	可设定零点偏置		
M02	程序结束	用于主程序结束,但该指令并不返回程序起始位置	
M03	主轴正转(顺时针)	从主轴+Z 方向看,主轴顺时针方向旋转	
M04	主轴反转(逆时针)	从主轴+Z 方向看,主轴逆时针方向旋转	
M05	主轴停止	在该程序段其他指令执行完成后才停止	
M06	换刀		
M08	冷却液开		
M09	冷却液关		
M30	程序结束	程序结束并返回程序起始位置	

4. 手工编程范例

例 11-1: 刻绘作品。

在立式数控铣床上加工图 11-6 所示的零件,写出数控加工程序单。工件大小为 $120 \times 60 \times 25mm$,工件材料为代木,转速 800r/min,进给量 100mm/min,编写代码如下。

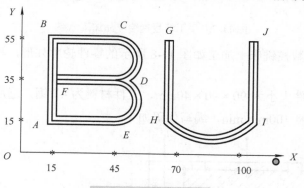

图 11-6 手工编程范例

```
%2010
N10 G90 G00 X15 Y15 Z50          快速定位于 A 上方 50mm 处
N20 M03 S800                     主轴以 800r/min 的速度正转
N30 G01 Z-0.2 F800               主轴以 800mm/min 的速度下刀
N40 G01 X15 Y55                  直线进给至 B 点
N50 G01 X45 Y55                  直线进给至 C 点
N60 G02 X45 Y35 R10              顺时针圆弧加工至 D 点
N70 G02 X45 Y15 R10              顺时针圆弧加工至 E 点
N80 G01 X15 Y15                  直线进给至 A 点
N90 G01 X15 Y35                  直线进给至 F 点
N100 G01 X45 Y35                 直线进给至 D 点
N110 G00 Z10                     快速提刀至 D 点 10mm 处
N120 G00 X70 Y55                 快速定位于 G 点上方 10mm 处
```

```
N130  G01 Z-0.2              主轴以 800mm/min 的速度下刀
N140  G01 X70 Y15            直线进给至 H 点
N150  G03 X110 Y15 R90       顺时针圆弧加工至 I 点
N160  G01 X110 Y55           直线进给至 J 点
N170  G00 Z50                快速提刀至 J 点 50mm 处
N180  M05                    主轴停止
N190  M02                    程序结束
%                            结束符号
```

加工结果如图 11-7 所示。

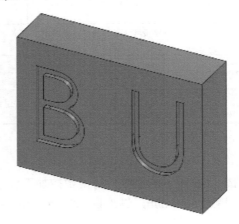

图 11-7 手工编程刻绘作品加工结果

例 11-2: 在立式数控铣床上加工如图 11-8 所示的零件轮廓外形,写出数控加工程序单。分
析如图所示零件,工件大小为 90×90×40mm,工件材料为 45 钢,选用直径为 φ12 平底刀,转速 800r/min,进给量 100mm/min,编写代码如下。

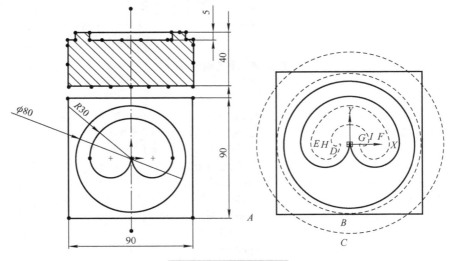

图 11-8 手工编程范例

```
%2010
N10 G90 G00 X0 Y0 Z50                  快速定位于工件原点上方 50mm 处
N20 M03 S800                           主轴以 800r/min 的速度正转
N30 G00 X-55 Y-46                      快速定位于 A 点上方 50mm 处
N35 G01 Z-5 F100                       主轴以 100mm/min 的速度下刀
N40 G01 X0 Y-46                        直线进给至 B 点
N60 G03 I0 J46                         整圆加工至 B 点
N62 G01 Y-58                           直线进给至 C 点
N65 G03 I0 J58                         整圆加工至 C 点
N70 G00 Z50                            快速提刀
N80 G00 X-6 Y0                         快速定位于 D 点上方 50mm 处
N90 G01 Z15
-5                                     主轴以 100mm/min 的速度下刀
N100 G02 X-24 R9                       顺时针圆弧加工至 E 点
N110 G02 X24 Y0 R24                    顺时针圆弧加工至 F 点
N120 G02 X6 R9                         顺时针圆弧加工至 G 点
N130 G01 X-12                          直线进给至 H 点
N140 G02 X12 R12                       顺时针圆弧加工至 I 点
N150 G00 Z50                           快速提刀
N160 M05                               主轴停止
N170 M02                               程序结束
%                                      结束符号
```

加工结果如图 11-9 所示。

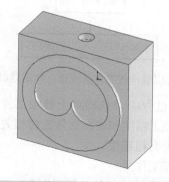

图 11-9　手工编程范例加工结果

5. 数控铣床自动编程方法

数控铣床编程方法主要有手工编程和自动编程两类。数控铣床编程目的，简而言之就是驱动数控铣床把零件加工出来。选择何种方法主要由零件的形状和特点等决定。对于点位加工或几何形状简单的零件，不需要经过复杂的计算，程序段不多，选择手工编程方法较为合适。对于形状复杂、工序较长的零件，需要进行繁琐的计算，程序段很多，出错也难以校核，应该尽可能采用自动编程的方法。

自动编程时，程序员根据零件图样和工艺要求，使用有关 CAD/CAM 软件：Mastercam、Cimatron、Pro/ENGINEER、UG、CATIA、PowerMILL、I-DEAS、SolidWorks、CAXA 等，先利用 CAD 功能模块进行造型，然后再利用 CAM 模块产生刀具路径，进而再用后置处理程序产生 NC 代码(与手工编程一样的数控程序)，就可以通过 DNC 传输软件，传给数控机床，实现边传边加工。由此可见，自动编程与手工编程比较，具有编程时间短、减少编程人员劳动强度、出错机会少、编程效率高等优点。图 11-10 为计算机应用软件对零件从设计、制造到机床加工的流程框图。

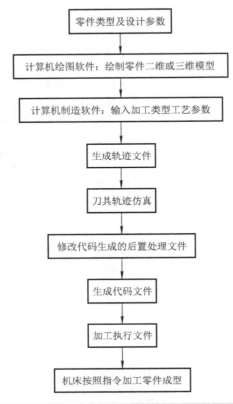

图 11-10 计算机应用软件对零件从设计、制造到机床加工的流程框图

另外，走刀路线是数控加工过程中刀具相对于被加工件的运动轨迹和方向。走刀路线的确定非常重要，因为它与零件的加工精度和表面质量密切相关。确定走刀路线的一般原则如下。

(1)保证零件的加工精度和表面粗糙度。

(2)方便数值计算，减少编程工作量。

(3)缩短走刀路线，减少进退刀时间和其他辅助时间。

(4)尽量减少程序段数。

11.4 华中数控(世纪星)铣床的基本操作及其说明

1. 开机

(1)接通电源。

(2)按下按钮"电源开"→顺时针方向旋动旋钮"急停"。

2. 返回参考点

(1)按下软键"回零"→分别按下软键"+Z"、"+X"、"＋Y"(等待指示灯亮)。

(2)按下软键"手动"→分别按下"-Z"、"-X"、"-Y"(使工作台处于相对平衡状态)。

3. 对刀

（1）按下软键"主轴正转"。

（2）按下软键"增量"（运用手轮对刀）。

（3）按下软键"F5 设置"→按下软键"F1 坐标系设定"→按下软键"F7 工件坐标系"，将"机床指定坐标值"输入当前位置，按"Enter"键确定，工件坐标零点改变为对刀后的数值。

4. 程序传输、校验与编辑

1) 传输

（1-1）按下软键"DNC/通信/F7"→系统提示"串口通讯将退出系统，是否继续[Y/N]"选择"Y"，系统显示"等待客户端指令…退出请按 X"状态。

（1-2）双击计算机桌面上"华中数控系统通讯软件"图标→单击"发送 G 代码"按照路径选定文件→系统界面"正在接收数据……"转换为"等待客户端指令……退出请按 X"时传输完毕→按下软键"X"。

2) 校验与编辑

（1-1）按下软键"F9 显示切换"将系统界面切换到模拟界面。

（1-2）按下软键"F1 程序"→"F1 选择程序"，运用▲、▼键移动光标选择需要校验的程序"Enter"→"手动"→"机床锁住"→"校验"→"自动"→"循环启动"。若程序错误，会得到提示"出错：程序第 X 行——XX 错"，按下"F10""返回"按钮，选择"F2""编辑程序"按钮，运用▲、▼键移动光标选择需要修改的行；运用▶◀键移动光标到出错地方，运用"BS"按键消除错误字母，输入正确字母或数字，再按下"F4""保存程序"按钮，用"Enter"键确定，然后返回进行再一次的校验，直到运行无误为止。本系统校验一次只提示一个错误。

5. 正式加工

按下软键"自动"→按下按钮"循环启动""机床锁住"需在"手动"的状态下方能解锁。

6. 关机

（1）按下旋钮"急停"→按下按钮"电源关"。

（2）关闭电源。

第 11 章　数控铣削加工

第12章 电火花加工

随着我国机械制造业的快速发展,电火花加工技术在民用和国防工业中的应用越来越多。电火花加工按工具与工件相对运动方式和用途不同,可分为:电火花成型加工、电火花线切割、电火花同步共轭回转加工、电火花磨削、高速小孔加工、电火花表面强化与刻字等,目前,数控电火花成型加工机床和数控电火花线切割加工机床不仅在模具制造业中广泛应用,而且在一般机械加工企业中逐渐普及,下面主要介绍这两种加工方法。

12.1 电火花成型加工

电火花成型加工(Electrical Discharge Machining,EDM)是在一定的液体介质中,利用脉冲放电对导电材料的电蚀作用来蚀除材料,从而使零件的尺寸、形状和表面质量达到预定技术要求的一种加工方法。电火花加工在模具制造业、航空航天等领域有着广泛的应用。

12.1.1 概述

电火花成型加工基本原理如图 12-1 所示。加工时,脉冲电源的一极接工具电极(常用紫铜或石墨),另一极接工件电极。两极均浸入具有一定绝缘强度($10^3 \sim 10^7 \Omega \cdot \mathrm{m}$)的液体介质(常用煤油、矿物油、皂化液或去离子水)中。工具电极由自动进给调节装置控制,以保证工具和工件在正常加工时维持一很小的放电间隙(0.01~0.05mm)。工具电极慢慢向工件电极进给,当工具电极与工件电极的距离小到一定程度时,在脉冲电压的作用下,两极间最近点处

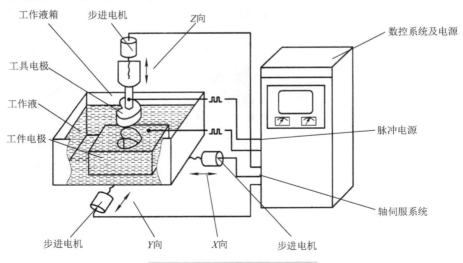

图 12-1 电火花成型加工原理图

的液体介质被击穿，工具电极与工件之间形成瞬时放电通道，产生瞬时高温，使表层金属局部熔化甚至气化而被蚀除，形成电蚀凹坑。第一次脉冲放电结束之后，经过很短的间隔时间，第二个脉冲又在另一极间最近点击穿放电。如此周而复始高频率地循环下去，工具电极不断地向工件进给，就可以将工具电极的形状复制到工件上，形成所需要的形面。电火花加工放电微观过程见表 12-1。

　　在电火花成型加工过程中，不仅工件被蚀除，工具电极也同样遭到蚀除。但工具电极和工件电极的蚀除速度是不一样的，这种现象叫"极效应"。为了减少工具电极的损耗，提高加工精度和生产效率，电火花加工的电源应选择直流脉冲电源。因为若采用交流脉冲电源，工件与工具的极性不断改变，则总的极效应等于零。极效应通常与脉冲宽度、电极材料及单个脉冲能量等因素有关。

表 12-1　电火花加工放电微观过程

插图	说明
	两极间加上无负荷电压 V_o
	两极间距 G 小到一定值时，工作液被电离击穿，两极间最近点产生火花放电。放电间隙 G 的大小，在精加工时为数微米到数十微米，粗加工时为数十到数百微米
	电源通过放电柱释放能量。放电时间为数微秒到 1 毫秒，放电温度 6000℃以上

续表

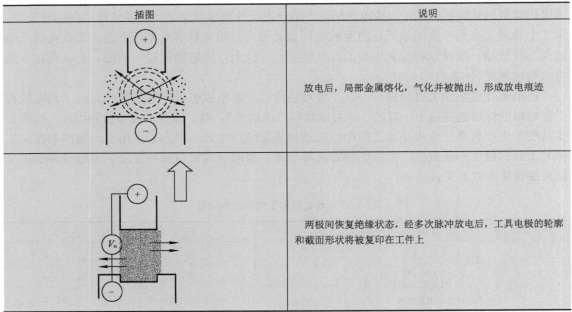

插图	说明
	放电后，局部金属熔化，气化并被抛出，形成放电痕迹
	两极间恢复绝缘状态，经多次脉冲放电后，工具电极的轮廓和截面形状将被复印在工件上

可以看出，进行电火花成型加工必须具备以下 4 个条件。

(1)工具与工件间必须保持一定的放电间隙。间隙过大，介质不能被击穿，无法形成火花放电；间隙过小，会导致积碳，甚至发生电弧放电，无法继续加工。

(2)放电形式应是瞬时的脉冲性火花放电。一般放电时间为 $1\mu s \sim 1ms$，相邻脉冲之间有间隔，使得热量从局部加工区传导扩散到非加工区，保持火花放电的冷极特性。

(3)放电应在具有一定绝缘强度的液体介质中进行。使加工过程中产生的电蚀产物从电极间隙中悬浮排出，使重复性放电能顺利进行，同时能冷却电极和工件表面。

(4)脉冲放电点必须具有足够的脉冲放电强度。一般局部集中电流密度高达 $10^4 \sim 10^9 A/cm^2$，以实现金属局部熔化和气化。

12.1.2　电火花成型加工的特点及应用

1. 电火花成型加工的特点

(1)适合于高硬度、高脆性的难切削导电材料的加工。

(2)加工时无明显机械力，适用于低刚度工件和微细结构的加工。

(3)加工速度较慢，生产效率低于切削加工。

(4)放电过程有部分能量消耗在工具电极上，导致电极损耗，影响成型精度。

(5)脉冲参数可依据需要调节，可在同一台机床上进行粗加工、半精加工和精加工。

2. 电火花成型加工的应用

电火花成型加工的主要应用如图 12-2 所示。

电火花成型加工的主要应用包括：模具加工，难加工材料的加工，精密微细加工，各种成型刀具、样板及量具等的加工，高速小孔加工，电火花表面强化与刻字等。

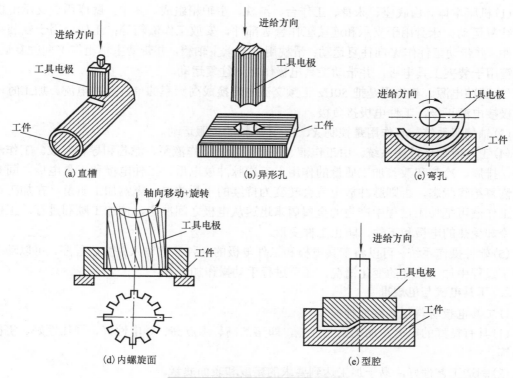

图 12-2　电火花成型加工应用实例

12.1.3　电火花成型加工机床

1．机床组成

电火花成型加工机床外形如图 12-3 所示，由机床本体、脉冲电源、轴伺服系统（X、Y、Z 轴）、工作液循环过滤系统和软件操作系统等组成。

图 12-3　电火花成型加工机床外形图

(1)机床本体。由底座、床身、工作台、滑枕、主轴箱组成。其中，底座用于支承滑枕作 Y 向往复运动；床身用于支承和连接工作台等部件，安放工作液箱等；工作台用于安装夹具和工件，并带动工件作 X 向往复运动；滑枕用于支承主轴箱，并带动主轴箱作 Y 向往复运动；主轴箱用于装夹工具电极，并带动工具电极作 Z 向往复运动。

(2)脉冲电源。其作用是把 50Hz 工频交流电转换成高频率的单向脉冲电流。加工时，工具电极接电源正极，工件电极接负极。

(3)轴伺服系统。其作用是控制 X、Y、Z 三轴的伺服运动。

(4)工作液循环过滤系统。由工作液、工作液箱、工作液泵、滤芯和导管组成。工作液起绝缘、排屑、冷却和改善加工质量的作用。每次脉冲放电后，工件电极和工具电极之间必须迅速恢复绝缘状态，否则脉冲放电就会转变为持续的电弧放电，影响加工质量。在加工过程中，工作液可把加工过程中产生的金属屑末迅速从电极之间冲走，使加工顺利进行。工作液还可冷却受热的电极和工件，防止工件变形。

(5)软件操作系统。可以将工具电极和工件电极的各种参数输入并生成程序，可以动态观察加工过程中加工深度的变化情况，还可进行手动操作加工等。

2. 工具电极与电规准

1)工具电极材料应具备的性能

(1)具有良好的电火花加工工艺性能，即熔点高、沸点高、导电性好、导热性好、机械强度高等。

(2)制造工艺性好，易于加工达到要求的精度和表面质量。

(3)来源丰富，价格便宜。

常用工具电极材料性价比见表 12-2。

表 12-2　常用工具电极材料性价比

材料	损耗	稳定性	生产率	机加工性能	价格
紫铜	小	好	高	差	较贵
黄铜	较小	较好	高	较好	中等
石墨	小	较好	高	差	中等
铸铁	较大	较差	中等	好	低
钢	稍大	较差	较低	好	较低

2)工具电极的结构形式

根据电火花加工的区域大小与复杂程度、工具电极的加工工艺性等实际情况，工具电极常采用整体电极、镶拼式电极、组合电极(又称多电极)、标准电极等几种结构形式。

3)电规准

电规准就是电火花加工过程中的一组电参数，如脉冲电压、电流、频率、脉宽、极性等。电规准一般可分为粗、中、精 3 种，每种又可分为几档。

粗规准用于粗加工，蚀除量大、生产率高、电极损耗小。一般采用大电流(数十至上百安培)、大脉宽(20~300μs)，加工粗糙度在 $Ra6.3\mu m$ 以上。

中规准用于过渡加工，采用电流一般在 20A 以下，脉宽为 4~20μs，加工粗糙度在 $Ra3.2\mu m$ 以上。

精规准用于最终的精加工，多采用高频率、小电流(1~4A)、短脉宽(2~6μs)，加工粗糙度在 $Ra0.8\mu m$ 以下。

12.1.4　电火花成型加工机床的操作

以 DM71 型电火花成型加工机床为例，简述机床的操作方法。

1. 电极和工件的安装调整

1) 电极和工件的装夹

电极一般采用通用夹具或专用夹具装夹在机床主轴上。常用的装夹方法有：用标准套筒装夹（图 12-4(a)）、用钻夹头装夹（图 12-4(b)）、用标准螺丝夹头装夹（图 12-4(c)）、用定位块装夹、用连接板装夹等几种。

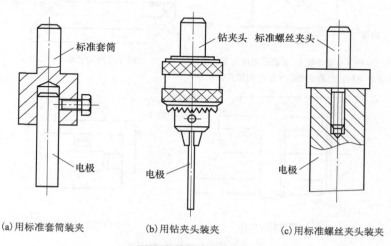

(a) 用标准套筒装夹　　　(b) 用钻夹头装夹　　　(c) 用标准螺丝夹头装夹

图 12-4　电极的装夹

工件一般直接装夹在工作台上，与电极相互定位后，用螺栓、压板压紧。

2) 电极的校正

电极在装夹后必须进行校正，使其轴线与机床主轴的进给轴线保持一致。常用的校正方法有按电极固定板基准面校正、按电极端面校正、按电极侧面校正等几种，如图 12-5 所示。

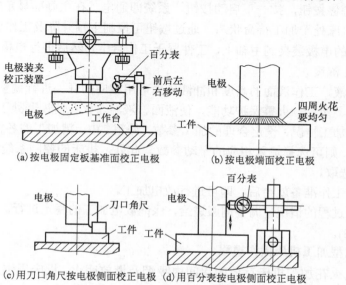

(a) 按电极固定板基准面校正电极　　　(b) 按电极端面校正电极

(c) 用刀口角尺按电极侧面校正电极　(d) 用百分表按电极侧面校正电极

图 12-5　电极的校正方法

3)电极与工件的相互定位

电极校正后,还需进行定位,即确定电极与工件之间的相互位置,以找准加工位置,达到一定的精度要求。常用的定位方法有坐标定位法、划线定位法、十字线定位法、定位板定位法、块规角尺或深度尺定位法等几种,如图 12-6 所示。

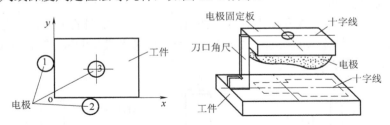

(a)坐标定位法(电极位置1、2表示电极与工件接触以确定工件位置坐标,位置3表示电极移到加工位置坐标上)　　(b)十字线定位法

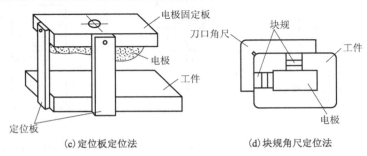

(c)定位板定位法　　(d)块规角尺定位法

图 12-6　电极的定位方法

2. 电火花成型加工机床的操作

电火花成型加工机床的型号有多种,它们的基本操作方法大致相同。现以 DM71 型数控电火花成型加工机床为例,介绍成型加工的操作步骤。

(1)各项安全及技术准备工作做好后,即可接通电源,启动控制系统。将开门断电开关合上,顺时针旋开急停按钮,按一下启动按钮,系统即通电。在主画面显示状态下按任意键进入主菜单,此时机床处于加工待命状态。通过按钮可控制主轴升降及工作台纵横向移动。

(2)将准备好的电极装夹到主轴上,工件置于工作台上,然后进行电极校正,电极与工件定位,并设定加工深度。

(3)注入工作液,工作液面的高度和冲液压力可用相应的开关进行调整。

(4)设定液面、液温、火警保护功能,使液面、液温、火花监视器处于工作状态。

(5)根据实际加工情况,设定合理的加工参数,如粗、中、精加工的各档规准、加工量等。若需平动头加工,则可选择输入相应的平动参数。此外,机床的控制系统中有加工参数数据库,可直接从中选取。

(6)以上各项工作准备就绪后,即可进行放电加工。

(7)根据加工过程的情况,调整伺服进给,保证放电加工的稳定进行。此项工作也可编入程序,由系统控制。

3. 电火花成型加工机床操作规程

(1)禁止在电火花加工机床存放的房间内吸烟及燃放明火,机床周围应存放足够的灭火设备。

(2)开机使用前，先了解自动灭火器和手动灭火器使用须知，注意灭火器的压力与年限。

(3)禁止未经培训人员操作或维修该机床。

(4)禁止使用不适用于放电加工的工作液或添加剂。

(5)每次开机后，需进行回原点操作，并观察机床各方向运动是否正常。

(6)开机后，开启油泵电源，检查工作液系统是否正常。

(7)在电极找正及工件加工过程中，禁止操作者同时接触工件及电极，以防触电。

(8)加工时，加工区应浸没在工作液面下 50mm 以上。

(9)禁止操作者在机床工作过程中离开现场。

(10)按机床使用说明书要求定期添加润滑油。

(11)加工结束后，切断控制柜电源，并切断机床电源，擦拭工作台，保持清洁。

12.2 电火花线切割加工

线切割

12.2.1 概述

1. 电火花线切割加工原理

电火花线切割加工是在电火花成型加工基础上发展起来的。它是利用细金属丝作为工具电极，电极由数控装置控制按预定轨迹对工件进行切割，故称线切割加工（英文简称是 WEDM）。其基本原理如图 12-7 所示，电极丝接脉冲电源的负极，工件接脉冲电源的正极，脉冲电源发出一连串的脉冲电压，加到工具电极和工件电极上，电极丝与工件之间施加足够的具有一定绝缘性能的工作液，当电极丝与工件的距离小到一定程度时（大约为 0.01mm 左右），在脉冲电压的作用下，工作液被击穿，电极丝与工件之间形成瞬间放电通道，产生瞬时高温，其温度可高达 8000℃以上，高温使工件局部熔化甚至汽化而被蚀除下来，工作台带动工件不断进给，就切割出所需的形状。线切割时，电极丝不断移动，其损耗很小，可以使用较长的时间，因而加工精度较高。

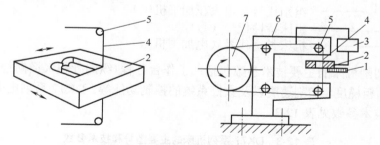

图 12-7 电火花线切割加工原理示意图

1—绝缘底板；2—工件；3—脉冲电源；4—电极丝；5—导向轮；6—支架；7—储丝筒

2. 电火花线切割机床分类

电火花线切割机床依运丝速度快慢不同分两大类：一类是高速走丝线切割机床，也称快走丝机床，这类机床的电极丝做高速往复运动，一般速度为 8～10m/s，线电极多采用直径为 $\phi 0.02$mm～$\phi 0.3$mm 的高强度钼丝，这是我国生产和使用的主要机型；另一类是低速走丝线切割机床，也称慢走丝机床，这类机床的电极丝做低速单向运动，一般速度低于 0.2m/s，线电极多采用铜丝，这是国外生产和使用的主要机型。

3. 电火花线切割加工的特点和应用

(1)可用于加工一般切削方法难以加工或者无法加工的形状复杂的工件，如冲模、凸轮、样板、外形复杂的精密零件及窄缝等，加工精度可达 0.01～0.02mm，表面粗糙度可达 $Ra1.6\mu m$ 或更小。

(2)电极丝在加工中不接触工件，两者之间的作用力很小，因而对电极丝、工件及夹具的刚度要求较低。

(3)电极丝材料不必比工件材料硬，可用于加工一般切削方法难以加工或者无法加工的金属和半导体等导电材料，如淬火钢、硬质合金、人造金刚石及导电性陶瓷等。

(4)直接利用电、热能进行加工，通过对加工参数(如脉冲宽度、脉冲间隔、加工电流等)的调整，提高线切割加工精度，便于实现加工过程的自动化控制。

(5)由于省掉了成型电极或模具，缩短了生产周期，对新产品的试制有重要意义；由于去除量小，对贵重金属的加工有特别意义。

(6)与一般切削加工相比，线切割加工效率较低，成本较高，不适合形状简单的大批零件的加工。另外，加工表面有变质层，不锈钢和硬质合金表面的变质层不利于使用，需要处理掉。

12.2.2　电火花线切割加工设备

1. 线切割加工机床型号及技术参数

我国机床型号的编制是根据 GB/T 15375—2008《金属切削机床型号编制方法》的规定进行的，机床型号由汉语拼音字母和阿拉伯数字组成。

型号示例：机床型号 DK7740 的含义如下。

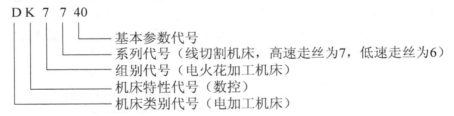

D K 7 7 40
基本参数代号
系列代号（线切割机床，高速走丝为7，低速走丝为6）
组别代号（电火花加工机床）
机床特性代号（数控）
机床类别代号（电加工机床）

电火花线切割机床的主要技术参数包括：工作台行程(纵向行程×横向行程)、最大切割厚度、加工表面粗糙度、切割速度以及数控系统的控制功能等。DK77 系列电火花线切割机床的主要型号和技术参数见表 12-3。

表 12-3　DK77 系列机床的主要型号和技术参数

机床型号	DK7720	DK7725	DK7732	DK7740	DK7750	DK7763
工作台行程	250×200	320×250	500×320	500×400	800×500	800×630
最大切割厚度/mm	200	140	300(可调)	400(可调)	300(可调)	150(可调)
加工表面粗糙度 Ra/μm	2.5	2.5	2.5	2.5	2.5	2.5
切割速度/(mm² · min⁻¹)	80	80	100	120	120	120
加工锥度	3°～60°					
控制方式	各种型号均有单板（或单片）机或者微机控制					
备　注	各厂家机床的切割速度有所不同					

2．机床基本结构

电火花线切割机床的结构示意图如图 12-8 所示，由机床本体、脉冲电源和数控装置 3 部分组成。

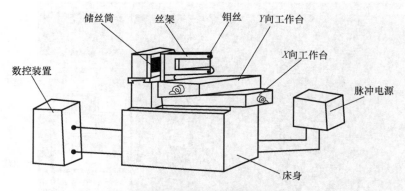

储丝筒　丝架　钼丝　Y向工作台

X向工作台

数控装置

脉冲电源

床身

图 12-8　电火花线切割机床的组成

1）机床本体

机床本体由床身、工作台、运丝机构、工作液系统等组成。

（1）床身。用于支撑和连接工作台、运丝机构、机床电器及存放工作液系统。

（2）工作台。用于安装并带动工件在工作台平面内作 X、Y 两个方向的移动。工作台分上下两层，分别与 X、Y 向丝杠相连，由两个步进电机分别驱动。步进电机每接收到数控装置发出的一个脉冲信号，其输出轴就旋转一个步距角，通过一对齿轮变速带动丝杠转动，从而使工作台在相应的方向上移动 0.01mm。

（3）运丝机构。电动机驱动储丝筒交替作正、反向转动，电极丝整齐地排列在储丝筒上，经过丝架作往复高速移动。

（4）工作液系统。由工作液、工作液箱、工作液泵和循环导管组成。工作液起绝缘、排屑、冷却的作用。工作液一般采用 7%～10%的植物性皂化液或 DX-1 油酸钾乳化油水溶液。

2）脉冲电源

脉冲电源又称高频电源，其作用是把普通的交流电转化成高频率的单向脉冲电压，其特点是脉宽窄、平均电流小。脉冲电源的形式主要有晶体管矩形波脉冲电源、高频分组脉冲电源等。加工时，电极丝接脉冲电源的负极，工件接正极。

3）数控装置

数控装置以计算机为核心，配备其他一些硬件及控制软件。其控制精度为±0.001mm，加工精度为±0.01mm。

12.2.3　电火花线切割机床控制系统

控制系统的主要作用是使工件相对于电极丝按理想的加工速度走出所需要的加工形状和尺寸。YH 线切割控制系统是采用先进的计算机图形和数控技术，集控制、编程为一体的快走丝线切割高级编程控制系统。其系统界面如图 12-9 所示，其中包括了机床在加工中所需要的操作按钮和实时加工显示，界面上各按键功能如下。

（1）YH 窗口切换。光标单击该标志或按"ESC"键，系统转换成绘图编程屏幕。在加工进行的同时进行编程操作，不影响机床正常加工的控制。

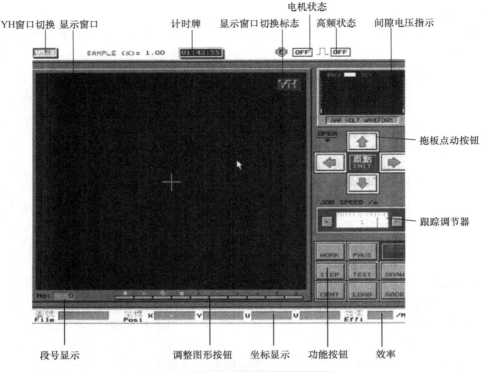

图 12-9　线切割机床控制系统界面

(2)显示窗口。可显示加工工件的图形、加工轨迹、相对坐标和加工代码。

(3)计时牌。单击该按钮清零，在加工状态下开始计时。

(4)显示窗口切换标志。单击该标志，可改变窗口显示的内容。系统首先显示图形，每单击一次该标志，依次转换为相对坐标、加工代码等。

(5)电机状态。在电机标志右侧有电机状态按钮"ON"或"OFF"，"ON"表示电机上电锁定，"OFF"表示电机未上电未锁定。用光标单击该按钮即可改变电机 ON/OFF 状态。

(6)高频状态。在脉冲波形图符的右侧有高频状态按钮"ON"或"OFF"，"ON"表示高频开关处于打开状态，"OFF"表示高频开关处于未被打开状态。用光标单击该按钮即可改变高频 ON/OFF 状态。

(7)拖板点动按钮。拖板点动按钮由位于系统界面右中部的上下左右向 4 个箭标按钮组成，在电机为"ON"的状态下，点取以上 4 个按钮，可控制机床工作台的点动运行。

(8)间隙电压指示。显示加工中放电间隙的平均电压波形，该波形反映了工件与电极丝之间的放电状态。波形显示上方的"BACK"窗口，正常加工时该窗口显示为黄色，短路时该窗口显示为红色。

(9)段号显示。显示当前加工的代码段号，可用光标单击该处，在弹出的屏幕小键盘上，键入需要起割的段号。

(10)调整图形按钮。在图形显示状态下，几个按钮的功能如下。

①"＋"。单击一下，图形放大一次。

②"－"。单击一下，图形缩小一次。

③"←"。单击一下，图形向左移动一次。

④ "→"。单击一下，图形向右移动一次。

⑤ "↑"。单击一下，图形向上移动一次。

⑥ "↓"。单击一下，图形向下移动一次。

（11）坐标显示。界面下方显示 X、Y、U、V 的绝对坐标值。

（12）功能按钮。各按钮分述如下。

① 原点。用光标单击该按钮（或按 "I" 键）进入回原点功能。若电机为 "ON" 状态，系统将控制工作台和丝架回到加工起点（包括 U-V 坐标），且返回时取最短路径；若电机为 "OFF" 状态，光标返回坐标系原点，图形重画。

② 加工。用光标单击该按钮（或按 "W" 键）进入加工方式（自动），首先自动打开电机和高频电源，然后进行插补加工。

③ 暂停。用光标单击该按钮（或按 "P" 键），系统将中止当前的操作。

④ 复位。用光标单击该按钮（或按 "R" 键）将中止当前的一切工作，清除数据，关闭高频和电机（注：加工状态下，复位功能无效）。

⑤ 单段。用光标单击该按钮（或按 "S" 键），系统自动打开电机、高频，进入插补工作状态，加工至当前代码段结束时，自动停止运行，关闭高频。

⑥ 检查。用光标单击该按钮（或按 "T" 键），系统以插补方式运行一步，若电机处于 "ON" 状态，机床拖板将作相应的一步动作。

⑦ 模拟。用光标单击该按钮（或按 "D" 键），系统以插补方式运行当前的有效代码，显示窗口绘出运行轨迹；若电机为 "ON" 状态，机床拖板将随之运动。

⑧ 定位。用光标单击该按钮（或按 "C" 键），系统可作对中心、定端面的操作。

⑨ 读盘。用光标单击该按钮（或按 "L" 键），可读入数据盘上的 ISO 或 3B 代码文件，快速画出图形。

⑩ 回退。用光标单击该按钮（或按 "B" 键），系统作回退运行，至当前段退完时停止；若再按该键，继续前一段的回退。该功能不自动开启电机和高频，可根据需要由用户事先设置。

⑪ 跟踪调节器。用来调节加工进给时的跟踪速度和稳定性。调节器中间红色指针指示调节量大小，指针向左移动为跟踪加强（加速），向右移动为跟踪减弱（减速），指示表两侧有两个按钮，"＋" 按钮加速，"－" 按钮减速；英文字母 JOB SPEED/S 后面的数字量表示加工的瞬时速度，单位为步数/秒。

⑫ 效率。显示加工的效率，单位为 mm/s；系统每加工完一条代码，即自动统计所用时间，并求出效率。

12.2.4　电火花线切割加工编程

我国生产的高速（往复）走丝线切割机床的数控程序多采用 3B 代码或 ISO 代码编制；国外的低速（单向）走丝线切割机床的数控程序多采用 ISO 代码或 EIA（美国电子工业协会）代码编制。

1. 3B 代码编程

1）3B 代码格式：B X B Y B J G Z

其中，B 是间隔符，用来区分、隔离 X、Y 和 J 等数码，B 后面的数字若为零，此零可省略不写；X、Y 表示坐标值；J 是计数长度；G 是计数方向；Z 是加工指令。

（1）坐标系和坐标值 X、Y 的确定。

平面坐标系是这样规定的：面对机床操作台，工作台平面为坐标平面，左右方向为 X 轴，且右方为正；前后方向为 Y 轴，且前方为正。坐标系的原点规定为：加工直线时，以该直线的起点作为坐标系的原点，X、Y 取该直线终点的坐标值的绝对值；加工圆弧时，以该圆弧的圆心作为坐标系的原点，X、Y 取该圆弧起点的坐标值的绝对值。坐标值单位均为 μm。编程时采用相对坐标系，即坐标系的原点随程序段的不同而变化。

（2）计数方向 G 的确定。

无论是加工直线还是圆弧，计数方向均按终点的位置来确定，具体确定原则如下。

加工直线时，计数方向取直线终点靠近的那一坐标轴。例如，在图 12-10 中，加工直线 OA，计数方向取 X 轴，记作 GX；加工 OB，计数方向取 Y 轴，记作 GY；加工 OC，计数方向取 X 轴、Y 轴均可，记作 GX 或 GY。

加工圆弧时，终点靠近哪个轴，则计数方向取另一轴。例如，在图 12-11 中，加工圆弧 AB，计数方向取 X 轴，记作 GX；加工 MN，计数方向取 Y 轴，记作 GY；加工 PQ，计数方向取 X 轴、Y 轴均可，记作 GX 或 GY。

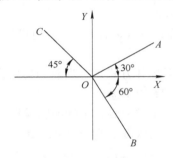

图 12-10　直线计数方向的确定

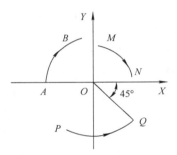

图 12-11　圆弧计数方向的确定

（3）计数长度 J 的确定。

计数长度是在计数方向的基础上确定的，是被加工的直线或圆弧在计数方向的坐标轴上投影的绝对值的总和，单位为 μm。

例如，在图 12-12 中，加工直线 OA，计数方向为 X 轴，计数长度为 OB，数值等于 A 点的 X 坐标值。在图 12-13 中，加工半径为 1mm 的圆弧 MN，计数方向为 X 轴，计数长度为 $1000 \times 3 = 3000\mu$m，即 MN 中 3 段 90° 圆弧在 X 轴上投影的绝对值的总和，而不是 $1000 \times 2 = 2000\mu$m。

（4）加工指令 Z 的确定。

加工指令 Z 是用来表达被加工图形的形状、所在象限和加工方向等信息的。

加工直线有 4 种加工指令：L1、L2、L3、L4。如图 12-14 所示，当直线处于第一象限（包括 X 轴而不包括 Y 轴）时，加工指令记作 L1；当处于第二象限（包括 Y 轴而不包括 X 轴）时，记作 L2；L3、L4 依次类推。

加工顺圆弧有四种加工指令：SR1、SR2、SR3、SR4。如图 12-15 所示，当圆弧的起点在第一象限（包括 Y 轴而不包括 X 轴）时，加工指令记作 SR1；当起点在第二象限（包括 X 轴而不包括 Y 轴）时，记作 SR2；SR3、SR4 依次类推。

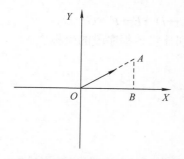

图 12-12　直线计数长度的确定

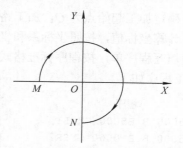

图 12-13　圆弧计数长度的确定

加工逆圆弧有 4 种加工指令：NR1、NR2、NR3、NR4。如图 12-16 所示，当圆弧的起点在第一象限（包括 X 轴而不包括 Y 轴）时，加工指令记作 NR1；当起点在第二象限（包括 Y 轴而不包括 X 轴）时，记作 NR2；NR3、NR4 依次类推。

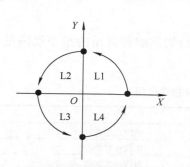

图 12-14　直线指令的确定

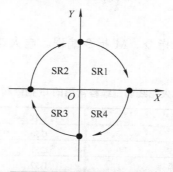

图 12-15　顺圆弧指令的确定

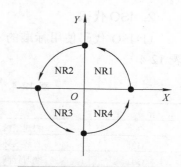

图 12-16　逆圆弧指令的确定

2）3B 代码编程示例

线切割加工如图 12-17 所示样板零件。

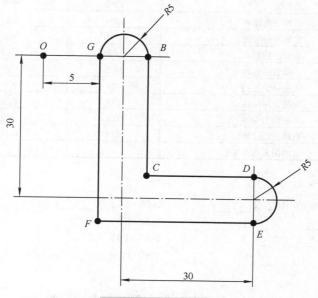

图 12-17　样板零件图

(1)确定加工起始点为 O，加工路线：$O \rightarrow G \rightarrow B \rightarrow C \rightarrow D \rightarrow E \rightarrow F \rightarrow G \rightarrow O$。

(2)计算坐标值，按照坐标系和坐标值的规定，分别计算各程序段的坐标值。

(3)填写程序单，按程序标准格式逐段填写。

加工程序如下。

```
程序                          注释
B5000 B B5000 GX L1          [OG 段]
B5000 B B10000 GYSR2         [GB 弧段]
B B25000 B25000 GYL4         [BC 段]
B 25000 B B25000 GXL1        [CD 段]
B B5000 B10000 GXSR1         [DE 弧段]
B35000 B B35000 GXL3         [EF 段]
B B35000 B35000 GYL2         [FG 段]
B5000 B B5000 GXL3           [GO 段]
```

2. ISO 代码

(1)ISO 代码使用标准的 G 指令、M 指令编程。电火花线切割编程常用的指令代码见表 12-4。

表 12-4　电火花线切割编程常用的 G 指令和 M 指令代码

指令代码	功能	指令代码	功能
G00	快速进给	G50	锥度功能撤销
G01	直线插补	G51	电极丝左倾斜
G02	顺时针圆弧插补	G52	电极丝右倾斜
G03	逆时针圆弧插补	G60	锥度 R 圆弧撤销
G04	暂停	G61	锥度 R 圆弧建立
G17	平面选择(X-Y 平面)	G90	绝对值指令
G20	英制输入	G91	增量值指令
G21	公制输入	G92	设置当前点坐标
G22	超程控制建立	G94	恒速进给
G23	超程控制撤销	G95	伺服进给
G28	自动返回原点	M00	程序暂停
G30	自动返回起始点	M02	程序结束
G40	线径补偿撤销	T84	水泵开
G41	电极丝左偏移	T85	水泵关
G42	电极丝右偏移	T86	丝筒开
G48	自动圆弧过渡建立	T87	丝筒关
G49	自动圆弧过渡撤销		

(2)ISO 程序格式

```
N10 T84 T86 G90 G92 X__Y__;      N60 G01 X__Y__;
N20 G01 X__Y__;                  N70 M00;
N30 G02 X__Y__I__J__;            N80 T85 T87;
...                              N90 M02
```

3. 间隙补偿

加工程序描述的是电极丝中心的运动轨迹，因此，在实际编程时，还应该考虑电极丝的半径和电极丝与工件间的放电间隙。工件图形轮廓与电极丝中心轨迹在圆弧半径方向和直线的垂直方向的距离称为间隙补偿量，用 f 表示，其计算公式如下：

$$f = r_丝 + s$$

式中，$r_丝$ 为电极半径；s 为单边放电间隙（通常取 0.01mm）。

4. 自动编程

通常零件图都是由直线段和圆弧段组成，编程时需要知道每段的起点、终点、圆心及切点的坐标等。对于手工编程，需要手工计算上述数值。若是图形复杂或具有非圆曲线，不但手工编程工作量大，而且容易出错。采用自动编程，只需按尺寸要求向计算机输入相应的图形，便可由计算机求得各相关点的坐标和编程所需的数据，完成自动编程，输出 3B 代码或 ISO 代码切割程序。可以运用 *YH* 线切割控制系统完成自动编程工作。

12.2.5　线切割机床操作方法

各种线切割机床的基本操作方法大致相同，其操作步骤如下。

(1) 开机。上电，开启微机。

(2) 编程。编制线切割加工程序，注意起切点与工件相对位置。

(3) 检查机床。检查运丝机构、工作液系统是否正常，检测电极丝的垂直度。

(4) 装夹工件。通过悬臂式支撑或桥式支撑方式装夹工件，注意留有余度，防止拖板走到极限位置时，工件还未割好。

(5) 输入或传输加工代码。若是手工编程，则输入程序；若是自动编程，则可通过局域网传输调用。

(6) 启动机床控制系统。

(7) 读取并模拟加工程序。

(8) 设置电参数。设置脉宽、脉间、电压等参数，注意切不可在加工过程中变更脉冲电源参数。

(9) 调整工作台位置，使电极丝处于穿丝点位置，注意不要碰断电极丝，并将工作液挡板放置到位。

(10) 启动"加工"键，进行加工，加工完后进行零件检测，若有微量偏差可调整间隙补偿值再加工。

(11) 关停电源，注意关停顺序，先关高频电源、水泵，再按总停按钮，停止运丝。

(12) 机床清洁维护。

第 12 章　电火花加工

第13章 激光加工

13.1 概　　述

13.1.1 激光器的发展历程

激光是受激辐射得到的加强光，产生激光束的器件称为激光器。

激光器的发明是 20 世纪科学技术的一项重大成就，它使人们有能力驾驭尺度极小、数量极大、运动极混乱的分子和原子的发光过程，从而获得产生、放大相干的红外线、可见光线和紫外线(以至 X 射线和 γ 射线)的能力。激光科学技术的兴起使人类对光的认识和利用达到了一个崭新的水平。激光器的诞生史大致可以分为几个阶段。其中 1916 年爱因斯坦提出的受激辐射概念是其重要的理论基础。这一理论指出，处于高能态的物质粒子受到一个能量等于两个能级之间能量差的光子的作用，将转变到低能态，并产生第二个光子，同第一个光子同时发射出来，这就是受激辐射。这种辐射输出的光获得了放大，而且是相干光，即如多个光子的发射方向、频率、位相、偏振完全相同，这时将会辐射出与激发它的光相同性质的光，出现一个弱光激发出一个强光的现象，这就叫做"受激辐射的光放大"，简称激光。

此后，量子力学的建立和发展使人们对物质的微观结构及运动规律有了更深入的认识，微观粒子的能级分布、跃迁和光子辐射等问题也得到了更有力的证明，这也在客观上更加完善了爱因斯坦的受激辐射理论，为激光器的产生进一步奠定了理论基础。20 世纪 40 年代末，量子电子学诞生后，很快被应用于研究电磁辐射与各种微观粒子系统的相互作用，并研制出许多相应的器件。这些科学理论和技术的快速发展都为激光器的发明创造了条件。如果一个系统中处于高能态的粒子数多于低能态的粒子数，就出现了粒子数的反转状态。那么只要有一个光子引发，就会迫使一个处于高能态的原子受激辐射出一个与之相同的光子，这两个光子又会引发其他原子受激辐射，这样就实现了光的放大；如果加上适当的谐振腔的反馈作用便形成光振荡，从而发射出激光，这就是激光器的工作原理。1951 年，美国物理学家珀塞尔和庞德在实验中成功地造成了粒子数反转，并获得了 50kHz/s 的受激辐射。后来，美国物理学家查尔斯·汤斯以及苏联物理学家马索夫和普罗霍洛夫先后提出了利用原子和分子的受激辐射原理来产生和放大微波的设计。1954 年，前面提到的美国物理学家汤斯终于制成了第一台氨分子束微波激射器，成功地开创了利用分子和原子体系作为微波辐射相干放大器或振荡器的先例。汤斯等人研制的微波激射器只产生了 1.25cm 波长的微波，功率很小。生产和科技不断发展的需要推动了科学家们去探索新的发光机理，以产生新的性能优异的光源。1958 年，汤斯与其姐夫阿瑟·肖洛将微波激射器与光学、光谱学的理论知识结合起来，提出了采用开式谐振腔的关键性建议，并预言了激光的相干性、方向性、线宽和噪声等性质。同时期，巴索夫和普罗霍洛夫等人也提出了实现受激辐射光放大的原理性方案。此后，世界上许多实验室都被卷入了一场激烈的研制竞赛，看谁能成功制造并运转世界上第一台激光器。1960 年，美国物理学家西奥多·梅曼在佛罗里达州迈阿密的研究实验室里，他用一个高强闪光灯管刺激在红宝石水晶里的铬原子，从而产生一条相当集中的纤细红色光柱，当它射向某一点时，可使这一点达到比太阳还高的温度。"梅曼设计"引起了科学界的震惊和怀疑,因为科学家们一直在注视和期待着的是氦氖激光器。尽管梅曼是第一个将激光引入实用领域的科学家,但在法庭上,关于到底是谁发明了这项技术的争论,曾一度引起很大争议。竞争者之一就是"激光"("受激辐射式光频放大器"的缩略词)一词的发明者戈登·古尔德。他在 1957 年攻读哥伦比亚大学博士学位时提出了这个词。与此同时,微波激射器的发明者汤斯与肖洛也发展了有关激光的概念。经法庭最终判决,汤斯因研究的书面工作早于古尔德 9 个月而成为胜者,不过梅曼的激光器的发明权却未受到动摇。1960 年 12 月,出生于伊朗的美国科学家贾万率人终于成功地制造并运转了全世界第一台气体激光器——氦氖激光器。1962 年,有三组科学家几乎同时发明了半导体激光器。1966 年,科学家们又研制成了波长可在一段范围内连续调节的有机染料激光器。此外,还有输出能量大、功率高,而且不依赖电网的化学激光器等纷纷问世。

13.1.2 激光的四大特性

激光主要有四大特性:高亮度、高方向性、高单色性和高相干性。

(1)激光的高亮度。固体激光器的亮度可比太阳高上百亿倍。不仅如此,具有高亮度的激光束经透镜聚焦后,能在焦点附近产生数千度乃至上万度的高温,这就使其可能加工几乎所有的材料。

(2)激光的高方向性。激光的高方向性使其能在有效地传递较长的距离的同时,还能保证聚焦得到极高的功率密度,这两点都是激光加工的重要条件。

(3)激光的高单色性。由于激光的单色性极高,因而保证了光束能精确地聚焦到焦点上,得到很高的功率密度。

(4)激光的高相干性。相干性主要描述光波各个部分的相位关系,具有频率相同、振动方向相同、相位差恒定的特点。

正是激光具有如上所述的奇异特性,因此在工业加工中得到了广泛的应用。

13.1.3 激光器的组成

(1)激光工作物质。是指用来实现粒子数反转并产生光的受激辐射放大作用的物质体系,有时也称为激光增益媒质,它们可以是固体(晶体、玻璃)、气体(原子气体、离子气体、分子气体)、半导体和液体等媒质。对激光工作物质的主要要求是尽可能在其工作粒子的特定能级间实现较大程度的粒子数反转,并使这种反转在整个激光发射作用过程中尽可能有效地保持下去,为此,要求工作物质具有合适的能级结构和跃迁特性。

(2)激励(泵浦)系统。是指为使激光工作物质实现并维持粒子数反转而提供能量来源的机构或装置。根据工作物质和激光器运转条件的不同,可以采取不同的激励方式和激励装置,常见的有以下 4 种。

① 光学激励(光泵),是利用外界光源发出的光来辐照工作物质以实现粒子数反转的,整个激励装置,通常是由气体放电光源(如氙灯、氪灯)和聚光器组成。

② 气体放电激励,是利用在气体工作物质内发生的气体放电过程来实现粒子数反转的,整个激励装置通常由放电电极和放电电源组成。

③ 化学激励,是利用在工作物质内部发生的化学反应过程来实现粒子数反转的,通常要求有适当的化学反应物和相应的引发措施。

④ 核能激励,是利用小型核裂变反应所产生的裂变碎片、高能粒子或放射线来激励工作物质并实现粒子数反转的。

(3)光学共振腔。通常是由具有一定几何形状和光学反射特性的两块反射镜按特定的方式组合而成。作用有两个方面。

① 提供光学反馈能力,使受激辐射光子在腔内多次往返以形成相干的持续振荡。

② 对腔内往返振荡光束的方向和频率进行限制,以保证输出激光具有一定的定向性和单色性。

13.1.4 激光器的分类

1. 按工作物质分类

根据工作物质物态的不同可把所有的激光器分为以下几大类。

(1)固体(晶体和玻璃)激光器。这类激光器所采用的工作物质,是通过把能够产生受激辐射作用的金属离子掺入晶体或玻璃基质中构成发光中心而制成的。随着半导体激光技术的不断发展,以半导体激光器为基础的其他固体激光器,如光纤激光器、半导体泵浦固体激光器、片状激光器等的发展也十分迅速。其中,光纤激光器发展较快,尤其是稀土掺杂的光纤激光器,在光纤通信、光纤传感、激光材料处理等领域获得了广泛的应用。

(2)气体激光器。它们所采用的工作物质是气体,并且根据气体中真正产生受激发射作用之工作粒子性质的不同,而进一步区分为原子气体激光器、离子气体激光器、分子气体激光器、准分子气体激光器等。

(3)液体激光器,这类激光器所采用的工作物质主要包括两类,一类是有机荧光染料溶液;另一类是含有稀土金属离子的无机化合物溶液,其中金属离子(如 Nd)起工作粒子作用,而无机化合物液体(如 SeOCl)则起基质的作用。

(4)半导体激光器。这类激光器是以一定的半导体材料作工作物质而产生受激发射作用,其原理是通过一定的激励方式(电注入、光泵或高能电子束注入),在半导体物质的能带之间或能带与杂质能级之间,通过激发非平衡载流子而实现粒子数反转,从而产生光的受激发射作用。

(5)自由电子激光器。这是一种特殊类型的新型激光器,工作物质为在空间周期变化磁场中高速运动的定向自由电子束,只要改变自由电子束的速度就可产生可调谐的相干电磁辐射,原则上其相干辐射谱可从 X 射线波段过渡到微波区域,因此具有很诱人的前景。

2. 按激励方式分类

(1)光泵式激光器。以光泵方式激励的激光器,包括几乎是全部的固体激光器和液体激光器,以及少数气体激光器和半导体激光器。

(2)电激励式激光器。大部分气体激光器均是采用气体放电(直流放电、交流放电、脉冲放电、电子束注入)方式进行激励,而一般常见的半导体激光器多是采用电流注入方式进行激励,某些半导体激光器亦可采用高能电子束注入方式激励。

(3)化学激光器。这是专门指利用化学反应释放的能量对工作物质进行激励的激光器,而希望产生的化学反应可分别采用光照引发、放电引发、化学引发。

(4)核泵浦激光器。专门利用小型核裂变反应所释放出的能量来激励工作物质的一类特种激光器,如核泵浦氦氩激光器等。

3. 按运转方式分类

由于激光器所采用的工作物质、激励方式以及应用目的的不同，其运转方式和工作状态亦相应有所不同，从而可区分为以下几种主要的类型。

(1)连续激光器。其工作特点是工作物质的激励和相应的激光输出，可以在一段较长的时间范围内以连续方式持续进行，以连续光源激励的固体激光器和以连续电激励方式工作的气体激光器及半导体激光器，均属此类。由于连续运转过程中往往不可避免地产生器件的过热效应，因此多数需采取适当的冷却措施。

(2)单次脉冲激光器。对这类激光器而言，工作物质的激励和相应的激光发射，从时间上来说均是一个单次脉冲过程，一般的固体激光器、液体激光器以及某些特殊的气体激光器，均采用此方式运转，此时器件的热效应可以忽略，故可以不采取特殊的冷却措施。

(3)重复脉冲激光器。这类器件的特点是其输出为一系列的重复激光脉冲，为此，器件可相应以重复脉冲的方式激励，或以连续方式进行激励但以一定方式调制激光振荡过程，以获得重复脉冲激光输出，通常亦要求对器件采取有效的冷却措施。

(4)调 Q 激光器。这是专门指采用一定的开关技术以获得较高输出功率的脉冲激光器，其工作原理是在工作物质的粒子数反转状态形成后并不使其产生激光振荡（开关处于关闭状态），待粒子数积累到足够高的程度后，突然瞬时打开开关，从而可在较短的时间内形成十分强的激光振荡和高功率脉冲激光输出。

(5)锁模激光器。这是一类采用锁模技术的特殊类型激光器，其工作特点是由共振腔内不同纵向模式之间有确定的相位关系，因此可获得一系列在时间上来看是等间隔的激光超短脉冲序列，若进一步采用特殊的快速光开关技术，还可以从上述脉冲序列中选择出单一的超短激光脉冲。

(6)单模和稳频激光器。单模激光器是指在采用一定的限模技术后处于单横模或单纵模状态运转的激光器；稳频激光器是指采用一定的自动控制措施使激光器输出波长或频率稳定在一定精度范围内的特殊激光器件。在某些情况下，还可以制成既是单模运转又具有频率自动稳定控制能力的特种激光器件。

(7)可调谐激光器。在一般情况下，激光器的输出波长是固定不变的，但采用特殊的调谐技术后，使得某些激光器的输出激光波长可在一定的范围内连续可控地发生变化，这一类激光器称为可调谐激光器。

4. 按输出波段范围分类

根据输出激光波长范围之不同，可将各类激光器区分为以下几种。

(1)远红外激光器。输出激光波长范围是 $25\sim1000\mu m$。

(2)中红外激光器。指输出激光波长处于中红外区($2.5\sim25\mu m$)的激光器件。

(3)近红外激光器。指输出激光波长处于近红外区($0.75\sim2.5\mu m$)的激光器件。

(4)可见激光器。指输出激光波长处于可见光谱区($4000\sim7000\overset{\circ}{A}$ 或 $0.4\sim0.7\mu m$)的一类激光器件。

(5)近紫外激光器。其输出激光波长范围处于近紫外光谱区($2000\sim4000\overset{\circ}{A}$)。

(6)真空紫外激光器。其输出激光波长范围处于真空紫外光谱区($50\sim2000\overset{\circ}{A}$)。

(7)X 射线激光器。指输出激光波长处于 X 射线谱区($0.01\sim50\overset{\circ}{A}$)的激光器系统，目前软 X 射线已研制成功，但仍处于探索阶段。

目前激光已广泛应用到激光焊接、激光切割、激光打孔(包括斜孔、异孔、膏药打孔、水松纸打孔、钢板打孔、包装印刷打孔等）、激光淬火、激光热处理、激光打标、玻璃内雕、激光微调、激光光刻、激光制膜、激光薄膜加工、激光封装、激光修复电路、激光布线技术、激光清洗等方面。激光在军事上除用于通信、夜视、预警、测距等方面外，多种激光武器和激光制导武器也已经投入使用。

13.1.5 激光加工的基本原理

激光加工（Laser Beam Machining，LBM）是一种重要的高能束加工方法，它是利用材料在激光聚焦照射下瞬时急剧熔化和气化，并产生很强的冲击波，使被熔化的物质爆炸式地喷溅来实现材料去除的加工技术。

由于激光具有 4 个极为重要的特性，经聚焦后，光斑直径仅为几微米，能量密度高达 $10^7 \sim 10^{11} W/cm^2$，能产生 10^4℃ 以上的高温。因此，激光能在千分之几秒甚至更短的时间内熔化、气化任何材料。激光加工的机制是：当能量密度极高的激光照射在被加工表面时，光能被加工表面吸收并转换成热能，使照射光斑的局部区域迅速熔化以至气化蒸发，并形成小凹坑。同时也开始热扩散，结果使斑点周围的金属熔化。随着激光能量的继续吸收，凹坑中金属蒸气迅速膨胀，压力突然增大，熔融物被爆炸性地高速喷射出来，熔融物高速喷射所产生的反冲击压力又在工件内部形成一个方向性很强的冲击波，使熔化物质爆炸式的喷射去除。这样，工件材料就在高温熔融和冲击波的同时作用下，部分物质被去除。其加工原理如图 13-1 所示。

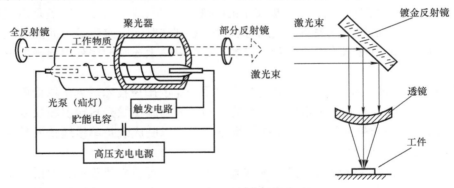

图 13-1 激光加工原理示意图

13.1.6 激光加工的特点

与其他加工方法相比，激光加工具有以下特点。

（1）适应性强。激光加工的功率密度高，几乎能加工任何材料，如各种金属、陶瓷、石英、金刚石、橡胶等。

（2）加工精度高。激光束可聚焦成微米级的光斑（理论上光斑直径可小于 $1\mu m$），所以能加工小孔、窄缝，适合于精密微细加工。

（3）加工质量好。由于能量密度高，热作用时间很短，整个加工区几乎不受热的影响，工件热变形极小，故可以加工对热冲击敏感的材料（如硬质合金、陶瓷等）。激光加工属于非接触加工，无机械加工变形和工具损耗等问题，对精密零件加工非常有利。

（4）加工速度快、效率高。一般激光打孔只需 0.01s，激光切割比常规方法效率可提高 8～20 倍，激光焊接效率可提高 30 倍，激光微调薄膜电阻工效可提高 1000 倍，提高精度 1～2

个数量级。

(5)容易实现自动化加工。激光束传输方便，易于控制，便于与机器人、自动检测、计算机数字控制等先进技术相结合。

(6)通用性强。用同一台激光器改变不同的导光系统，可以处理各种形状和各种尺寸的工件，也可以通过选择适当的加工条件，用同一台装置对工件进行切割、打孔、焊接和表面处理等多种加工。

(7)节能和节省材料。激光束的能量利用率为常规热加工工艺的 10～1000 倍，激光切割可节省材料 15%～30%。

(8)经济性好。不需要设计和制造专用工具，装置较简单。

(9)激光可穿过光学透明介质(如玻璃、空气、惰性气体、甚至某些液体)对工件进行加工。

但是，激光加工对具有高热传导率和高反射材料的加工比较困难，对表面光泽或透明材料，则需预先进行色化和打毛处理。

13.1.7　激光加工的应用

激光加工在制造业中的应用主要有以下几方面：

(1)激光打孔。利用激光几乎可以在任何材料上加工微型小孔，最典型的应用实例是金刚石拉丝模孔、钟表上宝石轴承孔、化学纤维喷丝头的小喷孔、火箭及柴油发动机的喷油嘴孔等的加工。其最小孔径可达 $\phi 0.01mm$ 以下，深径比为 50:1。使用激光打孔加工效率高，在金刚石拉丝模上用机械方法打孔需 24h 完成的工作，用激光打孔只需 2s，提高工效 4 万多倍。

(2)激光切割。激光切割加工是一种热切割方法，其切缝窄(0.1～0.5mm)，热影响区小，除广泛用于钢铁、船舶、汽车行业中对金属板材的切割外，还用于非金属材料(木材、塑料、橡胶、纸张、布料、陶瓷、玻璃等)的切割。激光能透过玻璃切割和焊接，这一特性是任何机械加工所不具备的。

(3)激光焊接。它是利用激光束"轰击"焊件所产生的热量进行焊接的一种熔焊方法。焊接所需加热时间(即激光照射时间)极短，约为 0.01s 左右。焊接过程迅速，热影响区小，焊缝质量高。既可焊接同种材料，也可焊接异种材料。用激光进行深熔焊接，其生产率较之传统焊接方法(如焊条电弧焊等)提高数十倍。目前激光焊接在印刷电路板的焊接、显像管电子枪焊接、集成电路封装、飞机发动机壳体及机翼隔架等零件的生产中得到成功的应用。

(4)激光表面强化处理。这是一项新的表面处理技术，通过对金属制品表面的强化，可以显著提高材料的硬度、强度、耐磨性、耐蚀性和高温性能等，从而大大提高产品质量和附加值，成倍延长产品寿命，取得巨大的经济效益。目前该技术已广泛用于汽车、机床、军工等行业中的刀具、模具和零配件的表面强化。

13.2　激光加工设备

13.2.1　光纤激光打标机

光纤激光打标机是采用光纤激光器集成的激光打标系统。光纤激光器是指用掺稀土元素玻璃光纤作为增益介质的激光器，利用光纤输出激光，再经高速扫描振镜系统实现打标功能。光纤激光打标机电光转换效率高，采用风冷方式冷却，整机体积小，输出光速质量好，可靠性高。可雕刻金属材料和部分非金属材料，主要应用于对深度、光滑度、精细度要求较高的领域。图 13-2 是激光打标机可打印部分内容。

金属打标	金属打标	金属打标	扬声器纸盘打标	金属打标
金属打标	外壳装饰打标	IC打标	照片打标	电子元件打标

图 13-2　激光打标机加工实例

光纤激光打标机主要应用行业如下。

(1)金属领域。不锈钢产品、五金行业、钟表行业、金银首饰行业、模具等所有金属材料。

(2)非金属领域。PVC 行业、PCB 电路板、ABS 外壳、芯片行业、塑料标记、陶瓷产品等。

(3)表面处理领域。油漆或油墨、阳极氧化、电镀及电泳等表面标刻 logo 或破氧导电处理。

(4)其他应用。微孔加工、金属排线剥割以及金属材料深度打标。

13.2.2　非金属激光切割机

激光切割

非金属激光切割就是将激光束照射到非金属材料表面时释放的能量来使工件融化并蒸发，以达到切割和雕刻的目的，具有精度高，切割快速，不局限于切割图案限制，自动排版节省材料，切口平滑，加工成本低等特点。激光切割机床的外形如图 13-3 所示。非金属激光加工基本设备包括激光器、电源、光学系统和机械系统等四大部分。

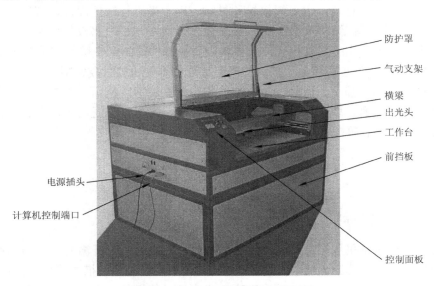

防护罩
气动支架
横梁
出光头
工作台
前挡板
电源插头
计算机控制端口
控制面板

图 13-3　非金属激光切割机床外形图

1. 激光器

激光器是激光加工的核心设备，它能把电能转化成光能，获得方向性好、能量密度高、稳定的激光束。激光(非金属)切割机所用的是 CO_2 激光器，主要包括放电管、谐振腔、冷却系统和激励电源等部分。它以 CO_2 作为工作物质，封入抽空的玻璃管中，管的两端各装一块反射镜，形成谐振腔，在端部封入电极，通以千伏以上高压，产生气体放电。CO_2 激光器是利用分子振动能级跃迁发射激光的。激光粒子(工作物质)是 CO_2 分子，工作物质中辅助气体 N_2、H_e、X_e、H_2 等都起加强激光跃迁的作用。它通过高压电源使电子直接碰撞击发工作物质，实现粒子数反转分布。

2. 激光器电源

激光器电源根据加工工艺的要求，为激光器提供所需的能量及控制功能。它包括电压控制、时间控制及触发器等。

3. 光学系统

光学系统包括激光聚焦系统和观察瞄准系统。聚焦系统的作用在于把激光引向聚焦物镜，并聚焦在工件上。为了使激光束准确地聚焦在加工位置，要有焦点位置调节以及观察瞄准系统。

4. 机械系统

机械系统主要包括床身、工作台和机电控制系统等。由于激光加工不存在明显的机械力，强度问题不必过多考虑，但刚度问题不容忽视。为保持工件表面及聚焦物镜的清洁，机床上设有吹气和吸气装置，以便及时排除加工产物。先进的激光加工设备采用数控系统来自动控制，大大提高了生产率。

13.2.3　光纤激光金属切割机

光纤激光切割机是利用光纤激光器作为光源的激光切割机，可以用于不锈钢、碳钢、合金钢、硅钢、弹簧钢、铝及铝合金、镀锌板、镀铝锌板、酸洗板、铜、银、金、钛等金属板材及管材切割。

光纤激光器输出高能量密度的激光束，并聚集在工件表面上，使工件上被超细焦点光斑照射的区域瞬间熔化和气化，通过数控机械系统移动光斑照射位置而实现自动切割。光纤激光切割机比起普通 CO_2 激光切割机更节省空间和气体消耗量，光电转化率高，但光纤的切割范围相对狭窄，因为波长的原因，其只能切金属材料，因为非金属材料不容易被其吸收，从而影响其切割范围。

光纤激光切割机主要组成部分有机床主机部分、控制系统、激光器、冷水机、抽风机、冷干机等，如图 13-4 所示。

图 13-4 所示机床各部分紧密联系，相辅相成。稳压电源为冷水机、激光器及主机提供优质电源；冷水机为激光器及主机提供冷却；激光切割机的气路有两部分：一部分为提供给切割头的切割气体，有清洁干燥压缩空气、高纯氧气和高纯氮气，这 3 种气体可根据不同要求来选择，压缩空气和氧气主要是用来切割普通碳钢，氮气主要用来切割不锈钢和合金钢；另一部分为辅助气体，全部都是清洁干燥的压缩空气，包括夹紧工作台的气缸使用气体和光路的正压除尘气体。激光切割机的水路系统也包括两部分：一部分冷却水从冷水机组出来后，进入激光器，通过激光器内的散热器对激光器进行冷却后，返回冷水机组；另一部分是冷却水对光路系统的反射镜及切割头进行冷却。

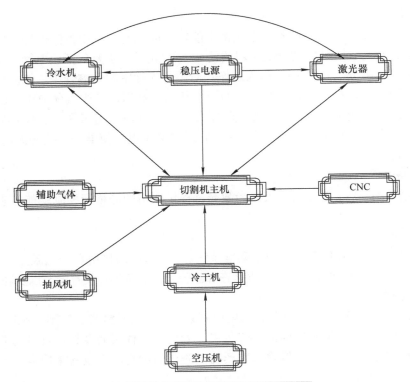

图 13-4　光纤激光切割机主要组成部分

　　机床主机由床身、横梁、Z 轴装置、电器控制部分，气路水路等部分组成。Z 轴装置是实现切割头的升降运动的部分。切割头的升降运动是由数控系统控制伺服电机，电机驱动滚珠丝杠，带动 Z 轴滑板上下往复运动来完成，Z 轴装置中的电容传感器(装在切割头上)检测出喷嘴到板材表面的距离后，将信号反馈到控制系统，然后由控制系统控制 Z 轴电机驱动切割头上下运动，从而控制了喷嘴与板材的距离不变，有效地保证切割质量。切割头有调节焦距的螺母，可根据切割材料的材质和厚度来调整焦点的位置，由此获得良好的切割断面。

13.2.4　激光内雕机

　　激光内雕机主要在水晶、玻璃等透明材料内雕刻平面或三维立体图案。可雕刻 2D/3D 人像、人名手脚印、奖杯等个性化礼品纪念品，也可批量生产 2D/3D 动物、植物、建筑、车、船、飞机等模型产品和 3D 场景展示。激光内雕机加工样品如图 13-5 所示。

　　激光内雕的原理是光的干涉现象。将两束激光从不同的角度射入透明物体(如玻璃、水晶等)，准确地交汇在一个点上。由于两束激光在交点上发生干涉和抵消，其能量由光能转换为内能，放出大量热量，将该点融化形成微小的空洞。由机器准确地控制两束激光在不同位置上交汇，制造出大量微小的空洞，最后这些空洞就形成了所需要的图案，这就是激光内雕的原理。

　　在激光内雕时，不用担心射入的激光会融掉一直线上的物质，因为激光在穿过透明物体时维持光能形式，不会产生多余热量，只有在干涉点处才会转化为内能并融化物质。

　　激光内雕机首先通过专用点云转换软件，将二维或三维图像/人像转换成点云图像，然后根据点的排列，通过激光控制软件控制水晶的位置和激光的输出，在水晶处于某一特定位置时，聚焦的激光将在水晶内部打出一个个的小爆破点，大量的小爆破点就形成了要内雕的图像/人像。激光内雕机使用三维工作台(X, Y, Z 轴)控制水晶的位置(激光不移动)，使用振镜方式控制激光的聚焦坐标，用 Z 轴控制水晶上下移动的方式来达到在水晶内部雕刻图像的目的。

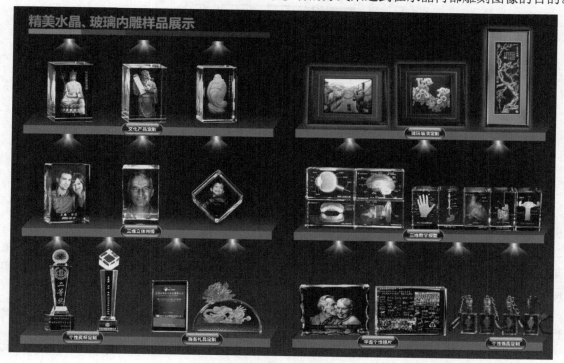

图 13-5　激光内雕机加工样品

13.3　激光加工机床控制系统

激光加工机床控制系统多种多样，现就 CLS3500 型高速非金属激光切割机床所配套的 Lasersculpt 软件进行介绍。

打开软件主界面，具体操作步骤如下。

1. 调入文件

在"文件"菜单中选择"打开"，选择需要切割的文件，打开。

2. 保存文件

在"文件"菜单中选择"另存为"，把经过镭神软件编辑过的图形存为"*.lsc"格式，以便于重复使用。

3. "编辑"菜单及参数设置

机床的参数设置主要集中在"编辑"菜单下。

1) 颜色分区设置

图 13-6 所示用来设置不同颜色的切割顺序、速度、能量、(能量)自动调节等参数。

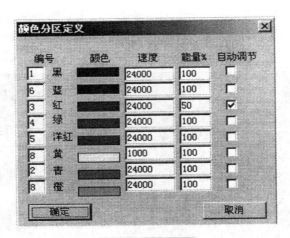

图 13-6　颜色分区

（1）"编号"是切割的先后顺序，"0"代表不切割该颜色，"1"为最先切割，顺次"8"为最后。

（2）"速度"（V）是切割此颜色时的切割速度，取值范围是 10～24000，V 小于"编辑"菜单下"切割参数"中的切割速度（S）时，V 的值是实际运动速度，当 V 大于 S 时，此颜色的实际运动速度就是 S。

（3）"能量%"（W）是切割此颜色时的能量，为面板能量的百分比，取值是 0～100，例如，控制面板上设置的电流是 18mA，W 值是 60，切此颜色时的能量就是 18×60%=10.8mA。

（4）"自动调节"的作用是使切割此颜色时激光能量随速度线形变化，高速划线时用此功能。

2）"复制"功能

该功能是用来复制图形的，当加工多个以阵列方式重复出现的图形时，可以只调入其中一个单元，再通过"复制"功能生成所需要的数量。具体地，在"编辑"菜单中选择"复制"，在弹出的对话框中输入"间隔"（单位是 mm）和"个数"，"X 方向间隔"是指图形之间沿 X 轴方向的间隔，"Y 方向间隔"是指图形之间沿 Y 轴方向的间隔，"个数"是指 X/Y 方向图形增加的个数，即实际加工数量="个数"＋1。

3）"切割参数"

这是用来设置切割时的各种参数。

（1）"切割速度"是出光切割时，机床光头的运动速度，取值范围是 10～24000。

（2）"缩放系数"用来调整图形缩放比，取值范围是 0.001～10000，大于 1 为放大，小于 1 为缩小。

（3）"能量"是设置切割时激光的能量，建议使用 100%，然后通过操作面板上的调光钮调整激光能量值。

（4）"空程速度"是指机床在线段间不出光空驶运动时的速度。

（5）"校正系数"是指当图形在 X 方向尺寸合适，在 Y 方向尺寸不合适时的调节系数，取值范围是 0.5～2，大于 1 为放大，小于 1 为缩小；当 Y 方向尺寸合适，而 X 方向不合适时，先通过"缩放系数"使 X 方向尺寸合适，再通过"校正系数"使图形在 Y 方向尺寸合适。

4）"节点焊接"与"由内至外切割"

如果文件中断点过多，选中"节点焊接"以减少断点，还可以选中"由内至外切割"使文件图形由内到外顺次切割，不选此项系统默认为"就近寻点"原则。

激光起刀点（即零点）在左上角，有利于用户送料。因此，在加工前，一定要将激光头移到材料左上角的位置。

4. "切割与雕刻"菜单

1）"启动切割"功能

执行该功能，机床将按照文件所绘制的图形及"编辑"菜单所设定的加工参数进行加工。也可以通过单击"▶"按钮执行该功能。

2）"移动"功能

"移动"功能可以使光头沿 X 或 Y 轴移动一个精确的距离。单击该菜单选项后，弹出对话窗口，分别设置相应方向的位移距离即可。其中，X 向正值为向右移动，负值为向左移动；Y 向正值为向前移动，负值为向后移动（方向均为操作者面向机床时为准）。

移动功能也可以用键来实现。

5. 机床运动中的暂停

切割过程中如果需要暂停，按下面板上的"暂停"键，光头将自动回到起点。当需要从刚才的暂停点继续加工时，可点击软件界面上的"C"按钮，机床将从刚才的暂停位置继续加工。当要放弃刚才的暂停点，将整个文件图形重新加工时，按下启动键即可。

当遇到紧急情况时，请拍下机床上的红色"急停"按钮，此时机床将断电停止运作。待排除险情后，需按以下步骤操作。

(1)按电脑上的"RESET"键重新启动电脑，重新启动 Lasersculpt 软件。

(2)按照"急停"按钮上所标示的箭头方向转动按钮帽，直至"急停"按钮自动弹起。

(3)调入文件，更换材料，重新开始加工。

第 13 章 激光加工

第 14 章　逆向工程与 3D 打印技术

14.1　概　　述

逆向工程(Reverse Engineering, RE)又称反求工程、反向工程。这一概念于 20 世纪 60 年代提出，但对它从工程应用角度去研究、从反求的科学性进行深化是从 20 世纪 90 年代开始的。它是以产品及设备的实物、软件(图样、程序及技术文件等)或影像(图片、照片等)为研究对象，反求出初始的设计意图。简单地说，逆向就是对存在的实物模型或零件进行测量并根据测量数据重构出事物的 CAD 模型，进而进行分析、修改、检验、制造的过程。

逆向工程技术与传统的正向设计方式不同，是对已有产品进行解剖，获得产品的设计信息，并在此基础之上进行再设计，很大程度上缩短了新产品的开发周期。逆向工程主要应用于已有零件的复制、损坏件或磨损件的高精度复原、数字化模型检测等。逆向工程技术并不是简单意义的仿制，而是综合运用现代工业设计的理论方法、工程学、材料学和相关的专业知识，进行系统分析，进而快速开发制造出高附加值、高技术水平的新产品。因此，逆向工程技术在新产品的快速创新设计占有绝对的优势，具有广阔的发展前景和重大的研究意义。图 14-1 至图 14-5 为逆向工程的应用。

图 14-1　鞋楦的扫描和反求

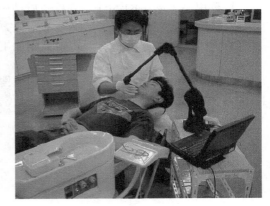

图 14-2　骨骼的扫描和反求

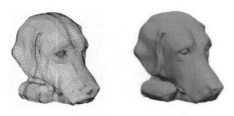

图 14-3　狗头部的点云和反求

图 14-4　人面部的点云和反求

图 14-5　逆向工程在影视动画中的应用

逆向工程应用一般可分为以下 4 个步骤。

（1）零件原形的数字化。通常采用三坐标测量机（CMM）或光学扫描仪等测量装置来获取零件原形表面点的三维坐标值。

（2）从测量数据中提取零件原形的几何特征。按测量数据的几何属性对其进行分割，采用几何特征匹配与识别的方法来获取零件原形所具有的设计与加工特征。

（3）零件原形 CAD 模型的重建。将分割后的三维数据在 CAD 系统中分别做表面模型的拟合，并通过各表面片的求交与拼接获取零件原形表面的 CAD 模型。

（4）重建 CAD 模型的检验与修正。采用根据获得的 CAD 模型重新测量和加工出样品的方法来检验重建的 CAD 模型是否满足精度或其他试验性能指标的要求，对不满足要求者重复以上过程，直至达到零件的逆向工程设计要求。

逆向工程工作流程图，如图 14-6 所示。

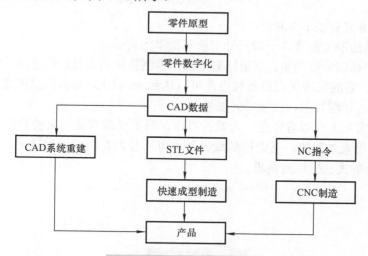

图 14-6　逆向工程工作流程图

目前，大多数的实物原型的逆向工程是通过图 14-6 所示的 3 种方式来达到反求目的。

第 1 种实现方式是在得到零件的 CAD 数据后，将数据导入专业的 CAD 软件系统进行再设计；第 2 种方式是在得到零件的 CAD 数据后，自动生成零件的 NC 代码文件，然后将该文件输入数控加工机床加工出所需产品；第 3 种方式是在得到零件的 CAD 数据后，自动生成样品的 STL 文件，然后将该文件导入快速原型制造系统中制造出产品。

逆向工程由离散数据获取、数据处理与曲面重构、快速制造三大部分组成。包含数据测量、数据预处理和模型重构三大关键技术。数据测量技术是逆向工程的基础,在此基础上进行复杂曲面的建模评价、改进和制造,数据的测量质量直接影响最终模型的质量;数据预处理阶段主要是去除噪声点,简化数据,经过一系列处理提高所获得的测量数据的质量;通过重构产品零件的 CAD 模型,实现对原形的修改和再设计。

14.2　数据测量技术

数据测量是逆向工程的第一步重要阶段,也是后续工作的基础。数据测量设备的方便、快捷、操作的简易程度,数据的准确性、完整性是衡量采集设备的重要指标也是保证后续工作高质量完成的重要前提。常用数据测量方法如图 14-7 所示。

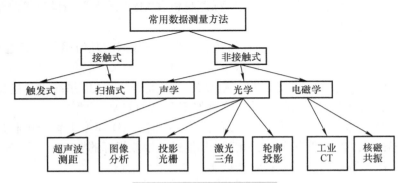

图 14-7　常用数据测量方法

数据测量的方式有以下 3 种。

(1)简单工具的手工测量。一般只针对极其简单的物体。

(2)机械三坐标测量机测量。三坐标测量机作为测量检测设备,是逆向工程最早进行数据采集的专业设备,它的显著优点就是精度高可以达到μm 以上,显著缺点就是效率太低,操作复杂、设备笨重、行程有限、测量时间很长。

三坐测量机实际上可以看作是一台数控机床,只不过前者是用来测量尺寸、公差、误差对比等,后者是用来加工的。三坐标测量机基本可以分为龙门式、悬臂式、桥式、L 式、便携式,图 14-8 为桥式三坐标测量机。

图 14-8　桥式三坐标测量机

　　三坐标测量机测量范围有大有小，小的只有 1 米多的空间测量范围，大的可以直接测量整车外形。它的精度受其结构、材料、驱动系统、光栅尺等各个环节影响。它的光栅尺分辨率一般在 0.0005mm，测量时精度又受当时的温度、湿度、震动等很多环境因素影响。它与传统测量工具比较，可以一次装夹，完成很多尺寸的测量，包括很多传统测量仪器无法测量的尺寸，也可以输入 CAD 模型，在模型上采点进行自动测量。

　　(3)激光、数字成像的三坐标测量。这些设备也叫三维扫描仪，是目前市场上专业的设备，当然由于时间和技术进步的原因，越来越多的用户选择了白光光栅照相式三维扫描仪。

　　激光三维扫描仪形态比较多，但是作为上一代逆向测量产品，主要可以分为两大类：台式和便携式。

　　台式三维扫描仪看是一台测量头换成激光头的三坐标测量机，但是由于其光学测量特性，精度远远低于三坐标测量机，加上设备笨重、效率低下、无法自动拼接等一系列问题，基本淡出了主流市场。为应对台式机的缺点，业界逐渐出现了便携式的激光扫描仪，但是随着时代的进步和行业的扩展，尤其是在工业领域的应用它的不足显得尤为明显，在数据精度、数据拼合方式上都显得力不从心，与最新一代的白光光栅测量机的较量中，劣势明显。

　　还有一种手持式激光三维扫描仪，它具有体积小、重量轻、使用灵活的优点，作为台式扫描仪的替代产品，具有一定的优越性；但是它依然没有解决数据质量差的缺点，由于它工作的时候实时位移，实时采集，对精度的控制要求很高，于是就出现了数据噪点大，原始数据粗糙，数据平滑后导致误差增大、操作人员劳动强度大，效率低，整体误差无法控制的问题，属于一个廉价的解决方案。

　　总体上看，激光扫描仪作为上一代的逆向工具立下了汗马功劳，但是它的缺陷是显而易见的：数据噪声大——由于激光光斑的中心不好确定、位移控制不能足够的精确；数据无法自动拼合——人工第三方软件手动转换坐标，定位不精确、误差不可控；这些导致数据精度不高，无论形态的变化如何，显然无法满足日益提高的行业需求。

　　非接触白光光栅扫描测量作为最新一代的测量方式，采用可见光将特定的光栅条纹投影到测量工件表面，借助高分辨率数码相机对光栅干涉条纹进行拍照，利用光学拍照定位技术和光栅测量原理，可在极短时间内获得复杂工件表面的完整点云。

　　数字化精密测量技术是逆向工程的关键技术之一。开发高精度测量仪器，提高环境适应能力，使精密测量装备进入生产现场，集成到加工机床和制造系统，形成先进的数字化闭环制造系统，是当今精密测量技术的发展趋势。

14.3　逆向工程软件介绍

　　逆向工程软件功能通常都是集中于处理和优化密集的扫描点云以生成更规则的结果点云，通过规则的点云可以应用于快速成型，也可以根据这些规则的点云构建出最终的 NURBS 曲面输入到 CAD 软件进行后续的结构和功能设计工作。

　　目前主流应用的四大逆向工程软件：Imageware、Geomagic Studio、Copy CAD 和 RapidForm。

1. Imageware

Imageware 由美国 EDS 公司出品，是最著名的逆向工程软件，已被广泛应用于汽车、航空、航天、消费家电、模具和计算机零部件等设计与制造领域。该软件拥有广大的用户群，国外有 BMW、Boeing、GM、Chrysler、Ford、Raytheon、Toyota 等著名公司，国内则有上海大众、成都飞机制造公司等大企业。

以前该软件主要被应用于航空航天和汽车工业，因为这两个领域对空气动力学性能要求很高，在产品开发的开始阶段就要认真考虑空气动力性。常规的设计流程首先根据工业造型需要设计出结构，制作出油泥模型之后将其送到风洞实验室去测量空气动力学性能，然后再根据实验结果对模型进行反复修改直到获得满意结果为止，如此所得到的最终油泥模型才是符合需要的模型。如何将油泥模型的外形精确地输入计算机成为电子模型，这就需要采用逆向工程软件。

随着科学技术的进步和消费水平的不断提高，其他许多行业也开始纷纷采用逆向工程软件进行产品设计。以微软公司生产的鼠标器为例，就其功能而言，只需要有三个按键就可以满足使用需要，但是，怎样才能让鼠标器的手感最好，而且经过长时间使用也不易产生疲劳感却是生产厂商需要认真考虑的问题。因此微软公司首先根据人体工程学制作模型并交给使用者评估，然后根据评估意见对模型直接进行修改，直至修改到大家都满意为止，最后再将模型数据利用逆向工程软件 Imageware 生成 CAD 数据。当产品推向市场后，由于外观新颖、曲线流畅，再加上手感也很好，符合人体工程学原理，因而迅速获得用户的广泛认可，产品的市场占有率大幅度上升。

Imageware 处理数据的流程遵循点——曲线——曲面原则，流程简单清晰，软件易于使用。由于其在计算机辅助曲面检查、曲面造型及快速样件等方面功能强大，使它当之无愧地成为逆向工程领域的领导者。

2. Geomagic Studio

由美国 Raindrop（雨滴）公司出品的逆向工程和三维检测软件 Geomagic Studio 可轻易地从扫描所得的点云数据创建出完美的多边形模型和网格，并可自动转换为 NURBS 曲面。该软件是除 Imageware 以外应用最为广泛的逆向工程软件。

Geomagic Studio 主要包括 Qualify、Shape、Wrap、Decimate、Capture 5 个模块。主要功能包括：自动将点云数据转换为多边形（Polygons），快速减少多边形数目（Decimate），把多边形转换为 NURBS 曲面，曲面分析（公差分析等），输出与 CAD/CAM/CAE 匹配的文件格式（IGS、STL、DXF 等）。

3. Copy CAD

Copy CAD 是由英国 DELCAM 公司出品的功能强大的逆向工程系统软件，它能够从已存在的零件或实体模型中产生三维 CAD 模型，为来自数字化数据的 CAD 曲面的产生提供了专业工具。Copy CAD 能够接受来自坐标测量机床的数据，能将处理的数据无缝地延续到设计制造阶段。

Copy CAD 是世界知名的专业化逆向/正向混合设计 CAD 系统，采用 Tribrid Modelling 三角形、曲面和实体三合一混合造型技术，集三种造型方式为一体，创造性地引入了逆向/正向混合设计的理念，成功地解决了传统逆向工程中不同系统相互切换、繁琐耗时等问题，为工程人员提供了人性化的创新设计工具，从而使得"逆向重构+分析检验+外型修饰+创新设计"在同一系统下完成。Copy CAD 为各个领域的逆向/正向设计提供了高速、高效的解决方案。

Copy CAD 简单的用户界面允许用户在尽可能短的时间内进行生产，并且能够快速掌握其功能，即使对于初次使用者也能做到这点。使用 Copy CAD 的用户将能够快速编辑数字化数据，产生高质量的复杂曲面。该软件系统可以完全控制曲面边界的选取，然后根据设定的公差能够自动产生光滑的多块曲面，同时，Copy CAD 还能够确保在连接曲面之间的正切的连续性。

4. RapidForm

RapidForm 是韩国 INUS 公司出品的全球四大逆向工程软件之一，可实时将点云数据运算出无接缝的多边形曲面。RapidForm 使 3D 扫描设备的运用范围扩大，改善扫描品质。

光学 3D 扫描仪会产生大量的数据，由于数据非常庞大，因此需要昂贵的电脑硬件才可以运算，RapidForm 提供记忆管理技术（使用更少的系统资源）可缩短处理数据的时间。

RapidForm 可以迅速处理庞大的点云数据，不论是稀疏的点云还是跳点都可以轻易地转换成非常好的点云，RapidForm 提供过滤点云工具以及分析表面偏差的技术来消除 3D 扫描仪所产生的不良点云。

RapidForm 提供一个特别的计算技术，针对 3D 及 2D 处理是同类型计算，可以将点云快速计算出多边形曲面。

RapidForm 支持彩色 3D 扫描仪，可以生成最佳化的多边形，并将颜色信息映像在多边形模型中。在曲面设计过程中，颜色信息将完整保存，也可以运用 3D 打印机制作出有颜色信息的模型。RapidForm 也提供上色功能，通过实时上色编辑工具，使用者可以直接对模型编辑自己喜欢的颜色。

14.4　3D 打印技术

3D 打印机（3D Printers）是一位名为恩里科·迪尼（Enrico Dini）的发明家设计的一种打印机，它不仅可以"打印"出一幢完整的建筑，甚至可以在航天飞船中给宇航员打印所需的物品。3D 打印工艺是一个涉及 CAD/CAM、逆向工程技术、分层制造技术、数据编程、材料编制、材料制备、工艺参数设置及后处理等环节的集成制造过程。

14.4.1　3D 打印技术的原理及特点

3D 打印机又称三维打印机，是一种累积制造技术，即快速成型技术的一种机器，它是一种以数字模型文件为基础，运用特殊蜡材、粉末状金属或塑料等可黏合材料，通过打印一层层的黏合材料来制造三维物体的设备。过去其常在模具制造、工业设计等领域被用于制造模型，现在三维打印机逐渐被用来直接制造产品，意味着这项技术正在普及。3D 打印机的原理是把数据和原料放进 3D 打印机中，机器会按照程序把产品一层层造出来。

3D 打印机与传统打印机最大的区别在于它使用的"墨水"是实实在在的原材料，堆叠薄层的形式有多种多样，可用于打印的介质种类多样，从繁多的塑料到金属、陶瓷以及橡胶类物质。

3D 打印技术是在计算机控制下，基于离散、堆积的原理采用不同方法堆积材料，最终完成零件的成型与制造的技术。从成型角度看，零件可视为"点"或"面"的叠加，从 CAD 电子模型中离散得到"点"或"面"的几何信息，再与成型工艺参数信息结合，控制材料有规律、精确地由点到面，由面到体的堆积零件。从制造角度看，它根据 CAD 造型生成零件三维几何信息，控制多维系统，通过激光束或其他方法将材料逐层堆积而形成原型或零件。

3D 打印技术发展至今，以其技术的高集成性、高柔性、高速性而得到了迅速发展，目前，快速成型的工艺方法已有几十种之多，其中主要工艺有 4 种基本类型：光固化成型法(Stereo lithography Apparatus,SLA)、叠层实体制造法(Laminated Object Manufacturing, LOM)、选择性激光烧结法(Selective Laser Sintering, SLS)和熔融沉积制造法(Fused Deposition Manufacturing, FDM)。

随着计算机技术的迅速普及和 CAD/CAM 技术的广泛应用，在短短的十几年时间，3D 打印技术得到了异乎寻常的高速发展，表现出很强的生命力和广阔的应用前景。与传统加工方法相比具有诸多的优势，其主要特点表现在以下几个方面。

(1)从 CAD 设计到完成原型制作通常只需数小时至几十个小时，与传统加工方法相比，加工周期节约 70%以上，对复杂零件尤其如此。

(2)成本与产品复杂程度无关，一般制造费用可降低 50%，特别适合于新产品的开发和单件小批量零件的生产。

(3)快速成型所用的材料不限，各种金属和非金属材料均可使用，可以制造树脂类、塑料类、纸类、石蜡类、复合材料以及金属材料和陶瓷材料的原型。

(4)适应于加工各种形状的零件，制造工艺与零件的复杂程度无关，不受工具的限制，可实现自由制造(Free Form Fabrication)，原型的复制性、互换性高，尤其在加工复杂曲面时，更能体现出它的优越性，这是传统法无法比拟的。

(5)采用非接触加工的方式，无需任何工夹具，即可快速成型出具有一定精度和强度、满足一定功能的原型和零件。若要修改零件，只需修改 CAD 模型即可，特别适合于单件小批量生产。

(6)整个生产过程实现自动化、数字化，与 CAD 模型具有直接的关联，所见即所得，零件可随时修改，随时制造，实现设计制造一体化。

14.4.2　3D 打印技术的应用

目前，3D 打印技术已在工业造型、机械制造、航空航天、军事、建筑、影视、家电、轻工、医学、考古、文化艺术、雕刻、首饰等领域都得到了广泛应用，并且随着这一技术本身的发展，其应用将不断拓展，主要集中在以下几个方面。

(1)在新产品造型设计过程中的应用。为工业产品的设计开发人员建立了一种崭新的产品开发模式。能够快速、直接、精确地将设计思想模型转化为具有一定功能的实物模型，这不仅缩短了开发周期，而且降低了开发费用，使企业在激烈的市场竞争中占有先机。

(2)在机械制造领域的应用。由于 3D 打印技术自身的特点，使得其在机械制造领域内，多用于制造单件、小批量金属零件。有些特殊复杂制件只需单件或小批量，这样的产品通过制模再生产，成本高、周期长。一般可用 3D 打印技术直接进行成型，成本低、周期短。

(3)快速模具制造。传统的模具生产时间长，成本高。将 3D 打印技术与传统的模具制造技术相结合，可以大大缩短模具制造的开发周期，提高生产率，是解决模具设计与制造薄弱环节的有效途径。

(4)在医学领域的应用。以医学影像数据为基础，利用 3D 打印技术制作人体器官模型有极大的应用价值，医疗专家组利用可视模型，进行模拟手术，对特殊病变部分进行修补(颅骨损伤、耳损伤等)。外科医生已利用 CT 与 MRI 所得数据，用 3D 打印技术制造模型，以便策划头颅和面部手术。3D 打印技术在医学领域的应用很有前景，发达国家已把它作为快速原形应用方面的主要研究之一。

(5) 在文化艺术领域的应用。在文化艺术领域，3D 打印技术多用于艺术创作、文物复制、数字雕塑等，可使艺术创作、制造一体化，可将设计者的思想迅速表达成三维实体，便于设计修改和再创作；且使艺术创作过程简化，成本降低，多快好省地推出新作品。如首饰的设计和制造，采用 3D 打印技术可极大地简化这一艺术创造过程，降低成本，更快地推出新产品。文物复制可使失传文物得以再现，并使文物的保护工作进入一个新境界。

(6) 在航空航天技术领域的应用。在航空航天领域中，空气动力学地面模拟实验所用的比较模型形状复杂、精度要求高、又具有流线型特性，采用 3D 打印技术，根据严格的 CAD 模型，由打印设备自动完成模型，能够很好地保证模型质量。此外，宇航员的太空服要能防止极端温度和辐射，还要求有足够的柔软性，因此太空服的制作成本昂贵。美国一公司尝试综合反求工程、CAD、RP 制造了太空服，既省时又省钱，质量又高，该太空服已用于宇航飞行。

(7) 在家电行业的应用。目前，3D 打印在国内的家电行业上得到了很大程度的普及与应用，使许多家电企业走在了国内前列。

可以相信，随着 3D 打印技术的不断成熟和完善，它将会在越来越多的领域得到推广和应用。

14.4.3　FDM 3D 打印机

FDM (Fused Deposition Modeling) 熔融沉积制造工艺由美国学者 Scott Crump 于 1988 年研制成功。FDM 3D 打印机使用的材料一般是热塑性材料，如蜡、ABS、PLA、尼龙等。以丝状供料，材料在喷头内被加热熔化。喷头沿零件截面轮廓和填充轨迹运动，同时将熔化的材料挤出，材料迅速凝固，并与周围的材料凝结。

目前 3D 打印机基本是识别代码来制造一个完整的模型，就好比现在的 CNC，由数控代码给予机器每一条路径指令，才能完成一个工件的加工。那么，3D 打印机是如何进行打印模型的呢？下面以太尔时代生产的 UP！三维打印机为例进行讲解。图 14-9 为 UP！三维打印机。

图 14-9　UP！三维打印机

1. 载入模型

三维打印机应用程序，载入 STL 格式 3D 模型，将鼠标移到模型上，单击鼠标左键，模型的详细资料会悬浮显示出来，如图 14-10 所示。

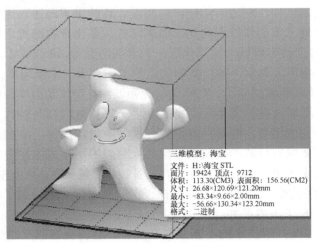

三维模型：海宝
文件：H:\海宝 STL
面片：19424 顶点：9712
体积：113.30(CM3) 表面积：156.56(CM2)
尺寸：26.68×120.69×121.20mm
最小：−83.34×9.66×2.00mm
最大：−56.66×130.34×123.20mm
格式：二进制

图 14-10　载入 3D 模型

用户可以打开多个模型并同时打印它们，只要依次添加需要的模型，并把所有的模型排列在打印平台上，就会看到关于模型的更多信息。

2. 编辑模型视图

用鼠标单击菜单栏"编辑"选项，可以通过旋转、移动、缩放等不同的方式观察目标模型（也可通过单击菜单栏下方的相应视图按钮实现）。

3. 将模型放到成型平台上

（1）自动布局。单击工具栏最右边的"自动布局"按钮，软件会自动调整模型在平台上的位置。当平台上不止一个模型时，建议使用自动布局功能。

（2）手动布局。按 Ctrl 键，同时用鼠标左键选择目标模型，移动鼠标，拖动模型到指定位置。

4. 初始化打印机

在打印之前，需要初始化打印机。单击"三维打印"菜单下面的"初始化"选项，当打印机发出蜂鸣声，初始化即开始。打印喷头和打印平台将再次返回到打印机的初始位置，当准备好后将再次发出蜂鸣声。

5. 校准喷头高度

为了确保打印的模型与打印平台黏结正常，防止喷头与工作台碰撞对设备造成损害，需要在打印开始之前进行校准设置喷头高度。该高度以喷嘴距离打印平台 0.2mm 时喷头的高度为佳。

6. 调平打印平台

在正确校准喷嘴高度之后，需要检查喷嘴和打印平台 4 个角的距离是否一致。如不一致，请调整平台底部的 3 个螺丝直到喷嘴和平台的 4 个角在同一水平面上。

7. 其他维护选项

单击"三维打印"菜单中的"维护"选项，如图 14-11 所示。

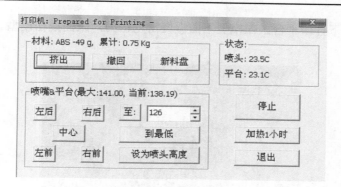

图 14-11　维护选项

（1）挤出。从喷嘴将丝材挤压出来。单击此按钮，喷嘴会加热，丝材通过喷嘴挤压出来。这个功能是用来为喷嘴挤压新丝材的，也可以用来测试喷嘴是否正常工作。

（2）撤回。从喷头中将丝材撤出。当丝材用完或者需要更换喷嘴，就要单击这个按钮。

（3）更新材料。该功能可使用户跟踪打印机已使用材料数量，并当打印机中没有足够的材料来打印模型时，发出警告。

（4）停止打印。停止加热和停止运行打印机，当前正在打印的所有模式都将被取消。一旦打印机停止运行，就不能恢复打印作业了。

8. 打印设置选项

单击软件"三维打印"选项内的"设置"，将会出现图 14-12 界面。

通过打印设置选项，可以设定层片厚度、表面层、角度、填充选项、支撑选项等参数。

9. 打印

单击"三维打印"菜单的"预热"按钮，打印机开始对平台加热，在达到设定温度时开始打印。

单击"三维打印"的"打印"按钮，在打印对话框中设置打印参数(如质量)，单击"确定"开始打印。图 14-13 为打印选项。

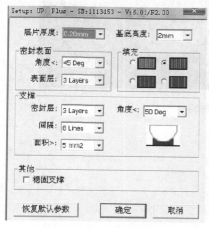

图 14-12　打印设置选项

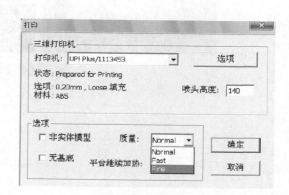

图 14-13　打印选项

10. 移除模型

当模型完成打印时，打印机会发出蜂鸣声，喷嘴和打印平台会停止加热。拧下平台的螺丝，从打印机上撤下打印平台。在模型下面慢慢滑动铲刀，来回撬松模型。图 14-14 为模型的移除步骤。

图 14-14　模型的移除步骤

11. 移除支撑材料

模型由两部分组成。一部分是模型本身，另一部分是支撑材料。

支撑材料可以使用多种工具来拆除。一部分可以很容易的用手拆除，越接近模型的支撑，使用钢丝钳或者尖嘴钳更容易移除。图 14-15 为移除支撑材料。

图 14-15　移除支撑材料

第 15 章　柔性制造系统

15.1　概　　述

柔性制造系统(flexible manufacturing system，FMS)是 20 世纪 80 年代出现的由若干台数控加工设备、物料运储装置和计算机控制系统组成的，能根据制造任务或生产品种的变化迅速进行调整，以适应多品种、中小批量生产的自动化制造系统。

在柔性制造系统诞生之前，制造系统经历了 DNC(distributed numerical control，分布式数控)和 FMC(flexible manufacture cell，柔性制造单元)两个发展阶段。DNC 是从 CNC(computer numerical control，计算机数控)演变而来并于 20 世纪 70 年代后期迅速发展起来，它将车间内多个数控机床通过调度和运转控制而联系在一起，便于掌握整个系统的加工完成情况，加工物体的传递，工业机器人上下料，各种自动检测设备的连接，实现大规模的数控加工。FMC 是在 DNC 系统的基础上加上成组技术和物料运输系统而形成的具有独立性并且自成体系的柔性制造单元。FMC 主要有两大类：一是加工中心配上 APC(automatic pallet changer，托盘交换系统)，如图 15-1 所示；另一类是数控机床配工业机器人(robot)。在 FMC 的基础上，采用 GR(guided robot，引导式机器人)作为无人搬运台车，配上中央刀库和自动化仓库，组成 FMS 的物流系统，加上中央监控系统协调和控制整个系统的信息，通过通信网络组成信息流，这样就组成了 FMS。

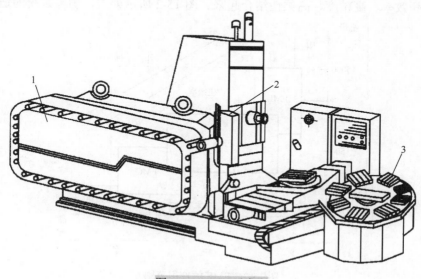

图 15-1　FMC 示意图

1—刀库；2—机械手；3—托盘库

15.2　FMS 的特点

柔性制造系统给制造业带来了生机，归纳起来，具有下列特点：

(1)具有较强的柔性制造能力。在 FMS 的设计能力范围内，具有制造不同产品的特有柔性。当市场需求变化时，不需要改变系统硬件结构，就能够生产不同的产品，从而大大缩短新产品的开发周期。

(2)提高设备利用率。借助于计算机管理，加工辅助工作时间大为减少，机床的利用率一般可达 75%～90%。机床利用率的提高使得每台机床的生产率提高，相应地可以减少投入设备的数量，降低设备成本和占地面积。

(3)减少在制品数量，提高对市场的反应能力。由于工序合并，所需装夹次数和使用机床数量减少，加上计算机软件能实现优化调度等原因，大大缩减了在制品库存量，整个工作循环时间也减少，使得系统能够对市场变化作出快速反应。

(4)产品质量提高，加工成本降低。由于 FMS 的高度柔性自动化，工件装夹次数减少，夹具的耐久性好，可把时间更多地放在机床和工件的调整上，有助于工件加工质量的提高，缩短生产周期，大大降低加工成本。

(5)减少一线生产工人，提高劳动生产率。系统的控制、管理和传输都是在计算机监控下进行的，使得操作工人减少。

(6) FMS 可以逐步地实现实施计划。这是与刚性自动化相比较而言的。刚性自动线必须全部建成后才能生产产品，因此，必须一次投入全部投资。而 FMS 可分为若干步，每一步的实施都能生产产品，因而 FMS 建造资金可以分步投入。

FMS 把高效率、高精度、高柔性结合起来。图 15-2 所示为柔性制造系统的适用范围。

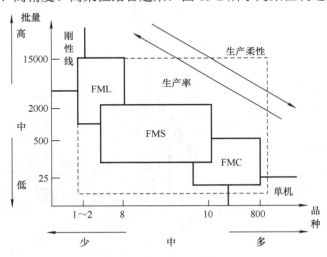

图 15-2　FMS 的使用范围

15.3　FMS 的组成及功能

FMS 可以看作是一个独立的小型加工厂，图 15-3 所示为一柔性制造系统。

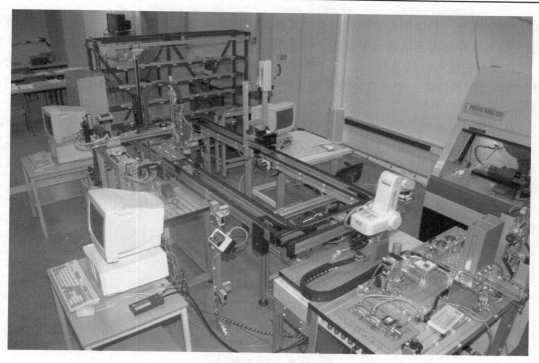

图 15-3 柔性制造系统

计算机辅助设计、工艺过程设计、生产调度以及生产控制全部在这里集成起来，构成计算机控制的多层次复杂体系。FMS 计算机控制层次框图如图 15-4 所示。

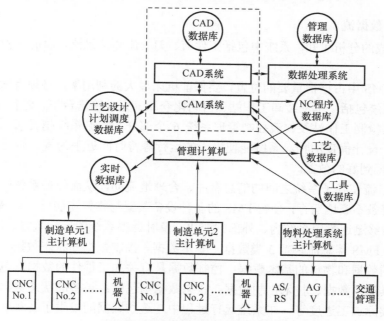

图 15-4 FMS 计算机控制层次框图

FMS 一般由以下四部分组成：

(1)基本设备。组成 FMS 的基本设备不仅指与系统兼容的数控加工中心和数控机床，还包括检测工件尺寸精度的检测设备；完成工件(刀具)装卸工作的装卸设备；清除夹具和装载平板上的切屑和油污的清洗设备；各工作单元的控制站或通信终端。

(2) 物料输送和存储系统。该系统是完成工件输送搬运以及存储功能的工件供给系统。FMS 物料处理系统是一个既有高度柔性又被高度控制的物流系统，它使得 FMS 中所有的设备协调、高效地工作。

(3) 刀具管理系统。该系统能实现 FMS 系统内刀具循环的优化管理。FMS 具有中央刀库，配备完善的刀具管理系统，可以实现刀具预调，将机床刀库与中央刀库进行批交换，可以监测系统中每一把刀具的参数、磨损情况、寿命和空间位置，还可以预报下一阶段的刀具信息等。

(4) 监控和管理系统。该部分是 FMS 的控制中心，负责组织 CNC 机床、物料系统各类设备协调工作，执行调度排序，完成加工和测量工作。

柔性制造系统的功能主要体现在以下几个方面。

(1) 以成组技术为核心的对零件分类编组的功能。

(2) 以计算机为核心的编排作业计划的智能功能。

(3) 以加工中心为核心的自动换刀、换工件的加工功能。

(4) 以托盘和运输系统为核心的工件存放与运输功能。

(5) 以各种自动检测装置为核心的自动测量、定位与质保功能。

这些功能的实现，使得柔性制造系统在技术和经济方面都具有充分的柔性。

15.4　FMS 的数据流及应用情况

1. FMS 的数据流

对 FMS 组成的分析可知，系统中包括工件流、刀具流和信息流，而前两种又可合并称为物料流。

物料流在 FMS 中占据很重要的位置，要保证机床最大的利用率，必须有适当、灵活的物流系统。物流系统包括：工件装卸工作站、自动化仓库、无人输送台车、随行工作台存放站、中央刀库和刀具检测工作站及物流控制管理系统 6 个部分。物流系统越灵活，造价就越高，控制就越复杂，设计优良的物流系统能使机床的运行等待时间近乎为零，较差的物流系统会导致 FMS 不能得到好的效益。

FMS 的信息流使各子系统之间的信息有序、合理地流动，从而保证系统的计划管理、控制和监视功能有条不紊地运行，使得 FMS 的各种设备装置与物料流能自动协调工作，并具有充分的柔性，能够迅速响应系统内、外部的变化，及时调整系统的运行状态，保证 FMS 的高效率和高柔性。FMS 信息流包括 3 类数据：基本数据、控制数据和状态数据。基本数据是指有关系统配置的数据和物料的基本数据；控制数据是有关加工零件的数据，包括工艺规程、数控程序和刀具清单数据、技术控制数据；状态数据则包括：设备的状态数据、物料的状态数据、零件的实际加工进度等。在系统运行过程中，这些数据间发生了各种联系，即数据联系、决策联系和组织联系。

2. FMS 的应用情况

据联合国有关组织统计，1985 年全世界拥有 FMS 350 余条，1990 年达到 1500 余条。其主要分布在美国、日本、德国、俄罗斯、英国等工业发达国家。美、日一条 FMS 加工零件品种一般在 7 种以上，最多达 150 种，多在大企业应用；德国的 FMS 加工零件品种多数可达 50～250 种，是世界上柔性最强的系统，大部分用于中型企业；俄罗斯的 FMS 多是在西方技术的基础上改进的。成功的 FMS 可获得可观的经济效益，大大缩短新产品开发的周期。据统计，FMS 可使汽车换代周期由原来的 15 年缩短到 5 年甚至更短；可减少编制工艺的工作量，节省 50%以上的劳动力；设备利用率可提高 50%以上，生产场地可减小 50%以上，且可降低成本约 60%。

　　在国内外市场激烈竞争和经济快速发展形势下，我国加快了先进制造技术的发展。“七五”计划(1986～1990 年)期间，作为攻关项目，引进并建立了 4 条 FMS，分别是北京数控设备厂的加工轴类和壳体类零件的 FMS；长城开关厂板材零件加工的 FMS；大连机床厂箱体类零件加工的 FMS 和大连冷冻机厂箱体零件加工的 FML(柔性制造线)。各部(如兵器工业部、机电部等)和地方也相继引进和开发了部分 FMS 生产线。截至 2004 年，我国有 15 条左右的 FMS 投入调试和使用，这些 FMS 一般由数台数控机床或加工中心、AGV 有轨搬运车或机器人、刀库或毛坯库等组成，分别加工机床箱体、压缩机壳体、减速机机座和轴类等零件，使我国机械制造业迈入柔性制造系统时代。

　　人们通过实践认识到仅仅依靠计算机技术，只注重提高加工系统的柔性和控制水平，并不能充分发挥 FMS 的柔性、高效、高自动化等效能。在研究发展 CAD/CAPP/CAM 技术、网络技术、集成技术等基础上，开发和应用计算机集成制造系统是先进制造技术发展的必然趋势。

第 16 章　现代制造技术

科技的飞速发展、市场竞争的日益加剧以及社会需求的多样化，加速了产品的更新换代。如何改变传统多品种、小批量生产的落后面貌，以优质、高效、低成本完成产品的生产已成为制造业所追求的目标。先进制造技术推动了传统制造技术的发展，是实现高新科技产品的制造、尽早占领市场、增强国际间经济竞争力的有效保证。先进制造技术是传统制造技术与微电子、计算机、自动控制等现代高新技术交叉融合的结果，是集成了机械、电子、光学、信息科学、材料科学、生物科学、管理学等最新成就于一身的新兴技术。

数控技术是现代制造技术基础的广泛应用，普通机械被数控机械所代替，使全球制造业发生了根本性的变化，数控技术的典型应用是 FMC/FMS/CIM（柔性制造单元、柔性制造系统和计算机集成制造），其趋势是向高速化、高精度化、高效加工、多功能化、复合化和智能化方向发展。除了前面我们已经学习的数控车、数控铣、电火花加工、激光加工、柔性制造系统等现代加工技术外，下面再介绍一些数控加工方面的先进方法和先进设备。

16.1　加 工 中 心

加工中心（Machining Center，MC）是由机械设备与数控系统组成的使用于加工复杂形状工件的高效率自动化机床，如图 16-1 所示。它的综合加工能力较强，工件一次装夹后能完成较多的加工内容，加工精度较高，就中等加工难度的批量工件，其效率是普通设备的 5～10 倍，特别是它能完成许多普通设备不能完成的加工，对形状较复杂，精度要求高的单件加工或中小批量多品种生产更为适用，特别是对于必须采用工装和专机设备来保证产品质量和效率的工件，采用加工中心加工，可以省去工装和专机。这会为新产品的研制和改型换代节省大量的时间和费用，从而使企业具有较强的竞争力。

图 16-1　加工中心

　　加工中心最初是从数控铣床发展而来。与数控铣床相同的是，加工中心同样是由计算机数控系统（CNC）、伺服系统、机械本体、液压系统等各部分组成。但加工中心又不同于数控铣床，其最大区别在于加工中心具有自动交换刀具的功能，通过在刀库装夹不同用途的刀具，可在一次装夹中通过自动换刀装置改变主轴的加工刀具，实现钻、镗、铰、攻螺纹、切槽等多种加工功能。加工中心常见的刀库类型有圆盘式刀库、链条式刀库、斗笠式刀库等，如图 16-2 所示。

（a）圆盘式刀库　　　　　　（b）链条式刀库　　　　　　（c）斗笠式刀库

图 16-2　加工中心常见的刀库

16.2　车铣复合加工中心

　　随着产品的多品种、少批量以及零部件的日趋复杂，使得高效加工高精度零部件成为机床业的重要主攻方向。如何完成六面体零件的全自动加工，一直是备受关注的课题。在当前条件下，由于装夹平面的限制，夹紧至少需两次。复合加工机床因其能通过两次装夹实现在一台机床上完成从毛坯至成品的全部加工，而备受青睐。自 20 世纪 90 年代奥地利 WFL 公司发明车铣复合加工中心以来，该技术得到了迅速发展。

　　复合加工就是把几种不同的加工工艺，在一台机床上实现。车铣复合加工中心相当于一台数控车床和一台加工中心的复合。目前，大多数的车铣复合加工，在车削中心上完成，而一般的车削中心只是把数控车床的普通转塔刀架换成带动力刀具的转塔刀架，主轴增加 C 轴功能。由于转塔刀架结构、外形尺寸的限制，动力头的功率小，转速不高，也不能装夹较大的刀具。这样的车削中心以车为主，铣、钻功能只是做一些辅助加工。经济型车铣复合中心大多都是 XZC 轴，就是在卡盘上增加了一个旋转的 C 轴，实现基本的铣削功能。

　　与常规数控加工工艺相比，复合加工具有的突出优势主要表现在以下几个方面：

　　（1）缩短产品制造工艺链，提高生产效率。车铣复合加工可以实现一次装卡完成全部或者大部分加工工序，从而大大缩短产品制造工艺链。这样一方面减少了由于装卡改变导致的生产辅助时间，同时也减少了工装卡具制造周期和等待时间，能够显著提高生产效率。

　　（2）减少装夹次数，提高加工精度。装卡次数的减少避免了由于定位基准转化而导致的误差积累。同时，目前的车铣复合加工设备大都具有在线检测的功能，可以实现制造过程关键数据的在位检测和精度控制，从而提高产品的加工精度。

　　（3）减少占地面积，降低生产成本。虽然车铣复合加工设备的单台价格比较高，但由于制造工艺链的缩短和产品所需设备的减少，以及工装夹具数量、车间占地面积和设备维护费用的减少，能够有效降低总体固定资产的投资、生产运作和管理的成本。

车铣复合加工中心的特点如下：

(1) 车铣复合加工中心使用高精度内藏式主轴。

(2) 自由移动式操作面板提高作业效率。

(3) 主要大批量生产各种小零件及复杂零件高速加工、多样化加工。

(4) 特别是细长复杂工件可一次性加工成型，可配置自动送料装置，提高生产效率。

(5) 加工的主要材料有铜、铁、铝合金、不锈钢、铁弗龙(聚四氟乙烯)等材质。

车铣复合加工中心多数自带一些编程功能，例如 Mazak matrix 系列、HEIDENHAIN CNC PILOT 3190 系列的控制系统都具有人机对话的交互式编程功能，不仅可以完成两轴车削，而且还可以完成 C&Y 辅助动力头的常规铣切加工编程工作。但是，对于一些具有复杂型面的零件只能借助 CAM 软件来实现，因此，对于车铣复合尤其是具有双刀塔的高端车铣加工设备来说，要发挥出它应有的性能，离不开 CAM 软件的支持。车铣复合比较知名的软件有 edgecam、UG NX 等。图 16-3 为车铣复合加工中心。

图 16-3　车铣复合加工中心

16.3　雕　铣　机

雕铣机(CNC engraving and milling machine)也是数控机床的一种。一般认为雕铣机是使用小刀具、大功率和高速主轴电机的数控铣床。雕铣机既可以雕刻，也可铣削，是一种高效高精的数控机床。雕铣机的适用范围比较广，广泛用于精密模具的粗精加工一次完成，如模具紫铜电极，铝件产品批量加工，鞋模制造，钟表眼镜行业等。雕铣机以其性价比高，加工速度快，加工产品粗糙度好，在机床加工业越来越占有重要地位，为工业自动化必不可少的一个加工环节。

16.3.1　雕铣机和加工中心、雕刻机的区别

雕铣机和雕刻机、加工中心在外观结构上都非常类似，下面就三者进行比较分析。

1. 加工范围

加工中心是带有刀库和自动换刀装置的一种高度自动化的多功能数控机床，可以实现工件一次装夹后即可进行铣削、钻削、镗削、铰削和攻丝等多种工序的集中加工，功能特别强调铣。

雕刻机是主轴转速高，适合小刀具的加工，扭矩比较小，着重于"雕刻"功能，例如加

工木板、双色板、亚克力板等硬度不高的板材，不太适合切削大工件。以加工工艺品为主的雕刻机，成本低，由于精度不高，不宜用于模具开发，但也有例外的如晶片雕刻机。

雕铣机既可以雕、也可铣，在雕刻机的基础上加大了主轴、伺服电机功率，床身承受力，同时保持主轴的高速，更重要的是精度高。雕铣机还向高速发展，一般称为高速切削机，切削能力更强，加工精度非常高，还可以直接加工硬度在 60HRC 以上的材料，一次成型。

因而，数控铣和加工中心主要用于完成较大铣削量工件的加工设备；数控雕铣机用于完成较小铣削量或软金属的加工设备；高速切削机用于完成中等铣削量，并且把铣削后的打磨量降为最低的加工设备。

2. 主轴最高转速

数控铣、加工中心对数控系统要求速度一般，主轴转速为 1～8000r/min；雕铣机要求高速的数控系统，主轴转速为 3000～30000r/min；雕刻机一般与雕铣机相同，主轴转速为 1500～30000r/min，用于高光处理的雕刻机可以达到 80000r/min，但采用的不是一般的电主轴而是气浮主轴。

3. 主轴功率

加工中心最大，从几千瓦到几十千瓦都有；雕铣机次之，一般在十千瓦以内；雕刻机最小。

4. 切削量、切削速度与精度

加工中心切削量最大，特别适合重切削、开粗；雕铣机次之，适合精加工；雕刻机最小。

由于雕铣机和雕刻机都比较轻巧，它们的移动速度和进给速度比加工中心要快，特别是配备直线电机的高速机移动速度最高达到 120m/min。三者的加工精度差不多。

5. 应用对象

从加工的工作台面积看，国内加工中心最小的工作台面积在 830×500；雕铣机最大工作台面积在 700×620，最小的是 450×450；雕刻机一般不会超过 450×450，常见的是 450×270。图 16-4 为雕铣机工作台面。

图 16-4　雕铣机工作台面

加工中心用于完成较大铣削量工件的加工设备，大型的模具，硬度较高的材料，也适合普通模具的开粗；雕铣机用于完成较小铣削量，小型模具的精加工，适合铜、石墨等的加工；

低端的雕刻机则偏向于木材、双色板、亚克力板等硬度不高的板材加工，高端雕刻机适合晶片、金属外壳等抛光打磨。

6. 刀库

加工中心一般设有刀库，也有没刀库的；雕铣机一般不配刀库，即使选配刀库也是 12 把刀的伞式刀库、或者 6 把刀的直列式刀库；雕刻机没有刀库。

7. 机床的机械部件

机床的机械部件分为移动部分和不移动部分。工作台、滑板、十字花台等为移动部分，床座、立柱等为非移动部分。雕铣机的非移动部分刚性要求好，移动部分刚性要在灵活的前提下，尽可能地轻，同时保持一定的刚性。其优点是可进行比较细小的加工，加工精度高。对于软金属可进行高速加工；由于刚性差所以不可能进行重切削。

8. 编程软件

加工中心、高速切削机床、雕铣机都可以使用标准的 CAD/CAM 软件进行编程加工，如MasterCam、Cimatron、ProE、UG 等。

9. 主轴问题

对于数控铣和加工中心因为要求低转速、大扭矩，所以一定需要主轴变速箱的减速比提升扭力，转速低而精度差是不可避免的，所以不大可能用小半径刀具。对于雕铣机主轴工作在 2 万～3 万 r/min 才可工作，回转精度一般 2μm 左右，不然断刀现象很严重，所以一定要用电主轴，即电机和主轴是一体的。对于高速切削设备，要求内藏式电主轴，而且在低转速时也要有一定的扭矩，要有油水冷却机来保持主轴工作温度恒定，主轴功率要在 7.5kW 以上，转速要超过 25000r/min。

16.3.2　雕铣机的操作模式

1. 增量模式

手动操作模式的一种。在增量模式下，用户同样是通过手动操作设备，如计算机键盘、手持盒、手摇脉冲发生器等控制机床。与点动控制不同的是，用户一次按键动作，也就是从按下到松开，机床只运动确定的距离。也就是说，通过增量方式，用户可以精确地控制机床的位移量。

MDI 模式也是一种手动操作模式。在这种模式下，用户可以直接通过输入 G 指令控制机床。系统在某些情况下执行一些内定的程序操作(如回工件原点)时，也会自动把状态切换到MDI 模式，但这不会影响用户使用。

2. 点动模式

手动操作模式的一种。在点动模式下，用户通过手动操作设备，如计算机键盘、手持盒、手摇脉冲发生器等控制机床。当用户通过这些设备发出运动信号时，如按下手动按钮，机床持续运动直至信号消失。

3. 自动模式

在自动操作模式下，机床运动通过事先准备好的加工程序产生动作。所以在自动模式下，系统必须已经装载加工程序。

16.3.3　雕铣机操作时应注意的事项

(1)要注意雕铣机的功能，雕铣机的雕铣电机有大功率和小功率之分。有些雕铣机功率较小只适合做双色板、建筑模型、小型标牌、三维工艺品等材料的加工，这种工艺已流行一段时间，但由于雕铣功率太小而大大影响了其应用范围。另一种是大功率雕铣头的雕铣机，这种雕铣机又分为两类，一类是大幅面切割机，幅面一般在 1m 以上，但这种雕铣机的精度一般较差；另一类是幅面适中的雕铣机，这种雕铣机一般应用于精细加工和有机标牌制作。

（2）控制器一般也分为两类：一类控制器只是做驱动，而其所有运算工作由计算机完成，在雕铣机工作时计算机处于等待状态，无法进行排版工作；另一类控制器采用单板机或单片机控制，这种控制器实际上就是一台电脑，所以只要雕铣机一开始工作，电脑马上就可以进行其他排版工作，特别是较长时间雕铣时，该优势特别明显。

（3）雕铣头电机的速度可调范围，一般速度可调范围是每分钟几千到 3 万转，若速度不可调或速度可调范围较小，那么就说明该雕铣机应用范围受到很大的限制，因为雕铣不同的材料必须用不同的雕铣头转速。

（4）要了解雕铣电机的性能和功能，雕铣机的雕铣头电机也是很关键的，因为雕铣头电机一般都不属于保修范围，而雕铣头电机又是长时间连续工作的，所以如果雕铣头电机质量差也会影响雕铣机的使用。

（5）丝杆和导轨也是雕铣机的重要组成部分，好的丝杆和导轨是雕铣机长期使用时其精度和性能的保证。

（6）雕铣机本体制造工艺：大功率雕铣机工作时要求本体一定要精密和稳定，所以，长期大功率雕铣应采用铸造本体才能保证其加工精度和稳定性。

（7）雕铣钢料时，必须转速在 10000r/min 以上，雕铣机采用电主轴，转速必须达到 10000r/min 左右的高速才可以输出大扭矩，如果雕铣机粗加工时也将主轴转速打到 2000r/min 左右，很容易将电主轴报废。

（8）转速过低，电主轴的声音沉闷，加工的时候雕铣机吃力过大，有时主轴转不了，变频器报警过载，严重时会导致电主轴报废。

（9）雕铣机加工时要冲油冷却，加工中心开粗时完全不用冲油，但雕铣机开粗一定要冲油，主轴高速旋转，温度上升，不冲油很容易导致刀具磨损。

第 17 章　精 密 检 测

17.1　概　　述

为适应现代机械制造工业发展的需求，很多产品均采用集约化形式来组织生产，这就要求产品在设计、加工制造、装配和维修保养等的各个环节均尽可能地遵循互换性生产的原则。要做到这些就必须有两点保障：一是必须在产品设计和制造时符合国家规定的"极限与配合"等互换性原则；二是必须有相应的检测手段来科学地评判产品的合格性。近年来，几何量的检测技术不断发展，在传统的检测手段和常规量具、量仪得到广泛运用的同时，新的检测方法和检测装置也不断被开发出来，使得检测精度不断提高。例如，随着加工中心的普及应用以及信息技术的发展，人们开发了三坐标测量仪来检测复杂的型腔和曲面，开发了刀具检测单元来便利地检测刀库中的备用刀具，开发了基于传感技术、光学技术、热电技术等的系列零件生产在线检测系统。随着关联学科的各项新兴技术成果被运用于机械制造领域，检测技术也随着制造业总体的进步而不断发展，从而更好地保障产品质量服务。

17.1.1　检测技术的定义及其重要性

检测技术就是利用各种物理化学效应，选择合适的方法和装置，将生产、科研、生活中的有关信息通过检查与测量的方法赋予定性或定量结果的过程。检测是检验和测量的统称。一般来说，测量是将被测量与作为计量单位的标准量进行比较，以确定被测量的具体数值的过程，测量的结果能够获得具体的数值，如有游标卡尺测量工件。几何测量的检验是指确定零件的几何参数是否在规定的极限范围内，并作出合格性判断，而不必要得出测量的具体数值，如用卡规检验工件。

必须注意，在检测过程中又会因为各种因素不可避免地产生或大或小的测量误差。这将导致两种误判结果：一是把不合格品误认为合格品而给予接收，成为误收；二是把合格品误认为废品而给予报废，成为误废。这是测量误差表现在检测方法的矛盾，需要从保证产品的质量和经济性两方面综合考虑，合理解决。

检测的目的不仅仅在于判断工件合格与否，评定产品质量，还有积极的一面，这就是根据检测的结果，分析产生不合格品的原因，及时调整生产，监督工艺过程，以便设法减少和防止废品的产生。随着生产和科学技术的发展，对检测的准确度和效率提出了越来越高的要求。

综上所述，产品质量的提高，除依赖设计和加工精度的提高外，往往更有赖于检测精度的提高，即合理确定公差与正确进行检测是保证产品质量、实现互换性生产的两个必不可少的条件和手段。

17.1.2　检测的基本概念

检测是确定产品是否满足设计要求的过程，也就是评判产品合格与否的过程。通常所说的检测，包含测量和检验两个概念。

1. 测量

测量是一种定量检测，它通过被测量与作为计量单位的标准量进行比较，来确定被测量是标准量的几倍或者几分之几。若被测量为 L，标准量为 E，那么测量的结果是一个带有测量单位的确切数值，即 $q=L/E$。

2. 检验

检验是一种定性检测，它通过被测量和专用量具进行比较来判断被测量是否合格。检验的结果不是具体的数值而是一个结论，即被测量合格或者不合格。

17.1.3 测量的基本概念

每一次完整的测量过程均需包含测量对象、计量单位、测量方法和测量准确度四要素。

1. 测量对象

在计量学中，测量对象就是被测量。

2. 计量单位

计量单位就是测量过程中采用的标准量，我国规定采用以国际单位制(SI)为基础的"法定计量单位制"。其中，长度的计量单位是国际标准计量单位"米"(m)，在机械制造业中通用的长度单位是"毫米"(mm)，在几何量精密测量中采用的长度单位是"微米"(μm)。

3. 测量方法

测量方法是指获得测量结果的所有方式方法，包括测量过程中所依据的测量原理、采用的计量器具和实际测量条件等。通常应根据被测对象的特征、对测量精度的要求等先确定测量方案，再选择恰当的测量器具，设计合理的测量步骤，然后由具备相应资质的测量人员按操作规范进行测量。

4. 测量准确度

测量准确度指测量结果与真值的吻合程度，它直接反映了测量结论的权威性。

17.2 测量方法和计量器具

17.2.1 测量方法的分类

测量方法可以按照不同的特征进行分类。

1. 直接测量和间接测量

直接测量是指被测量的量值直接由计量器具读出，其结果一目了然。

间接测量是指被测量的量值由测得量的量值按确定的函数关系计算得出。该方法适用于不宜采用直接测量的场合，其中每一个测得量的误差都将影响被测量的最终结果。

2. 绝对测量和相对测量

绝对测量是指计量器具的读数装置上可直接读出被测量的最终量值。其方法简单，但测量精度一般，如用游标卡尺测量轴径就属于绝对测量。

相对测量是指测量时先用标准器调整计量器具的零位，再由刻度尺读出被测量相对于标准器的偏差，最后将标准器的值和偏差求代数和，得到被测量的最终量值。该方法在配备光学标尺的量仪或测量精度较高的量仪中经常采用。

3. 接触测量和非接触测量

接触测量是指测量时计量器的测量头和被测件的待测表面直接接触。这时测头和待测表面间有机械测量力的直接作用，可能产生压陷效应，这会对一些高精度表面或软表面造成损坏，所以应严格控制测量力的大小。

非接触测量是指测量时计量器具的测量装置和被测件的待测表面不发生接触，因此测量装置和待测表面间没有力的作用。

4. 被动测量和主动测量

被动测量是指对加工完毕的工件进行测量。该方法容易实施，但只能发现个别剔除废品，存在一定消极性，故又称消极测量。

主动测量是指在零件的加工过程中进行测量。该方法对量仪的要求较高，但便于对工件的加工过程实施监控干预，在当前的生产中越来越体现其价值。

5. 单项测量和综合测量

单项测量是指分别地、彼此独立地依次测量被测零件的若干几何量，此时被测件上的若干待测参数是分别测得的。

综合测量是指在一次测量过程中，同时测量被测零件上若干相互之间有确定联系的参数之间的综合效应，从而判断零件合格与否。

6. 静态测量和动态测量

静态测量是指被测量不随时间变化的测量。静态测量中，被测零件不一定是静止不动的，但被测量必须是不随时间变化的，其对应的测量方法比较简单。

动态测量是指被测量随着时间变化的测量。动态测量中，被测零件必须处于运动的状态，才能获得随时间变化的瞬时量值。

7. 等精度测量和不等精度测量

等精度测量是指在所用的测量方法、计量器具、测量条件和测量人员都不变的情况下，对某一被测量进行多次重复测量。等精度测量便于用概率统计的方法对测量结果进行处理。

不等精度测量是指相对于等精度测量，在多次重复测量的过程中，上述条件可能部分或全部存在变动。不等精度测量和等精度测量性质不同，其测量数据的处理过程也较为复杂，当科研实验中需要进行高精度测量对比实验时，常采用这种测量方法。

17.2.2　常用测量仪器的分类

测量仪器也称为计量器具，它是量具、量仪和测量装置的总称。测量仪器应能单独地或连同辅助设备一起，完成对被测件的检测。按其复杂程度，一般分为量具、量仪和测量系统。

1. 量具

量具一般是指以固定的形式复现或提供标准量的计量器具，可分为单值量具和多值量具两种。量具一般不具备指示器，也不包含在测量过程中可以移动的测量元件。常用的量具有量块(图17-1)、多面棱体、表面粗糙度比较样块等。

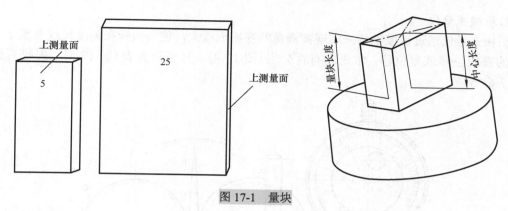

图 17-1 量块

2. 量仪

量仪一般是指能将被测量转换成可直接观测的示值或等效信息的计量器具。

根据用途的不同,量仪可以分为通用量仪和专用量仪。前者通用性大,可用来测量某一范围内的各种几何量并能获得具体的示值,如螺旋千分尺(图 17-2)、游标卡尺(图 17-3)等。后者专用于测量某种或某个特定的几何量,如公法线千分尺等。

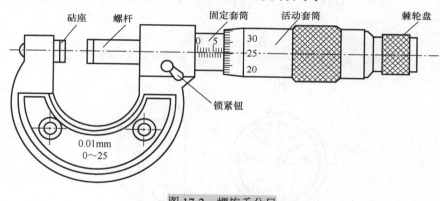

图 17-2 螺旋千分尺

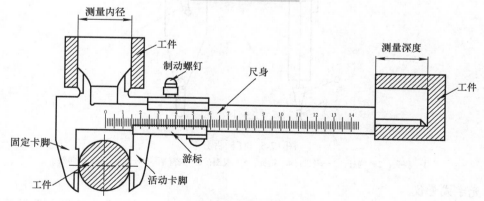

图 17-3 游标卡尺

按量仪的显示特点,又可以分为指示式量仪、记录式量仪和数显示量仪等。

按量仪的机构特点,可分为机械式量仪、光学式量仪、电动式量仪、光电式量仪和气动式量仪等。

1)机械式量仪

机械式量仪通过机械结构来实现被测量的变换或放大，使得指针在刻度尺或表盘上显示相应的直线位移或角位移。常见的有百分表(图 17-4)、杠杆百分表(图 17-5)、内径百分表(图 17-6)等。

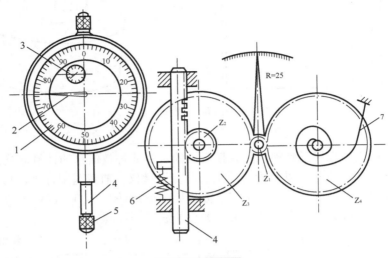

图 17-4　百分表

1—表盘；2—大指针；3—小指针；4—测量杆；5—测量头；6—弹簧；7—游丝

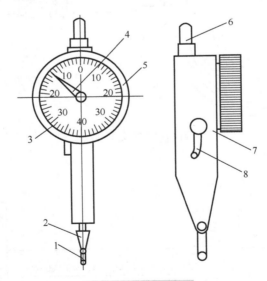

图 17-5　杠杆百分表

1—测头；2—测杆；3—表盘；4—指针；5—表圈；6—夹持柄；7—表体；8—换向器

2)光学式量仪

光学式量仪利用光学原理来实现被测量的变换或放大，一般可分为几何光学类量仪和物理光学量仪。前者采用了光学放大的原理，将微小的被测量零件或几何量加以放大，然后利用光学标尺进行瞄准和读数。后者也称为光波干涉类量仪，采用了光的分振幅法将来自同一光源的光分成两束，一束为测量光，一束为参考光，两束光相遇后发生干涉，当被测量发生微小变化时，干涉条纹的间距也发生相应的变化，通过对干涉条纹的位移读数即可折算出测量的变化。常见的光学式量仪有光学分度头、干涉仪等。

3）电动式量仪

电动式量仪在测量中将测头测得的微小位移转化成电阻、电容、电感量等电信号，经过电路放大处理后，以变化的电流或电压输出，由指示表或数显仪将测量结果显示出来。常见的有电动轮廓仪、电感测微仪等。

4）光电式量仪

光电式量仪在测量中先用光学方法将被测量放大或瞄准，再通过光电元件将被测量的变化转化成电信号的变化，从而完成对被测量的测量，常见的有光电显微镜、光栅测长仪、激光准直仪、光纤传感器等。

5）气动式量仪

气动式量仪利用压缩空气为介质，根据流体力学的原理，将被测量的变化转化为气体介质的流量或压力的变化，通过流量计或压力计进行读数，完成对被测量的测量。常见的有压力式气动量仪、流量计式气动量仪、浮标式气动量仪等。

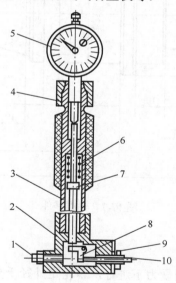

图 17-6　内径百分表

1—固头测头；2—表体；3—直管；4—紧固螺母；5—百分表；6—弹簧；7—推杆；
8—等壁直角杠杆；9—定位护桥；10—活动测头

3. 测量系统

测量系统一般是指组装起来用以进行待定测量的一整套测量仪器和其他辅助设备的总和。将测量系统固定安装就成为测量装备，如大平台检测显微镜等。三坐标测量机是目前广泛应用的形状、位置和尺度精密检测的装置。

17.2.3　测量案例

案例 1——轴的测量案例

测量目的：掌握轴径测量的常用方法；正确使用外径千分尺；测量轴类零件的外径值；判断测量值是否合格。

1. 分析图纸

如图 17-7 所示。

2. 测量步骤

(1) 擦净被测零件表面。

(2) 调整量具零位。

(3) 测量并记录数据。

(4) 测量结束，将量具复位(若不复位，则数据重测)。

(5) 根据测量的示值误差，修正测量结果。

(6) 填写检测报告。

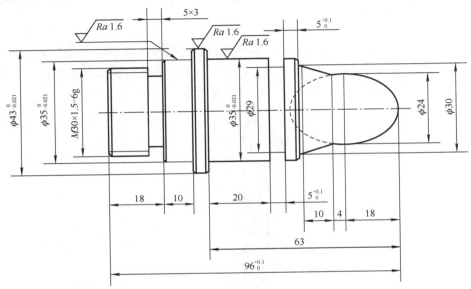

图 17-7   轴类零件

3. 注意事项

1) 必须使用棘轮

任何测量都必须在一定的测量力下进行，棘轮是外径千分尺的测力装置，其作用是在外径千分尺的测量面与被测面接触后控制恒定的测量力，以减少测量力变动引起的测量误差。在测量过程中必须使用棘轮，在它起作用后才能进行读数。因此，在测量中，当外径千分尺的两个测量面快要与被测面接触时，就要轻轻的旋转棘轮，待棘轮发出"咔咔"声，说明测量面与被测面接触后产生的力已经达到测量力的要求，这时，即可进行读数。

2) 注意微分筒的使用

在比较大的范围内调节外径千分尺时，应该转动微分筒而不应该旋转棘轮，这样不仅能提高测量速度，而且还能避免棘轮不必要的磨损。只有当测量面与被测面快要接触时才旋转棘轮进行测量。在退尺时，应该旋转微分筒，而不应该旋转棘轮或后盖，以防后盖松动而影响零位。旋转微分筒或棘轮时，不得快速旋转，以防测量面与被测面发生猛烈撞击，把测微螺杆撞坏。

3) 注意操作外径千分尺的方法

使用大型外径千分尺时，要由两个人共同操作。测量小型工件时，可以用两只手同时操作外径千分尺，其中一只手握住尺架的隔热装置，另一只手操作微分筒或棘轮。也可以用左手拿工件，右手的无名指和小指夹住尺架，食指和拇指旋转微分筒(不用棘轮)进行测量。这种方法由于不用棘轮，测量力的大小是凭食指和拇指的感觉来控制的，所以不容易操作正确。

4)注意测量面和被测量面的接触情况

当两测量面与被测量面接触后，要轻轻晃动外径千分尺或晃动被测工件，使测量面和被测量面紧密接触。测量时，不得只使用测量面的边缘。

案例 2——孔的测量案例

测量目的：掌握孔径测量的常用方法；正确使用内径百分表；测量套类零件的内径值；判断测量值是否合格。

1. 分析图纸

如图 17-8 所示。

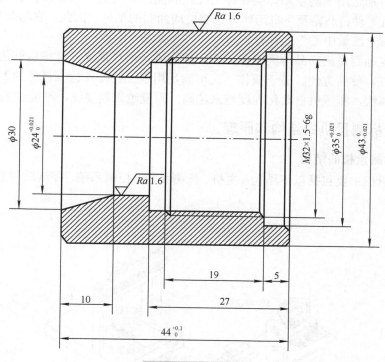

图 17-8　套类零件

2. 测量步骤

(1)根据被测孔径大小正确选择测头，将测头装入测杆的螺孔内。

(2)按被测孔径的基本尺寸选择量块，擦净后组合于量块夹内。

(3)将测头放入量块界内并轻轻摆动，在指示表针的最小值处将指示表调零。

(4)在孔上、中、下 3 个截面内，互相垂直的两个方向上，在指示表指针的最小处读数。

(5)填写检测报告。

3. 注意事项

(1)注意测量面和被测面的接触情况。当两测量面与被测量面接触后，要轻轻地晃动内径指示表，使测量面和被测面紧密接触。测量时，不得只使用测量面的边缘。

(2)内径指示表要注意经常校对，防止漂移。

17.3　三坐标测量

三坐标测量机是 20 世纪 60 年代后期发展起来的一种高效的精密测量仪器。它的出现，一方面是由于生产发展的需要，即高效加工机床的出现，产品质量仪器进一步提高，复杂立体形状加工技术的发展等都要求有快速、可靠的测量设备与之配合；另一方面是由于电子技术、计算机技术及精密加工技术的发展，为三坐标测量机的出现提供了技术基础。

三坐标测量机是用计算机采集、处理数据的新型高精度自动测量仪器，它可以准确、快速地测量标准几何元素(如线、平面、圆、圆柱等)及确定中心和几何尺寸的相对位置。在一些应用软件的帮助下，还可以测量、评定已知的或未知的二维或三维开放式、封闭式曲线。三坐标测量机特别适用于测量箱体类零件的孔距和面距、模具、精密铸件、电子线路板、汽车外壳、发动机零件、凸轮及飞机形体等带有空间曲面的工件。因此，它与数控"加工中心"相配合，已具有"测量中心"的称号。

目前，三坐标测量机产品种类繁多。各厂家为满足用户需要，赢得良好信誉，不断推出精度高、性能好，使用方便，易于操作，又可满足用于一些特殊检测任务的测量机，尤其是软件开发越来越快，测量机自动化程度越来越高，测量越来越便捷，精度越来越高。

17.3.1　三坐标测量机的结构和原理

1．三坐标测量机的结构

三坐标测量机主要包括以下结构：主机、探测系统、控制系统、控制软件系统，如图 17-9 所示。

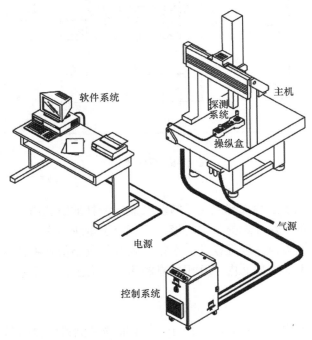

图 17-9　三坐标测量机结构构成

2. 三坐标测量机的基本原理

将被测零件放入它允许的测量空间，精确地测出被测零件表面的点在空间三个坐标位置的数值，将这些点的坐标数值经过计算机数据处理，拟合形成测量元素，如圆、球、圆柱、圆锥、曲面等，如图 17-10 所示，再经过数学计算的方法得出其形状、位置公差及其他几何量数据。

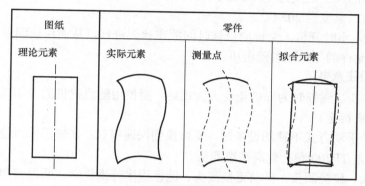

图纸	零件		
理论元素	实际元素	测量点	拟合元素

图 17-10 计算过程

17.3.2 三坐标测量机使用与安全注意事项

下面以 Bridge-Globle-Silver Performance-09.12.08（海克斯康）为例，介绍三坐标测量机操作规程及注意事项。

1. 开机检查

（1）每天开机前首先要检查供气压力达到要求后才能开控制柜。

三联体处压力：0.4～0.45MPa。

气源的供气压力：≥0.6MPa。

（2）当三联体滤杯表面有明显油渍或水渍的时候，需要检查过滤器或冷干机是否有效工作，滤芯需要定期更换，最少每年一次，前置滤芯也要定期更换，最少每年一次。

（3）每天开机前要用高织纱纯棉布和无水乙醇清洁三轴导轨面，待导轨面干燥后才能运行机器。严禁用酒精清洁仪器喷漆面。

（4）开机顺序为：先开计算机，再开控制柜，进入测量软件后，再按操纵盒上的伺服加电按钮。

（5）每次开机后必须回机器零点。在回零点前，先将测头手动移至安全位置，保证测头复位旋转和 Z 轴向上运行时无障碍，不会发生碰撞。

（6）控制柜开启后，首先要检查 Z 轴是否有缓慢上下滑动现象，如有此现象，请立即按下急停按钮，并与海克斯康服务工程师联系。

2. 操作注意事项

（1）程序第一运行时要将速度降低至 10%～30%，并注意运行轨迹是否符合要求。

（2）在搬放工件时，先将测头移至安全位置，要注意工件尽量避免磕碰工作台面，特别是机器的导轨面。

（3）在上下工件过程中，必要时需考虑按下紧急急停按钮。

（4）长时间不用的钢制标准球，擦拭干净后需油封防锈。

（5）在使用花岗石工作台上的镶嵌固定工件时，扭矩不得超过 20N·m，如频繁固定，建议配备扭矩扳手。

3. 操作环境

(1)生产型测量机房的温度保持在 20±2℃；温度梯度要求 1℃/m；环境温度变化 1℃/h～2℃/24h；相对湿度 25%～75%。

(2)稳定电源的输出电压为交流 220V±10%。

(3)气源的出口温度为 20±4℃。

(4)空调应 24 小时开机，空调的检修时间放在秋天进行，从而保证测量机精度稳定性及避免结露。条件允许的尽量配备除湿机。

4. 测头使用注意事项

(1)在装拆测头、测杆时为保护免受人为损坏，要使用随机提供的专用限力工具，更换后所使用的测头需要标定。

(2)在手操杆手动方式下移动设备时，要切换到快速模式；在接近采点位置时，要切换到慢速模式，特别是 TP200 和其他高精度测头。

(3)旋转测头、校验测头、自动更换测头、运行程序等操作时，要保证测头运行路线上无障碍，避免碰撞。碰撞所导致的损坏超出厂家保修范围。

(4)如果被测工件周围有磁场(如工件带有磁性，夹具带有磁性等)，在使用 TP20 或某些测头时，可能会导致测头或者测针的触发失效，建议将 TP20 测头升级为防磁型号，或者对夹具、工件进行消磁。

5. 安全注意事项

(1)严禁操作人员操作过程中，头部位于 Z 轴下方。

(2)禁止手扶或者依靠主腿或副腿。

(3)禁止在工作台导轨面上放置任何物品，不要用手直接接触导轨工作面。

(4)禁止自行打开外罩或调试机器，测量机不使用时自动旋转测座转至 90°位置。

(5)测量机运行过程中，注意身体的任何部位都不能处于测量机的导轨区或运行范围内。

6. 其他注意事项

(1)如果发现异常情况，请首先抓图记录软件提示的错误信息，并立即联系海克斯康服务工程师，未经指导和允许请勿擅自进行检查维修。

(2)计算机内不要安装任何与三坐标测量机无关的软件，以保证系统的可靠运行。

(3)U 盘，移动存储器如要使用，需先找可靠电脑杀毒后使用。

(4)建议按国家推荐每年做一次保养、测定，以及时发现隐患。

17.3.3　三坐标测量案例

案例 1——测量准备工作

测量目的：三坐标测量机准备；测量机导轨清洁和开关机；新建零件程序；操纵盒的使用；校验测头手动测量球。

1. 测量机的开关机

1)开机顺序

(1)打开气源，要求气压高于 0.5Mpa；打开控制柜电源和计算机电源。

(2)当控制柜自检完操纵盒灯亮后，按"machine start"按钮加电(急停键必须松开)。

(3)打开 PC-DMIS 软件，回机器零点。

2)清洁机器

用无纺布蘸酒精顺着一个方向擦拭机器三个导轨和工作台。

3)关机顺序

(1)将测头移动到机器左上前方，角度 A90B180(接近机器零点)。

(2)保存程序，关闭软件，关闭控制柜和计算机。

(3)关闭气源(球阀)(下班时关闭)。

2. 新建零件程序

(1)选择"文件"→"新建"。

(2)设置"零件名"为"lab_1"，填写"修订号"和"版本号"。

(3)选择单位，"毫米"，确认"接口"为"机器 1"，单击"确定"按钮。

(4)在工具栏空白处，点击"右键"，调出常用的工具栏，保存一个窗口布局。

(5)"文件"→"保存"，保存零件程序；选择"文件"→"退出"，退出零件程序。

(6)"文件"→"打开"，选择文件名为"lab_1"的程序打开。

3. 测头校验

(1)新建一个测头文件，在"测头工具"窗口中"测头文件"处输入用户的"姓名"。

(2)定义测头组件，添加 A90B180 角度。

(3)测量，定义校验参数，测量点数、测量层数，定义标准球。

(4)校验测头，检查校验结果。

4. 标定检查

(1)分别使用 A0B0 和 A90B180 测量标准球，从状态窗口查看标准球的直径和位置坐标。

(2)使用测头工具框标定检查功能检查测头校验结果。

案例 2——三个面基准测量案例

测量目的：熟悉 PC-DMIS 以下功能；手动坐标系、自动坐标系、操作者注释；测量几何特征(平面、直线、点、圆、圆柱、圆锥)；位置尺寸评价和报告输出；执行全部程序。

1. 分析图纸

(1)通过分析图纸，找到测量基准和要评价的尺寸。

(2)将图纸上的尺寸转换为测量相应几何特征：3-2-1 坐标系，圆、圆柱、圆锥。

(3)根据要测量的几何特征选择合适的装夹和摆放方式，选择合适的测针配置和测头角度：A0B0、A90B180。

2. 测量过程

(1)新建零件程序、加载测头。

(2)手动坐标系(面线点)。

(3)插入操作者注释，切换 DCC，自动坐标系(面线线或面面面)，注意移动点。

(4)测量上平面的几何特征，工作平面：Z+，注意移动点。

(5)测量前平面的几何特征，工作平面：Y-，旋转角度，注意移动点。

(6)尺寸评价如下。

① 从"尺寸"工具栏里，选择"位置"图标 ⊞，评价小圆的直径。

② 在左边特征里，选中特征，在"坐标轴"选择框，选择"$X \backslash Y \backslash$ 直径"。

③ 其他参数默认，单击"创建"按钮，然后单击"关闭"按钮。

④ 在"报告窗口"里查看评价结果。

(7)程序执行如下。

① 从工具栏上,选择"清除标记特征"图标 →"标记所有特征"图标 。

② 屏幕会跳出"需要标记手动建立坐标系的特征吗?"如果工件没有动,选择"否"按钮,如果工件已经移动,选择"是"按钮。

③ 从"视图"菜单中,选择"其他窗口"→"状态窗口",屏幕右下角会弹出一个名为"状态窗口"的窗口。当程序执行时它会实时显示各个特征元素的尺寸信息。

④ 选择"执行"图标 或按 CTRL+Q 组合键。

⑤ 当执行手动坐标系时,软件会提示用户去取点。屏幕上会跳出"执行模式选项"的窗口,"机器命令"行里会提示用户去操作。首先会提示用户"为平面 1 取点,共 4 点"等信息,请根据提示在平面 1 上测 4 点,然后单击"继续"按钮,或按操纵盒上 DONE 键,继续执行软件给的其他提示,完成手动程序部分,当完成手动测量部分,机器将要开始自动运行。确保程序低速、安全运行。

(8)输出测量报告如下。

① 检查打印设置,如果已经设置好了,程序执行完后会自动提示保存测量报告,如果没有设置,请按照下面的步骤进行设置。

② 从"文件"菜单,选择"打印"→"报告窗口打印设置"。

③ 在"将报告输出到"处勾上"文件",然后单击"浏览"按钮,选择"D:/report"位置。

④ 选择"提示"输出方式,勾上"PDF"格式,在"输出选项"的"打印背景色"处打勾,单击"确定"。

第18章 塑料成型

18.1 塑料及其分类

塑料是指以树脂为主要成分，以增塑剂、填充剂、润滑剂、着色剂等添加剂为辅助成分，在加工过程中能流动成型的材料。合成树脂或称高分子聚合物是塑料的主要成分，为了改进塑料的性能，获得性能良好的塑料，还要在高分子聚合物中添加各种助剂。因而，塑料是由高分子聚合物和助剂两类物质复合而成。

一般产量大、用途广、成型性好、价格低廉的塑料称为通用塑料。通用塑料大都具有良好的成型工艺性，可采用各种工艺成型多种用途制品。主要包括聚烯烃、聚氯乙烯、聚苯乙烯、酚醛塑料以及氨基塑料五大品种。而能承受一定外力作用，并有良好的机械性能和尺寸稳定性，在高、低温下仍能保持其优良性能，可以作为工程结构件的称为工程塑料。如聚酰胺、聚碳酸酯、聚甲醛、ABS 树脂、聚四氟乙烯、聚酯、聚砜等。具有某一方面特殊性能的塑料称为特种塑料，这类塑料在耐热性、绝缘性、耐腐蚀性、耐磨性等方面具有某一方面或多种特殊性能。如氟塑料、聚酰亚胺塑料、聚苯塑料、导电塑料、导磁塑料及有机硅塑料等。

根据塑料的理化特性，塑料分为热塑性塑料和热固性塑料。热塑性塑料能在特定温度范围内反复加热软化和冷却硬化。属于热塑性塑料的有聚乙烯、聚丙烯、聚氯乙烯、聚苯乙烯、ABS、有机玻璃、尼龙等。热固性塑料成型前既能溶解又能熔化，一经成型硬化后，再加热也不会变软和改变形状，成为既不溶解又不熔融的固体，不能再次成型，因此也不能回收再用。但其耐热性好、不易变形，而且价格低廉。属于热固性塑料的有酚醛塑料、氨基塑料、环氧塑料等。

塑料的成型方法可分为模压、层压、注射、挤出、吹塑、浇铸塑料和反应注射塑料等多种类型。但注塑、挤出是主要的成型方法。

18.2 注塑成型设备

注塑机又名注射成型机或注射机。它是将热塑性塑料或热固性塑料利用塑料成型模具制造成各种形状塑料制品的主要成型设备。按机型外表特征可分为卧式注塑机、立式注塑机、角式注塑机和转盘式注塑机等几种。使用最广泛的是卧式注塑机。它的注射装置和合模装置轴线呈一直线并水平排列，如图 18-1 所示。卧式注塑机的优点是机器重心低，供料方便，操作、检修容易；成型后的塑件推出后可利用其自重自动落下，不需要使用机械手也可实现自动成型，容易实现全自动操作；对于安置的厂房无高度限制；多台并列排列时，成品容易由输送带收集包装。其主要缺点是模具安装较困难，大型模具需通过吊车安装。

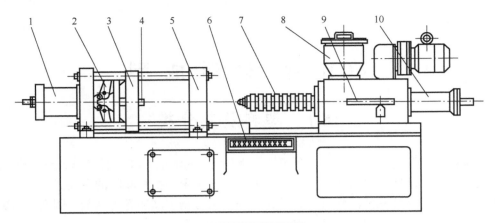

图 18-1　卧式注塑机

1—合模油缸；2—锁模机构；3—移动模板；4—顶杆；5—固定模板；6—操作板；
7—料筒及加热器；8—料斗；9—定量供料装置；10—注射油缸

18.3　注塑模具的结构组成

　　注塑模具的工作过程是合模→注射→保压→冷却→开模→顶出，从而完成一次工作循环。注塑模具可分为定模和动模两大部分，定模安装在注塑机的固定模板上，动模安装在注塑机的移动模板上。注射前，动模与定模闭合构成浇注系统和型腔。开模时，动模与定模分离，顶出制品。动模和定模之间有分型面，分型面是指在开模时，模具上用于取出塑件和浇注系统凝料的可分离的接触表面。图 18-2 为一典型的注塑模具。

　　根据塑件材料性能和结构形状等要求，有些注塑模还设有侧抽芯及排气结构等。根据模具上各部分所起的作用，注塑模可由下列几部分组成：

　　(1) 成型零部件。通常由凸模、凹模、镶件等组成，合模时构成型腔，用于填充塑料，它决定塑件的形状和尺寸。图 18-2 中凸模(件 13)成型塑件内部形状，凹模(件 14)成型塑件外部形状。

　　(2) 浇注系统。将熔融塑料由注塑机喷嘴引向型腔的流道称浇注系统。它由主流道、分流道、浇口和冷料井组成。

　　(3) 导向机构。通常由导柱(图 18-2 中件 12)和导套或导向孔组成。用于确定动模与定模合模时的相对位置。有的注塑模顶出系统中，为避免推出过程中推出板歪斜也设置了导向机构。

　　(4) 脱模机构。用于开模时将塑件从模具中脱出的装置。其结构形式很多，常见的有推杆、推板和推管脱模机构等。图 18-2 中由件 8、9、10、11 组成推杆脱模机构。

　　(5) 侧向分型或侧向抽芯机构。当加工带有侧孔或侧凹的塑件时，在成型后开模被顶出前，必须先进行侧向分型抽出侧型芯，为此设置了侧向分型抽芯机构，如图 18-3 所示，由件 2、3、4、5、6、7、8组成。

　　(6) 温度调节系统。为满足注塑成型工艺对模具温度的要求，注塑模设有冷却或加热系统。冷却系统一般在型腔或型芯周围开设冷却水道(图 18-2 中件 15)；加热装置则在模具内部或周围安装加热元件。

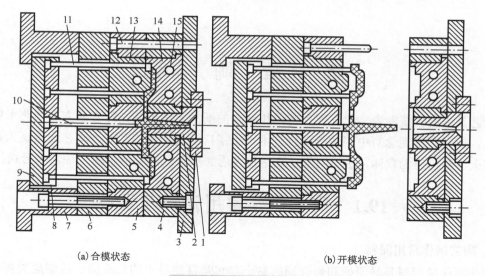

(a)合模状态　　　　　　　　　　　(b)开模状态

图 18-2　注塑模的典型结构

1—定位环；2—浇口套；3—定模座板；4—定模板；5—动模板；6—动模座板；7—垫块；8—推杆固定板；
9—推板；10—拉料杆；11—推杆；12—导柱；13—凸模；14—凹模；15—冷却水道

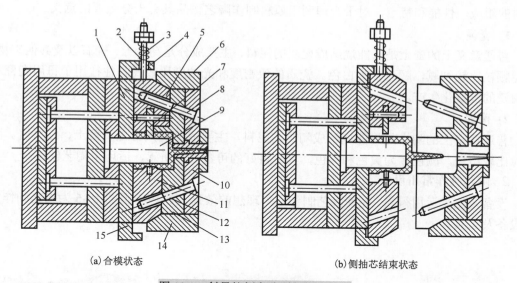

(a)合模状态　　　　　　　　　　(b)侧抽芯结束状态

图 18-3　斜导柱侧向分型与抽芯机构

1—推件杆；2—弹簧；3—螺杆；4—挡块；5—侧型芯滑块；6、14—锲紧块；7—侧型芯；8、12—斜导柱；
9—凸模；10—定模座板；11—侧型腔滑块；13—定模板(型腔板)；15—挡块

(7)排气结构。为了在注塑过程中排除型腔中的空气和成型过程中产生的气体，常在分型面上开设排气槽，或利用型芯或推杆与模板间的间隙排气，当排气量不大时，可以仅利用分型面排气。

第 19 章　陶　艺

陶艺是中国传统陶瓷文化与现代艺术相结合的新的艺术形式。随着西方现代艺术的兴起与发展，现代艺术观念对中国传统陶瓷艺术产生了广泛而深刻的影响。陶艺通常认为是以黏土、窑火、釉料作为载体，手工制作，表达作者思想观念及内心情感的一种艺术形式。

19.1　陶艺制作常用泥料与设备

1. 陶艺制作常用泥料

陶艺制作的泥料是最原始和最普通的黏土，它是自然界中的长石类和硅酸盐类岩石，经过长期风化等作用而产生的多种矿物混合体，如高岭土、膨润土以及陶土，是创作陶艺的重要原料。原料不同，加工制作的方法也不同，烧成温度与过程也要随之变化。了解各种陶艺泥料的组成、性能和特点，对于合理利用原料制作陶艺作品具有十分重要的意义。

1) 瓷泥

普通意义上的瓷土是只能烧结成瓷质的泥料，主要成分是高岭土、瓷石以及其他矿物质，瓷泥颗粒比较细腻，颜色多为白色。瓷质的致密度和光洁度比较高，往往用于日用陶瓷和建筑陶瓷的批量化生产。

2) 陶泥

普通意义上的陶土是只能烧结成陶质的泥料，主要成分是大青土、黄土、红页岩。陶泥颗粒比较粗糙，颜色多为黄色和褐色，具有良好的可塑性和质感，适用于陶艺创作。

2. 陶艺制作常用设备

设备及工具运用得当，能使陶艺制作取得理想的效果。图 19-1 至图 19-6 为陶艺制作常用的设备及工具。

图 19-1　拉坯机

图 19-2　电窑窑炉

图 19-3　泥板机

图 19-4 手轮

图 19-5 泥拍

图 19-6 刮刀及其他工具

19.2 陶艺基本成型方法

陶艺成型是陶艺制作的一个重要部分，常见的成型方法有手工捏塑成型、泥条盘筑成型、泥板粘接成型、拉坯成型、印坯成型等。

1. 手工捏塑成型

手工捏塑成型是陶艺制作最简单的成型方法，主要是用手对泥料进行揉、搓、捏、压等，从而做成制陶者所需要的造型。初学者利用手指与泥土的直接接触，有助于更快速地掌握泥土的特性。

2. 泥条盘筑成型

泥条盘筑法是人类最古老的陶艺成型方法之一。它是用粗细一致的泥条，层层盘叠垒筑，按照渐次增大或减小的规律连接在一起，盘筑成所需要的形体。图 19-7 至图 19-12 为泥条盘筑法盘罐图。

图 19-7 双手均匀用力，把泥搓成泥条。

图 19-8 泥饼拍打平整，厚度视作品大小而定。

图 19-9 泥条沿底部的轮廓线放置，并将接头两端涂抹泥浆黏合。

图 19-10 泥条连续盘筑，控制器皿形状。

图 19-11 制作把手，并与主体黏结。

图 19-12 整理器型，完成作品。

图 19-7 搓泥条

图 19-8 做泥饼

图 19-9 盘泥条

图 19-10　控制器皿形状

图 19-11　制作把手

图 19-12　整理器型

3. 泥板粘接成型

泥板粘接成型是将陶泥碾成、拍成或切割成板状，粘接制作使器物成型的方法。利用泥板制作陶艺，其应用范围相当广，造型从平面到立体，泥板或湿或半干都可成型，制作过程变化无穷。较湿的泥板，可用来扭曲、卷合，做成自由而柔美的造型；半干的泥板，可用来制作一些挺直的器物。图 19-13 至图 19-18 为泥板粘接成型制作茶壶步骤。

图 19-13 用手掌把泥团压扁，再用泥拍将压扁的泥料打薄。

图 19-14 用双手拇指按压泥板，使其粘接在一起，用刮刀切去多余的部分。

图 19-15 使用竹片处理泥板壶体的细节。

图 19-16 使用刮刀处理壶体的底部。

图 19-17 制作壶嘴，壶嘴处用打孔器打孔，安装壶嘴。

图 19-18 制作壶盖，完成作品。

图 19-13　制作泥板

图 19-14　粘接泥板

图 19-15　处理壶体

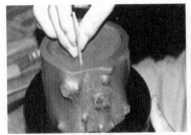
图 19-16　处理壶体底部

图 19-17　制作壶嘴

图 19-18　制作壶盖

4. 拉坯成型

拉坯成型是陶艺制作最方便的一种成型方法，不仅工作效率高，而且制作的器物完美和精致。拉坯造型是在快速转动的轮子上，将手探进柔软的黏土中，借助螺旋运动的惯性，使黏土向外扩张，向上推升，形成圆形坯体的过程。可利用陶泥的可塑性和柔韧性的特点，对坯体进行切割、拼合、挤压、镂空、扭曲，创作出新颖、富有特色的作品。图 19-19 至图 19-24 为拉坯成型制作器皿步骤图。

图 19-19 定中心：手指并拢，对角线用力，找准泥的中心。

图 19-20 开孔：手指伸进泥的中心位置，打开泥孔。

图 19-21 提筒：双手由下而上运动，升高坯体的高度。

图 19-22 找厚薄：整理坯体的厚度，保证上下厚度均匀。

图 19-23 出型：控制双手力度，拉出造型

图 19-24 收口：整理瓶口大小、形状和厚薄。

图 19-19 定中心

图 19-21 提筒

图 19-20 开孔

图 19-22 找厚薄

图 19-23 出型

图 19-24 收口

5. 印坯成型

印坯成型是利用石膏加水后可以凝固的特点及干燥后具有良好的吸水性能，将泥置于石膏模具中的一种成型方法。在陶艺制作中，石膏模具可以很迅速吸收泥料里面的水分，使泥料硬化、干燥而成型。这种方法便于复制，对造型复杂的纹饰和异形的造型来说，印坯成型的成型方法尤为简易方便。

19.3 陶艺装饰方法

陶瓷装饰的作用是美化作品，常采用的方法有坯体装饰和釉色装饰两种，装饰手法不同，效果也不同

1. 坯体装饰

坯体装饰是指泥坯在半湿未干的情况下，利用自身的可塑性进行加法和减法的装饰。

图 19-25 为泥坯装饰。

(1)加法：加泥点、泥条、泥饼等在泥坯上装饰自己所想要的纹饰。粘接时加泥浆用手加压，用手、雕塑刀或者其他工具进行装饰。

(2)减法：刻坯、铲坯、划坯和镂空，用刻刀等工具在坯体上刻出各类装饰纹样，可深可浅，可宽可窄，全凭经验的掌握。

2. 釉色装饰

釉是覆盖在陶瓷制品表面的无色或有色的玻璃质薄层，是用矿物原料按一定比例配合成釉浆，施于坯体表面，经高温烧制而成。图 19-26 为釉彩装饰常用的施釉方法有 5 种：即浸釉、浇釉、荡釉、刷釉和喷釉。

图 19-25　坯体装饰

图 19-26　釉色装饰

19.4　陶艺烧成工艺

陶艺烧成是将干燥或施釉后的坯体装入窑炉中，经高温烧制，使泥坯和釉层在高温中发生一系列物理、化学转变。烧成是陶艺制作工艺中最复杂的部分，对烧成温度和升温曲线有严格要求。另外，陶瓷坯胎半成品入窑时要求完全干透，否则容易在烧制过程中发生炸裂。目前高校陶艺教学多用电窑和气窑烧成。电窑性能稳定，易于操作。气窑操作难度大，但效果更丰富。

第 20 章 机电产品装配

20.1 概　　述

产品都是由若干个零件和部件组成的。按照规定的技术要求，将若干个零件接合成部件或将若干个零件和部件接合成产品的劳动过程，称为装配。前者称为部件装配，后者称为总装配。

装配过程是使零件、合件、组件和部件间获得一定的相互位置关系，所以装配过程也是一种工艺过程。其中合件是将多个零件永久性地连接在一起，可通过焊接、铆接等工艺完成。如自行车的车架就是将多个钢管零件焊接在一起。装配是机器制造过程的最后阶段，是保证机器达到各项技术指标的关键环节，一般包括装配、调整、检验和试验、涂装、包装等工作。

装配的方法有互换装配法、分组装配法、修配法、调整法 4 种。

1. 装配工作的重要性

(1) 只有通过装配才能使若干个零件组合成一台完整的产品。

(2) 产品质量和使用性能与装配质量有着密切的关系，即装配工作的好坏，对整个产品的质量起着决定性的作用。

(3) 有些零件精度并不很高，但经过仔细修配和精心调整后，仍能安装出性能良好的产品。

2. 装配前的准备工作

(1) 研究和熟悉装配图的技术条件，了解产品的结构和零件作用以及相连接关系。

(2) 确定装配的方法、程序和所需的工具。

(3) 领取和清洗零件。

3. 装配过程

装配有组件装配、部件装配和总装配之分，整个装配过程要按次序进行。

(1) 组件装配：将若干零件安装在一个基础零件上而构成组件。如减速器中一根传动轴，就是由轴、齿轮、键等零件装配而成的组件。

(2) 部件装配：将若干个零件、合件、组件安装在另一个基础零件上而构成部件(独立机构)。如车床的床头箱、进给箱、尾架等。

(3) 总装配：将若干个零件、合件、组件、部件组合成整台机器的操作过程称为总装配。例如车床是由零件、组件、箱体等部件组合而成。

4. 装配工作的要求

(1) 装配时，应检查零件与装配有关的形状和尺寸精度是否合格，检查有无变形、损坏等，并应注意零件上各种标记，防止错装。

(2) 固定连接的零部件，不允许有间隙。活动的零件，能在正常的间隙下，灵活均匀地按规定方向运动，不应有跳动。

(3)各运动部件(或零件)的接触表面,必须保证有足够的润滑、若有油路,必须畅通。

(4)各种管道和密封部位,装配后不得有渗漏现象。

(5)试车前,应检查各部件连接的可靠性和运动的灵活性,各操纵手柄是否灵活和手柄位置是否在合适的位置;试车前,从低速到高速逐步进行。

20.2　计算机装配

自20世纪40年代世界上第一台电子计算机在美国诞生至今的大约80年里,计算机所使用的主要电子器件经历了电子管、晶体管、集成电路(IC)和超大规模集成电路(VLSI)几个发展阶段,使计算机的体积越来越小,功能越来越强,价格越来越低,应用越来越广泛,目前正朝智能化(第五代)的方向发展。

计算机按大小分为巨型计算机、小型计算机和微型计算机。个人计算机、笔记本计算机和掌上计算机均属于微型计算机(以下简称微机),微机在人们的生产和生活中正起着不可替代的重要作用。当微机发生故障时如何进行维护和维修,如何配置适合自己的微机,使其能够发挥更高的性能就显得十分重要。

20.2.1　微机的组成

微机由硬件(即机器系统)和软件(即程序系统)组成,如图20-1。

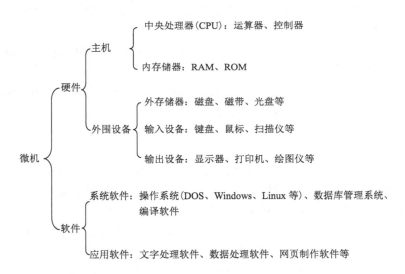

图 20-1　微机的基本组成

1. 硬件系统

微机的硬件系统包括主机、显示器、键盘、鼠标几部分,而主机又包含主板、CPU、内存、硬盘、电源、显卡、网卡等部件。微机主机内部结构如图20-2所示。

图 20-2　主机的内部结构

1）主板

主板是固定在主机箱箱体上的一块电路板，主板上装有大量的有源电子元件。其中包括 CMOS（Complementary Metal Oxide Semiconductor，互补型金属氧化物半导体芯片）、BIOS（Basic Input and Output System，基本输入输出系统）、高速缓冲存储器（cache）、内存插槽、CPU 插槽、键盘接口、硬盘驱动器接口、总线扩展插槽（提供 ISA、PCI 等扩展槽）、串行接口（COM1、COM2）、并行接口（打印机接口 LPT1）等。主板是微机各种部件相互连接的纽带和桥梁。

2）中央处理器

中央处理器（Central Processing Unit，CPU）是微机的核心，包括运算器、控制器。微机所有的控制指挥、算术和逻辑运算都由它完成。CPU 是决定微机速度、处理能力、档次的关键部件。

CPU 的工作频率（又称主频）是微机性能的重要指标之一，通常，主频越高，CPU 运算、处理数据的速度就越快。

3）内存储器

内存储器简称为内存，是微机的主要工作存储器，微机在工作时，所执行的指令及处理的数据均从内存取出。内存的存取速度快，但容量有限，内存容量是反映微机性能的一个很重要的指标，由早期的 640KB 发展到 2GB、4GB，目前已有 16GB 面市。

内存分为随机存取存储器 RAM（Random Access Memory）和只读存储器 ROM（Read Only Memory）。RAM 可以进行任意的读或写操作，主要用来存放操作系统、各种应用软件、输入数据、输出数据、中间计算结果以及与外存储器交换的信息等。断电，信息丢失而不能永久保留。ROM 只能读而不能写入信息，一般用来存储固定的系统软件和字库等，不会因断电而消失。通常所说的内存或内存条是指 RAM。

4）外存储器

外存储器简称外存，包括硬盘和光盘等。外存的信息存储量大，但由于存在机械运动问题，存取速度比内存慢得多。外存中存放的程序或数据必须调入内存后才能被执行和处理。

硬盘是运用温切斯特技术制成的，将硅钢盘片连同读写头一起封装在真空密闭的盒子内，无空气阻力、灰尘影响，数据存储密度大。使用时应防止振动，微机通电工作时，不能摇晃和搬动。硬盘由低存储容量 10MB 发展到 500GB，甚至几 TB。

5)显示器

显示器是用来显示键入的命令、程序、数据以及微机运算的结果或系统给出的提示信息等的输出设备。目前微机大多采用 CRT(Cathode Ray Tube，阴极射线管)显示器和 LCD(Liquid Crystal Display，液晶显示)显示器。显示器上的字符和图像是由一个个像素(pixel)组成的。X方向和 Y 方向总的像素点数称为分辨率，分辨率一般用整个屏幕上光栅的列数与行数的乘积来表示，乘积越大，分辨率越高，图像越清晰。对应不同分辨率的显示器，有相应的控制电路，称为适配器或显示卡，它通过总线连接 CPU 和显示器。适配器的标准有 CGA(320×200分辨率，彩色)、EGA(640×350，彩色)、VGA(640×480，彩色)、WSXGA(1600×1024，真彩色)等。

6)键盘

键盘是用来键入命令、程序、数据的主要输入设备。常用键盘按键的个数有 101 键盘、103 键盘、105 键盘等。按键开关类型分为：机械式、薄膜式、电容式和导电橡皮式等品种。

7)鼠标

鼠标是快速输入设备，能方便、准确、快速地操作。目前使用的鼠标按照所采用的传感技术分机械式和光电式。机械式灵敏度较低，价廉；光电式灵敏度高，价高。

2. 软件系统

软件是程序及开发、使用和维护程序所需要的所有文档和数据的集合。软件分为系统软件和应用软件。系统软件是微机系统的基本软件，主要功能是管理、监控和维护微机资源以及开发应用软件，包括操作系统、数据库管理系统、各种语言处理程序、系统支持和服务程序。应用软件是为解决各类实际应用问题在系统软件平台上编写的软件，具有很强的实用性，分为用户程序和应用软件包两种。

20.2.2 微机硬件拆装调试

1. 准备工作

硬件拆装前的准备工作主要有以下几方面：

(1)学习微机硬件系统的组成及各主要部件的功能、特点。

(2)拆装注意事项：拧螺丝时忌用蛮力，不要太紧，防止螺丝滑丝或板卡变形；微机配件要轻拿轻放，板卡尽量拿边缘，不要用手触摸金手指和芯片；拆电源线和数据线时随时做好标记；拆下的部件有序摆放，准备组装。

(3)准备好拆装工具——螺丝刀(一字、十字各一把)、镊子、钳子、硅胶。

(4)释放身体静电，静电是微机的大敌，在拆装微机之前，一定要释放掉身上的静电，以防止损坏微机配件，具体做法是摸一摸水管或者洗洗手。

2. 拆装过程

1)拆卸步骤

(1)通电测试微机系统。

(2)微机断电。

(3)拆卸外设。

(4)打开机箱盖，拆卸主板与机箱面板上开关、指示灯、电源开关等连线，做好标记。

(5)拆卸光盘驱动器。

(6)拆卸硬盘驱动器。

(7)拆卸各种板卡。

(8)拆卸主板。

(9)拆卸主板电源。

(10)拆卸各种电源线和数据线，并做好标记。

(11)拆卸内存条。

(12)拆卸 CPU 散热风扇。

(13)拆卸 CPU。

(14)拆卸电源。

2)安装步骤

安装过程是上述拆卸步骤的逆过程。安装完成后通电运行微机系统。启动之后，认真观察主机和显示器的反应，如果出现冒烟、发出烟味等异常情况应立即关机，防止硬件的进一步损坏。如果开机之后无反应，就要根据实际情况仔细检查各部位是否连接牢靠，接触是否良好，再进行针对性的操作。

20.3　自行车装配与维修

自行车最早是由法国人雷斯于 18 世纪末发明的，当时叫做"木马轮"。它没有传动系统，靠两脚蹬地向前滑行，最快只能达到时速 20 公里，后来苏格兰人皮埃尔发明了前轮带脚蹬的自行车。第一辆现代意义的自行车出现在 19 世纪末的英国，后由传教士带入中国。自行车无声音、无污染、重量轻、结构简单、物美价廉、使用和维修方便，既能作为代步和运载货物的工具，又能用于体育锻炼，因而为人们所广泛使用。中国是自行车王国，据统计目前中国有大约五亿辆自行车。图 20-3 是一张简要的自行车结构组成图。

图 20-3　自行车结构组成图

20.3.1　自行车的拆装

1. 自行车的组成

自行车的种类五花八门，新的式样不断涌现。目前一般分为如下几种：普通(通勤)自行车、山地自行车、速降自行车、比赛(三项赛/计时赛/场地赛)专用自行车、折叠自行车、斜躺自行车、双人/多人自行车、水上自行车、沙滩自行车等。一辆普通自行车由100多个零件组成，按其作用可分为传动件、荷重件、制动件和附属件四大类。传动件包括链条、齿盘、飞轮、拨链器等；荷重件包括前叉、辐条、轮圈、轮胎、鞍座、车架、脚蹬、钢珠、紧固件等；制动件指闸皮或刹车碟盘、刹车夹器等；附属件包括车铃、车锁、车灯等。

2. 自行车的拆装

1) 拆装工具

车型不同，拆装工具也不同。一般必备工具包括：活扳手、13 MM /14 MM /15 MM /16 MM开口扳手、8 MM L型扳手、14MM /15MM 套筒扳手、5 MM 一字十字螺丝起子、鱼口钳、手锤、橡胶(或木质)锤、卸胎器、飞轮拆卸工具、曲柄拆卸工具、 辐条调整器 0.127" 0.130" 0.136"、补胎盒等。

2) 拆卸步骤

自行车拆卸的重点是前、中、后三个轴的拆卸。将自行车倒放前，先用螺丝刀将车铃的固定螺钉拧松，把车铃转到车把下面，并在车把和鞍座下面垫东西，以防弄脏或磨损。

拆卸前轴的顺序：刹车器件→轴母→轴挡→轴承。

拆卸后轴的顺序：刹车器件→轴母→依次外垫圈、行李支架、挡泥板支棍、车支架→链条→后轮→飞轮→轴挡→轴承。

拆卸中轴的顺序：左曲柄销→左曲柄→链罩→中轴挡→右曲柄→链轮→中轴。

拆卸中轴时需要详细说明的三点：

(1)拆曲柄销时，先拆左曲柄销，将曲柄转到水平位置，并使曲柄销螺母向上，用扳手将曲柄销螺母退到曲柄销的上端面与销的螺纹相平，再用锤子猛力冲击带螺母的曲柄销，使曲柄销松动后将螺母拧下，然后用钢冲将曲柄销冲下，再将左曲柄从中轴上转动取下。

(2)拆中轴挡时， 用扳手将中轴销母向右(顺时针方向)拧下，用螺丝刀(或尖冲子)把固定垫圈撬下，再用钢冲冲(或拨动)下中轴挡。

(3)拆右曲柄、链轮和中轴时，从中轴右边将连在一起的右曲柄、链轮和中轴一同抽出，最后把钢球取出。

3. 装配调整步骤

装配自行车前，检查零部件，将能用的件进行清洗，对已损坏报废的件换成同规格的新零件。

1) 装配前轴

(1)沿两边的轴碗(球道)内涂黄油(量要适当，且涂均匀)，把钢球装入轴碗。钢球的间隙均匀。钢球装好后，将防尘盖挡面向外，装在轴身内，用锤子沿防尘盖四周敲紧。

(2)将前轴辊穿入轴身内，把轴挡(球道在前)拧在轴辊上。安装轴挡后要求轴辊两端露出的距离相等。

(3)在轴的两端套入内垫圈(有的话)，并使垫圈紧靠轴挡，再将车轮装入前叉嘴上。然后依次将泥板支棍，外垫圈套入前轴，拧上前轴母。随后，扶正前车轮(前轴辊要上到前叉嘴的里端，使车轮与前叉左右的距离相等），用扳手拧紧轴母。

（4）前轴安装松紧要适度，要求转动灵活，无卡住，震动等现象。具体的检查方法是，把车轮抬起，将气门提到与轴的平行线上，使车轮自由摆动，摆动次数（以单方向摆动为一次计算）10 次左右，否则应进行调整。调整时可用扳手将一个轴母拧松，用花扳手将轴挡向左或右调动（轴紧用扳手向左调动轴挡；轴松用扳手向右调动轴挡），然后将轴母拧紧。

（5）将刹车器件移回原位置，装上闸叉，拧紧螺钉。涨闸车要将涨闸去板固定在夹板内，最后锁紧螺钉。

2）装配后轴

（1）与装配前轴类似，把钢球装入轴碗，将防尘盖挡面向外，装在轴身内，用锤子沿防尘盖四周敲紧。

（2）将后轴棍穿入轴身内，把轴挡拧在轴辊上，安装轴挡后要求轴辊两端露出的距离相等。

（3）在轴的两端套入内垫圈（有的话），并使垫圈紧靠轴挡，再将链条套到飞轮上，将车轮装入钩形后叉头上。然后按顺序将行李架支棍、挡泥板支棍、自行车支架、外垫圈套入后轴，拧上轴母，扶正后车轮（使车轮与后叉左右的距离相等），用扳手拧紧轴母。

3）装配中轴

（1）在中轴碗内抹黄油，将钢球均匀排列在轴碗内。

（2）把中轴辊（上面已安装有右轴挡、链轮和右曲柄）从右面穿入中接头，与右边中轴碗，钢球吻合。如果是全链罩车，在穿进中轴辊后，用螺丝刀将链条挂在链轮的底部，转动链轮，将链条完全挂在链轮上。

（3）将左轴挡向左拧在中轴辊上，但与钢球之间要稍留间隙，再将固定垫圈（内舌卡在中轴的凹槽内）装进中轴，最后用力锁紧中轴锁母。

（4）中轴的松紧要适当，应使其间隙尽量小，而又转动灵活。轴挡松或紧，可拧松中轴锁母，用尖冲冲动轴挡端面的凹槽，调整轴挡，最后用力锁紧中轴锁母。

（5）将左曲柄套在中轴左端，并转到前方与地面平行，把曲柄销斜面对准中轴平面，从上面装入曲柄销孔，并用榔头锤击使楔紧。左、右曲柄销的安装方向正好相反。换右轴挡以及安装右曲柄销，可参照上述装配方法进行。

（6）将链条从下面挂在链轮上，挂好链条，再安装半链罩。如果是全链罩车，将全链罩盖前插片按照拆卸相反的顺序装在罩上。最后拧动调链螺母调整链条的幅度，拧紧右端的后轴母。

20.3.2　自行车的维修

自行车比较容易出的问题包括扎胎、掉链子、刹车失灵、断辐条、车圈走形等，为此，常常用到补胎、调整车链和车轮、修理刹车、换辐条、校正车圈等技能。

下面以补胎为例予以介绍。

工具准备：锉刀、补胎贴、补胎胶水、挖胎棒（通常两支）、打气筒、水盆/水、纸巾。

补胎步骤：

（1）检查气门芯是否损坏，再检查车胎是否被扎破。

（2）将挖胎棒插入外胎和轮圈之间向下撬挖，使外胎和轮圈脱离，交替使用挖胎棒使外胎一侧与轮圈完全脱离。

（3）拆下气嘴固定螺丝，取出内胎。确认轮胎内异物是否清除（除了受损的位置之外其他位置也要确认)。找内胎破损的位置(有时不止破一个洞,要仔细检查),用气筒往内胎里打点气,再把内胎放进刚能漫过轮胎的水里一点点过水,有气泡冒出的位置,就是漏气的位置,做好标记。

(4)用锉刀将内胎漏气位置均匀锉毛,挫的区域最好是以漏气位置为中心,大小与补胎贴大小一致即可。

(5)用纸巾或干净布将内胎打毛的位置擦干净,均匀涂抹补胎胶水,注意胶水表面不要弄上脏污,以免影响补胎效果。胶水涂匀后等 30～40s 使胶水达到合适的黏度,以漏气位置为中心,平整贴上补胎贴。免胶水补胎片直接贴上。将粘好的内胎放置 10 分钟左右,充气测试,气不要打得太足,只是测试一下还有没有地方漏气。

(6)内胎补好后,把气放掉,对准轮圈上的气嘴孔把内胎装回。塞回内胎时注意内胎没有被折到,调整气嘴位置,使用挖胎棒把外胎固定回轮圈上,打满气。

补胎完成。

参 考 文 献

崔明铎, 2008. 机械制造基础. 北京: 清华大学出版社

侯书林, 朱海, 2006. 机械制造基础. 北京: 北京大学出版社

李双寿, 2007. 机械制造实习系列实验. 北京: 清华大学出版社

刘峰, 2006. 机械制造工程训练. 东营: 中国石油大学出版社

刘胜青, 2002. 工程训练. 成都: 四川大学出版社

刘新, 崔明铎, 2011. 工程训练通识教程. 北京: 清华大学出版社

刘亚文, 2008. 机械制造实习. 南京: 南京大学出版社

刘永平, 2010. 机械工程实践与创新. 北京: 清华大学出版社

刘元义, 2011. 机械工程训练. 北京: 清华大学出版社

刘元义, 2014. 塑料模具设计. 北京: 清华大学出版社

刘镇昌, 2006. 制造工艺实训教程. 北京: 机械工业出版社

谭逢友, 张罡, 2010. 工程训练简明教程. 北京: 清华大学出版社

佟锐, 2006. 数控电火花加工实用技术. 北京: 电子工业出版社

王忠诚, 2008. 热处理常见缺陷分析与对策. 北京: 化学工业出版社

郗安民, 2009. 金工实习. 北京: 清华大学出版社

徐正好, 成琼, 2008. 制造技术基础实训教程. 北京: 机械工业出版社

杨建明, 2006. 数控加工工艺与编程. 北京: 北京理工大学出版社

于文强, 杨媛媛, 2010. 金工实习教程. 2版. 北京: 清华大学出版社

张超英, 罗学科, 2003. 数控加工综合实训. 北京: 化学工业出版社

张力真, 徐允长, 2001. 金属工艺学实习教材. 北京: 高等教育出版社

赵仕俊, 2007. 机械制造工程技术基础. 东营: 中国石油大学出版社

周伯伟, 2006. 金工实习. 南京: 南京大学出版社

朱华炳, 田杰, 2014. 制造技术工程训练. 北京: 机械工业出版社